新一代互联网关键技术

苏金树　刘宇靖　著

科学出版社

北京

内 容 简 介

为探索新一代互联网如何更好地适应人工智能、云计算、大数据、移动互联网等领域的发展需求,本书阐述新一代互联网部分关键技术,既包括整体的网络体系结构,也包括各组成部分的核心技术,同时涵盖国内外主要研究项目。本书的研究成果得到国家 973 计划、863 计划、国家自然科学基金项目和国防科学技术研究项目等的支持。希望能够对新一代互联网的发展起到积极的促进作用。

本书可供从事网络技术研究的科研人员、工程技术人员、高等院校相关专业的师生参考。

图书在版编目(CIP)数据

新一代互联网关键技术/苏金树,刘宇靖著. —北京:科学出版社,2019.11
ISBN 978-7-03-060378-4

Ⅰ.①新… Ⅱ.①苏… ②刘… Ⅲ.①计算机网络 Ⅳ.①TP393

中国版本图书馆 CIP 数据核字(2019)第 006144 号

责任编辑:张艳芬 / 责任校对:郭瑞芝
责任印制:吴兆东 / 封面设计:蓝 正

科 学 出 版 社 出版
北京东黄城根北街 16 号
邮政编码:100717
http://www.sciencep.com

北京虎彩文化传播有限公司 印刷
科学出版社发行 各地新华书店经销
＊
2019 年 11 月第 一 版 开本:720×1000 1/16
2020 年 1 月第二次印刷 印张:15 1/4
字数:365 000
定价:139.00元
(如有印装质量问题,我社负责调换)

前　　言

　　2019 年是互联网诞生 50 周年。互联网为人类社会发展做出了巨大贡献,被誉为 20 世纪最伟大的工程成就。自诞生至今,互联网已发展成为现代社会不可或缺的一部分,科技、教育、政务、社会、生活,乃至国家基础设施都高度依赖互联网。互联网直接推进了云计算、大数据、物联网和人工智能的发展,也直接推进了网络空间这个新领域的诞生。

　　在互联网应用领域越来越广泛的同时,随着应用需求的不断变化,新一代互联网技术如何更好地适应人工智能、云计算、大数据、移动互联网等领域的发展需求,是学术界和工业界不断探索的新问题。互联网自身也面临着诸多问题和挑战,需要不断完善。新一代互联网面临的问题归纳起来主要包括三方面:①网络体系结构内在缺陷带来的脆弱性;②互联网的复杂性日益提高,导致网络可管性差、可控性差;③现有网络的生存性设计难以满足关键应用的需求。

　　学术界和工业界探索了 20 多年,将互联网分为如下三个阶段:

　　第一阶段是 1996 年美国政府发起的 NGI(Next Generation Internet)计划和美国 100 多所大学联合推动的 Internet2。该阶段在互联网组播和服务质量保证等方面做出了诸多卓有成效的研究。

　　第二阶段是美国国家科学基金会于 2005 年先后启动的 FIND(Future Internet Design)计划和全球网络创新环境(Global Environment for Networking Innovations,GENI)计划。FIND 计划的愿景是研究未来 15 年核心骨干网络体系结构、未来 15 年边缘网络体系结构、未来 15 年网络体系结构对用户需求的支持。GENI 计划的愿景是研究满足 21 世纪需求的下一代网络体系结构的计划。欧洲也于 2007 年启动了 FIRE(Future Internet Research and Experimentation)计划。这些计划均提出摆脱当前互联网体系结构的束缚,对网络体系结构进行重新设计,以满足未来互联网发展的需求。

　　第三阶段是美国国家科学基金会支持的五个项目:XIA(expressive Internet Architecture)项目主要研究面向安全的网络体系结构;MobilityFirst 项目主要研究面向移动的网络体系结构,并考虑与 5G 的融合;Nebula 项目则是面向云计算的网络体系结构;NDN(Named Data Networking)项目希望研究面向内容分发的网络体系结构;ChoiceNet 项目则是面向经济模型选择的网络体系结构。

　　学术界在研究过程中达成了一些共识,例如,需要支持位置和身份分离,需要支持可追溯性,需要支持多宿主和多路径,需要实现控制和数据分离,需要实现网络快速自愈恢复,需要支持网络的内在移动性;但是也存在诸多分歧,例如,网络应该简单还是智能? 控制应该分布还是集中? 协议实现应该采用协议栈还是协议堆? 等等。

本书内容源自作者20多年来在新一代互联网领域的研究成果。

全书共6章。第1章介绍新一代互联网研究概况,由当前互联网技术面临的问题入手,归纳总结新一代互联网体系结构研究过程中的共识与分歧,同时提出一种新型的网络体系结构。第2章介绍新一代互联网研究重要计划,给出国际上的主要研究计划与主要研究项目。第3章~第6章重点讨论新一代互联网的部分核心技术。第3章介绍多路径路由技术,综述在多样性、可靠性、安全性需求的牵引下涌现出的各种域间多路径路由协议,并提出一种新的区域化域间多路径路由协议。第4章介绍域间路由安全技术,包括互联网重大事件的域间路由变化特性分析、前缀劫持对路由系统的影响分析及检测方法,以及级联故障对域间路由系统生存性的影响分析。第5章介绍TCP加速技术,针对新一代互联网TCP处理面临的问题,提出路由器辅助的拥塞控制机制与TCP硬件加速技术。第6章介绍互联网流量工程与优化方法,在综述当前网络流量工程研究进展的基础上,提出一种新的混合多优化目标的算法。

在撰写书稿过程中,戴斌、王圣、孟兆炜给予了很大的帮助,赵锋、王小峰、曾迎之、曹继军、戴艺等在准备书稿过程中提供了大量素材,在此一并表示感谢。

限于作者水平和学识,书中难免存在不足之处,敬请读者批评指正。

目　录

第1章　新一代互联网问题与挑战

互联网为人类社会发展做出了巨大贡献,被誉为20世纪最伟大的工程成就,也直接推进网络空间(cyberspace)的诞生和发展。

为满足人类向往美好生活的不断增长的需求,互联网技术作为云计算、大数据、人工智能等领域的基础技术,特别是高性能网络技术作为互联网核心技术,面临着诸多问题和挑战。

为此,学术界和工业界已经探索十多年。例如,从20世纪末开始,美国启动了下一代倡议(Next Generation Initiative,NGI)计划,100多所大学联盟构建的互联网2(Internet2)、2005年美国国家科学基金会(National Science Foundation,NSF)先后启动了未来互联网设计(Future Internet Design,FIND)计划、全球网络创新环境(Global Environment for Networking Innovations,GENI)计划。欧洲也于2007年启动了未来互联网研究与实验(Future Internet Research and Experimentation,FIRE)计划。这些计划均提出摆脱当前互联网体系结构的束缚,对网络体系结构进行重新设计,以满足未来互联网发展的需求。

FIND计划研究方向包括:未来15年核心骨干网络体系结构、未来15年边缘网络体系结构、未来15年网络体系结构对用户需求的支持。FIND侧重于未来互联网体系框架的研究,直接支撑着GENI行动计划的实施。

GENI计划希望研究满足21世纪需求的下一代网络体系结构。GENI计划认为,目前互联网安全脆弱性主要源自当初互联网体系结构和协议设计假定网络运行在一个良性、可信的环境中,几乎没有考虑网络的安全问题。网络体系结构固有的脆弱性是当前网络安全问题的根本来源。为此,GENI计划试图从底层开始对互联网体系结构进行重新设计,并把安全性和鲁棒性作为设计的基本要求。传统的网络安全研究集中在数据泄漏和数据损坏的防范上。GENI计划认为,还应当增强对攻击和失效情况下网络的可用性和恢复能力的研究。未来互联网应该具有很强的生存能力,应能在面对国家危机时提供服务。为了提高网络的安全性和鲁棒性,应当加强网络管理,包括网络配置、系统升级、状态管理、故障诊断及监测修复等。

FIRE计划是欧盟启动的一项长期研究计划,启动资金为4000万欧元。人们期望FIRE计划的目标是促进网络新思想的发展,通过自下而上的开放式研究解决当前互联网面临的安全性等方面的问题。

GENI计划和FIRE计划都特别强调实验驱动性研究的重要性,GENI计划和

FIRE 计划的重要任务之一就是构建方便、真实的实验环境,以支持新型体系结构及相关技术的研究。

美国国防部认为,当前的互联网技术不足以作为可保障全球网络(assurable global networks,AGN)的基础并且当前网络的脆弱性是由高级研究计划署网络(Advanced Research Projects Agency Network,ARPANET)设计原则的优先顺序不同导致的。在 ARPANET 设计原则中,首要的是互联,最末位的是可追溯。假设将可保障性作为首要设计原则,那么很可能出现非常不同的设计。因此,美国国防高级研究计划局(Defense Advanced Research Projects Agency,DARPA)的战略技术办公室(Strategic Technology Office,STO)于 2006 年 12 月中旬发布征求意见书,征求能给 AGN 奠定基础的研究思想和方法,并于 2007 年 2 月召开了战略研讨会。会议收到了来自美国电话电报(American Telephone & Telegraph,AT&T)公司、国际商业机器公司(International Business Machines Corporation,IBM)、英特尔公司(Intel Corporation,简称 Intel)、波音幽灵工厂、BAE 系统公司、加州大学、佐治亚理工学院、普林斯顿大学等知名企业、学校的响应。

本章将概要归纳这些计划面临的问题、对应的研究方法,以及取得的共识与面临的分歧。

1.1　面临的三类问题

互联网技术在安全性及生存性方面存在的问题可以归纳为以下三类。

1. 体系结构内在的缺陷带来脆弱性

早期互联网设计理念主要强调开放性和共享性,安全保障则放在相对次要的位置。无论是网络体系还是协议体系,都没有考虑安全性问题,这导致互联网面临诸多问题,如垃圾邮件、分布式拒绝服务攻击等,网络内在机理与特性决定了互联网技术的内在脆弱性。体系结构内在主要缺陷涉及以下四方面。

1) 隔离方面

在协议体系上,控制平面和转发平面缺乏有效隔离。当前网络的控制平面和转发平面虽然在功能上进行了一定的逻辑区分,但是两个平面的数据混合在同一传输信道,没有对其传输优先级进行划分。这会引发两方面的严重后果。一方面,控制平面很容易受到来自转发平面信息的影响,用户可以很容易地通过转发平面进入控制平面;另一方面,针对转发平面的攻击很容易影响控制平面的可用性,如果网络的转发平面受到拒绝服务攻击,那么很容易导致控制平面也不可用。

2) 设计方面

在协议实现上,软件设计存在缺陷。当前网络的大量攻击都是由软件设计缺陷引起的,任何微小的软件缺陷都可能导致致命的漏洞。软件的复杂性经常导致测试的不完整性,很多漏洞难以发现。恶意网络用户可以利用这些缺陷发起攻击,例如利用缓冲区溢出来攻击协议漏洞。尤为严重的是,很多网络软件或设备都是成体系地部署在网络中,加之应用环境的复杂性,导致系统级测试难以有效开展,因此一旦利用软件漏洞攻破单点,就会形成长驱直入、迅速传播的后果。

3) 协同方面

在安全体系上,安全部件缺乏自主协同机制。当前网络部署了很多安全部件,这些安全部件是相互独立的,它们只能为某一系统或者某一系统的部分提供某种特定的安全防护。即使有些联动,联动也主要是单点上多个安全部件的配合,根本谈不上安全部件之间全局性、一体化的协同防御。网络各种安全防护、安全检测和安全响应部件没有共享安全信息,安全部件也缺乏与网络设备、用户终端和管理员之间的协同,这导致整个网络的安全防护效能低下,难以做到及时准确地进行整体防御,无法保证网络各端点的安全性和可控性。针对某个局域网络发起的攻击,可以很容易地快速扩散到整个广域网,例如,在局域网 A 中扩散的蠕虫病毒,即使已被正确识别,由于缺乏协同机制,也不能被局域网 B 感知,从而使 B 有效地控制病毒扩散。体系安全的缺乏,很容易导致安全策略上的冲突,安全策略的不一致可能会产生更为严重的安全后果,分散的安全部件还不利于安全事件的搜集、整理、分析,也不能提前预防和及时控制安全风险。

4) 追踪方面

在安全实现上,无法有效追踪攻击者的身份。在当前网络中,身份是应用层的概念而非网络层的概念。网络层缺乏对节点身份的支持,网络协议往往将网络地址作为网络节点的唯一标识。许多网络服务都基于网络地址对用户进行认证和授权,但是在传统互联网体系中,攻击者可以很容易假冒网络地址。另外,当前网络缺乏对报文中源网络地址真实性的鉴定机制,由于边缘路由器在转发报文时不提供对源地址有效性的检查,因此攻击者的身份难以有效追踪。

2. 复杂性日益提高导致网络可管性差

1) 管理深度方面

在管理深度上,智能化管理需要网络单元广泛内嵌管理元素。为了适应不断扩大的互联网规模和不断出现的新型应用,互联网基础设施也不断地复杂化,主要体现在网络规模扩大导致的域间路由系统复杂化、无线设备随时随地接入带来的网络边缘复杂化,以及为满足各种安全目标而部署各种透明中间设备[如防火墙、网络地址转换(network address translation,NAT)网关等]带来的分组处理流程的复杂化。然而,TCP/IP[TCP 表示传输控制协议(Transmission Control Protocol);IP 表示网际协议(Internet Protocol)]网络最初的设计目标并不是构架可运营的网络,并且采用分组尽力转发的原则,这就导致在协议中或者设备内部没有嵌入支持网络运行、管理和维护(operations, administration, and maintenance, OAM)的要素,如设置专用的 OAM 分组或在 TCP/IP 数据分组中携带 OAM 信息等。因此,面对网络基础设施的日益复杂,TCP/IP 简单的管理和维护手段已经不能满足日益复杂的网络管理需求,需要在网络设备和软件中广泛内嵌管理元素,全面加强管理的深度。

2) 管理体系方面

在管理广度上,缺乏统一的管理体系。在协议体系上,互联网协议采用平面模型,垂直方向上缺少统一的管理剖面,因此导致不同协议层次的网络管理独立运行,缺乏信息的共享和管理动作的关联,不但造成了资源浪费,而且降低了管理效率。例如,网络的核心——光网络链路层采用 SDH/SONET 协议[SDH 表示同步数字体系(synchronous digital hierarchy);SONET 表示同步光纤网络(synchronous optical network)],该协议具有丰富的网络 OAM 功能,如远程故障指示、发生故障时光路的自动倒换等。根据上述信息,光交换节点可以快速感知网络中其他节点的运行状态(小于 50ms)。然而,目前大多数路由器 POS/ATM 接口[POS 表示运行于 SDH/SONET 协议上的数据包(packet over SDH/SONET);ATM 表示异步传输模式(asynchronous transfer mode)]均不使用这些 OAM 信息。IP 网络的 OAM 功能相对较弱,主要依赖路由协议的超时机制,被动发现远端的故障,导致故障的发现和处置速度较慢。在网络体系上,网络节点在管理功能方面缺乏有效协同。作为一个开放、异构和复杂的分布式系统,互联网转发平面和控制平面的功能均是分布完成的,目前分布管理实体间缺乏有效协同,从而难以有效预测异常事件,并实施主动管理。

3) 管理工具方面

在管理手段上,缺乏智能的辅助工具,容易导致人为故障。目前的网络运行主要依赖管理员的手工配置。随着网络拓扑复杂性的提高,以及路由协议中策略配置和安全配置的广泛使用,网络配置对网络管理员的要求越来越高。以域间路由协议——边界网关协议(Border Gateway Protocol, BGP)为例,目前骨干网络中单个自治系统(automous system, AS)需要配置的邻居可达几百个甚至上千个,单个路由通常包含十多个路径属性,这些属性的组合十分复杂。如何理解并正确配置这些属性,确保不同边界路由节点上配置的策略互不冲突是网络管理员面临的挑战。管理员不但要为日益复杂的网络拓扑设计出合适的配置方案,还必须保证配置操作时谨慎细致,因为任何小的疏忽都可能带来网络的不稳定甚至瘫痪。例如,1997 年 4 月,美国佛罗里达州的一个小型互联网服务供应商(Internet service provider, ISP)(自治域号 7007)配置 BGP 时,允许将从 Sprint 学来的 BGP 路由作为自己的路由发布回 Sprint。Sprint 的 BGP 路由器没有过滤就将其重新发布到互联网上。路由表信息增加一倍,并快速在互联网传播,从而导致很多路由器崩溃。2008 年 2 月 24 日,巴基斯坦电信(自治域号 17557)由于错误配置了 BGP,将一条 YouTube 前缀的子前缀向外宣告至其服务提供商电讯盈科环球业务有限公司,这条错误的路由消息在互联网上传播,引发了子前缀劫持攻击,造成路由黑洞,使得 YouTube 在全网范围内不可访问。

3. 现有网络的可生存性设计难以满足关键应用的需求

1) 链路方面

物理方面的关键热点链路易于成为网络的薄弱环节,导致网络生存能力降低。分组网络本身具备一定的抗毁生存能力,只要网络拓扑保持一定的连通性,即使网络中某个节点或者链路发生故障,也能够通过路由协议的分布计算发现另外一条可用路径,从而保持整个网络的可达性。但是,目前网络冗余度较低,低冗余度所带来的直接问题就是连通性不好,由于网络的无尺度特性,关键热点链路往往成为网络的薄弱环节。2006 年 1 月 9 日,Sprint 骨干网仅仅两条链路发生故障,就导致数百万固定和移动网络用户服务中断,或者传输率大大降低。关键链路通常成为蓄意打击或破坏的对象。

2) 协议方面

协议方面的域间单路径路由导致网络抗毁生存能力差、突发大流量传输能力弱。当前,互联网采用的是基于目的地单路径路由策略,从多条路径选出最好的一条路径来转发报文。单路径简化了转发表的设计,提高了网络基础设施对报文的转发处理速度,但是一旦该路径遭受物理打击发生瘫痪或产生其他故障,即使这时网络整体仍然处于连通状态,在重新计算新的路径之前,经过该故障路径的大量数据包也会被丢弃。同时,没有充分利用路径的冗余来并行传输,可能会导致网络中的某些链路成为性能瓶颈,突发的大流量很容易引起网络拥塞,降低网络整体的抗毁生存能力。

3) 自愈方面

网络自愈恢复速度慢,难以实现应用无感知的链路切换。随着互联网规模的不断扩大和网络拓扑的日趋复杂,传统分布式路由计算方法的可扩展性面临严峻挑战。与此同时,作为网络管理和资源优化的强有力手段,策略路由在网络中的广泛应用进一步增加了互联网路由系统的复杂性。因此,目前域间路由系统的稳定性问题日趋严重,核心交换节点或骨干链路的故障常常导致域间路由长时间不稳定,大大降低了网络自愈的速度。有记录表明,互联网骨干路由器的瘫痪可能会造成域间路由长达十几分钟的剧烈振荡,造成大量数据丢失。因此,基于重新路由的互联网故障自愈方式难以满足应用无感知的要求。

信息基础设施对国家安全、国土安全和经济安全至关重要,但是却非常脆弱。

因此,美国 NSF 于 2006 年 4 月发布了信息安全保障研究发展规划,建议所有政府部门在其信息基础设施上实施保障网络安全和信息安全的措施。

1.2　取得的六点共识

从 20 世纪 90 年代开始,学术界便开展了一系列研究工作,并取得了很多成就。这些成就主要达成了六点共识。

1. 位置和身份分离

在 TCP/IP 网络中,IP 地址既用于位置标识又用作端点的身份标识,这种双重身份不仅限制了网络移动性,也带来一些安全问题,加大了访问控制的复杂性和难度,并在一定程度上影响了各种安全保障机制的效能。因此,在新型网络体系结构设计中严格区分位置和身份标识得到了普遍赞同。

麻省理工学院 Clark 等提出了指令转发、关联和汇合体系结构(forwarding directive association and rendezvous architecture,FARA)(Clark et al.,2003),引入位置和身份标识。互联网工程任务小组(Internet Engineering Task Force,IETF)提出了主机标识协议(Host Identity Protocol,HIP),HIP 在域名空间和 IP 地址空间加入了主机标识空间,传输层的连接建立在主机标识上,IP 地址仅仅用于网络层路由而不再用于标识主机身份。

2006 年 8 月,加州大学伯克利分校的 Caesar(Caesar,2007)提出扁平标识路由。扁平标识路由完全没有使用位置信息,报文头中不包括位置信息,而是直接基于标识进行路由。该方法除继承位置身份分离的优点外,还有一些独特的特点:无需建立单独的名字解析系统;报文分发不依赖数据路径之外的其他信息;标识分配简单,只需保持唯一性,无需像 IP 地址一样,既要保证唯一性又要保证与网络拓扑的一致性。

2007 年,圣安德鲁斯大学的研究人员提出了标识位置网络协议(Identifier/Locator Network Protocol,ILNP)。ILNP 将 128 位地址空间分为位置标识和身份标识两部分,高 64 位作为位置标识,命名一个子网,低 64 位作为节点身份标识。在核心网中路由时只使用高 64 位,而在高层协议维护会话状态时只使用低 64 位(Atkinson et al.,2012)。

2. 可追溯性

BAE 系统公司、LGS 贝尔实验室、洛克希德·马丁公司、约翰·霍普金斯大学等单位的研究人员都认为未来的网络体系要支持可追溯性。

BAE 系统公司的研究人员认为,未来的网络要阻止未授权的访问,记录合法用户的访问及网络信息流,可按需审计。LGS贝尔实验室的研究人员认为,基于硬件的设备可追溯性可以减少人为配置错误,有利于追根溯源。将基于角色的安全、设备可追溯性及位置感知有机结合可实现环境感知的动态可信。洛克希德·马丁公司的研究人员认为,未来网络应该验证用户行为是否和安全及服务质量相关的具体约定一致。

约翰霍普金斯大学的研究人员认为,在未来网络中,资源使用应该可审计,用户应该可被合适的授权机构追溯,网络用户和位置信息要对未授权实体透明。LGS贝尔实验室的研究人员认为,在未来的网络中,网络设备、软件组件和用户对网络资源的访问必须被严格限制。在认证和授权时必须考虑物理和逻辑位置。

另外,美国斯坦福大学的Casado提出了企业网络的安全架构(Secure Architecture for the Networked Enterprise,SANE)体系结构(Casado et al.,2006),采用基于集中式管理控制的全网网络实体的安全认证、接入控制、路由控制等机制以在体系结构上保障网络的安全性。在SANE中,端系统必须通过域控制器的安全认证来获得网络的接入权限。域控制器代理通信双方进行协商,并根据协商结果为通信双方指定路由。

3. 支持多宿主和多路径

多宿主和多路径可提高网络的生存性,抵抗拒绝服务攻击,实现负载均衡;也可防止部分路径上的信息被截获而导致信息泄露;通过适当的冗余,多路径路由还可纠正报文中的错误并回避一些路径上的链路故障,最终提高网络的生存能力。

哥伦比亚大学的研究人员认为,虽然互联网可通过将报文发往不同的中介节点,由中介节点再将报文转发到目的地的方式实现多路径路由,但无法保证路径是不交叉的,因此应该完善互联网路由方式使得数据报文可以沿多条非交叉路径进行路由。

之前的BGP协议针对每个目标前缀只能使用单个路由,因此在2006年的美国计算机协会数据通信专业组(Special Interest Group on Data Communication,SIGCOMM)会议上有研究人员提出了域间多路径路由(multi-path inter-domain routing,MIRO)协议,以提供灵活的路径选择方式。

4. 控制和数据分离

AT&T、贝尔实验室、LGS贝尔实验室、罗彻斯特理工学院(Rochester Institute of Technology,RIT)等单位及国际电信联盟电信标准分局(International Telecommunication Union-Telecommunication Standardization Sector,ITU-T)的研究人员均认为控制和数据必须分离。控制和数据分离可避免网络用户对控制及基础设施的攻击。

贝尔实验室的研究人员认为,传输、路由交换、存储机制需要严格区分,如有可能,应尽量使其在不同的网络上运行。将具有不同要求的信令协议和传输协议分离,消除当前互联网体系结构的脆弱性,有助于安全性和可靠性。

RTI International 的研究人员认为,数据流一定不能影响控制信息的传输。在网络节点及中介的路由交换节点上,应该保证控制功能所需的处理和缓冲资源。

ITU-T 的研究人员认为,未来的网络应该分离控制、管理、传输和服务功能。

5. 网络快速自愈恢复

实现网络可靠性的前提是能够快速检测到故障。故障检测技术可分为链路检测技术和网络检测技术两大类。为了快速检测到网络故障,有学者开发一种故障检测通用服务,称为邻接对等体检查服务。该服务可以集成到现有的路由协议中,不仅可以检查物理层的可达性,也可以检查控制平面的操作状态。IETF 提出双向转发侦测(bidirectional forwarding detection,BFD)机制,对等体在所建立的会话通道上周期性地发送检测报文,如果在足够长的时间内没有收到对端的检测报文,那么认为在这条到相邻系统的双向通道上发生了故障。BFD 与路由协议的互动可以缩短路由协议链路状态检测周期,从而使路由协议更快速地收敛。

域内路由收敛较慢的原因之一是域内路由收敛过程是响应式、全局性的。因此,在没有全局收敛的情况下如何快速恢复连接是重要研究方向。有学者提出一种路由恢复方案,称为多路由配置,其允许检测到故障后在替代的输出链路上转发报文。IETF 起草了一个 IP 快速重路由框架,建议使用隧道机制处理链路和节点故障。

目前域内路由快速恢复机制相对成熟,但是如何快速检测大面积的网络故障威胁及域间快速路由恢复机制仍需要进一步研究。

6. 内在支持移动性

当前网络体系结构很难支持移动的无线网络环境。例如,如果要把移动自组织网络的数据发往互联网,那么移动自组织节点必须实现标准通用协议,但这与节点有限的资源存在矛盾。此外,未来网络中将包含大量的移动设备。网络不仅要支持设备的移动性,还要支持网络的移动性。

体系架构技术公司(Architecture Technology Corporation,ATC)的研究人员认为,在移动环境下节点的位置经常发生变化,而节点的标识应当保持不变,因此需要改变当前互联网的命名方式。伊利诺伊州立大学的研究人员也认为,未来网络需要采用支持设备移动性的新型寻址方式,并且需要支持多种移动传输技术:802.11、802.16、无线蜂窝网络等。Intel 的研究人员认为,未来网络需要支持移动节点和基础设施的简单配置,所有的移动通信设备都要能够根据事先制定的传输、安全策略进行自我配置。智能控制系统有限公司的研究人员提出了跨层节点体系结构,目标之一是推动无线自组网的自我配置。约翰·霍普金斯大学的研究人员认为,未来网络需要综合使用数据库和目录服务、发现协议、安全零配置、安全动态接入、层次式信任、角色和责任定义等机制来支持移动性。

1.3　存在的三点争议

在取得的一系列成就中,除了达成的六点共识,还主要存在以下三点争议。

1. 简单与智能

端到端是互联网的重要设计原则,即保证网络的简单,尽量减少对上层应用的约束和限制,从而便于上层应用的发展。端到端原则是互联网取得成功的重要原因之一,但随着互联网的发展,这种简单原则面临的挑战与日俱增。

有些人认为,网络边缘防护不力是如今安全问题层出不穷的重要根源,简单网络也制约了一些上层应用和管理控制的效能。为此,人们开始重新思考端到端原则的合理性,考虑是否需要给网络增加一些智能。

有些人认为,应当在保证网络层功能不变的前提下,让网络具有更多的智能,于是人们提出了知识平面的思想。知识平面是一种特殊的覆盖网络(overlay network),它从端节点和网络节点获取相关信息,将信息聚合后用于网络故障的检测和恢复、网络管理和控制等。

有些人认为,应当在网络层加入智能,使得网络能够感知底层链路特性、业务内容及网络实体(上层应用服务、端主机、用户身份和行为等),以便适应多样性应用,提高网络的安全性,实现管理可视化和基于网络的安全防护。例如,SANE 提出了路由控制的思想,即不再对报文进行无条件的路由转发,而是根据发送方和接收方事先声明的通信策略,并结合路由信息完成转发。这种思想一方面加强了对路由转发的策略控制,针对每个流进行访问控制,另一方面能够为上层应用制定相应的路由转发策略,便于实现一些特殊的路由方式(如用户指定路由等),对服务质量、移动性、多宿主、负载均衡等新技术提供很好的支持;此外,报文转发需要满足接收方的策略,可以有效防止以分布式拒绝服务攻击为代表的网络攻击,提高了网络的安全性。

还有一些人则认为,在互联网新体系结构研究中,为了支持上层应用的创新发展,端到端原则应当继续得到遵守。尽管在网络中心(如路由器)加入新的功能可以增强对高层某些特定应用的支撑,但是却破坏了网络原有的透明数据传输特性,不利于上层应用的发展和创新。同时,考虑到端系统日益增强的计算能力,为减轻网络负担,应当把一些复杂操作(如报文流检测)交给端系统处理,而不是网络。

2. 分布与集中

当前的互联网是一个分布式的自组织网络,如分布式的路由计算、分布式的网络管理、分布式的策略控制和分布式的信任关系等。这种分布式在一定程度上保障了网络的可靠性和扩展性,减少了可能存在的性能瓶颈,客观上支持了互联网规模的快速增长。然而,分布式的网络结构也带来了如下问题:增加了路由计算、网络管理、策略控制和信任关系的复杂度;降低了路由计算、网络管理和策略控制的效率,如路由计算的收敛速度较慢等;难以制定和应用全局路由和管理控制策略;无法对网络故障做出快速定位和恢复等。

有人认为,类似电网、航空网、铁路网等,集中式管理控制具有更高的效率和故障快速处理能力。SANE 项目认为采用集中式管理控制,带来的开销并没有想象中的大,而且还可以通过复制多个域控制器来提高 SANE 的性能。有学者认为,互联网的增长使得路由系统变得非常复杂,特别是为了支持灵活性和规模可扩展性,BGP 增加了共同体属性、路由反射、路由聚合等属性,使得 BGP 域间路由变得更加复杂。这种复杂性使得路由协议行为越来越不可预测,越来越容易产生错误。每个路由器都执行复杂的路径计算,可能使得路由器之间不一致,也使得路由策略的表达更加复杂化。因此他们认为,应该将域间路由从 IP 路由器中分离出来,路由器主要进行报文转发。在每一个 AS 内设置一个集中的路由计算平台(routing computing platform,RCP),代替 AS 内的各个路由器选择路由,并和其他域交换可达信息。

当然,集中式结构的可扩展性弱的问题也十分明显。例如,公钥基础设施(public key infrastructure,PKI)的数字证书认证机构(certificate authority,CA)扩展性不好,导致当前网络建立初始信任的方式缺乏扩展性。相对集中式控制而言,分布控制能减少失效和攻击对网络的影响。有人认为,正是分布式控制和管理保证了网络的可扩展性。因此,为了保障未来新一代互联网的可生存性,网络的管理和控制应当具有更强的分布式特性,如增加分布式资源发现等能力。也有观点认为,未来新一代互联网应采用灵活的、适度的集中式管理机制。

3. 协议栈与协议堆

当前的 TCP/IP 体系结构采用了层次化协议模型。层次化协议结构通过模块化,使协议更具有独立性和简单性,适合报文处理,是当前互联网体系结构设计的基本思路之一。

随着网络技术的发展,层次化的协议模型也渐渐显露出其局限性。在层次化协议模型中,层与层之间存在固定的界限,每一层只能与其相邻的上下两层交互。由于每一层的功能相对固定,当上层需要新的功能服务时,下层协议可能无法满足上层的需求。在这种情况下,上层可能需要直接使用非相邻下层的服务功能,这就导致跨层调用的出现。研究发现,跨层优化能够带来许多好处,但在某种程度上破坏了协议的层次结构。

层次化协议模型也阻止了层间信息共享,妨碍了网络或传输层利用底层的信息,而这对网络性能及管理和安全机制的效能而言是至关重要的。当前协议层次的封闭性不允许垂直信息共享,限制了管理和安全的协同。

层次化协议模型增加了不必要的开销,也容易引起潜在的功能重叠等。例如,当前的网络体系中存在链路层的有线等效保密(Wired Equivalent Privacy,WEP)协议、网络层的互联网络层安全协议(Internet Protocol Security,IPSec)、传输层的传输层安全协议(Transport Layer Security,TLS)、应用层的加密等多种安全防护机制,这些机制缺乏一体化设计。

因此,有观点认为应该抛弃分层的思想,改变协议的栈式结构。南加州大学提出一种体系结构,针对网络协议层次式结构存在的跨层调用、功能粒度过大等缺点,分解细化了协议的功能粒度,通过采用经过细化的基本功能角色的报头组织形式,改变 TCP/IP 网络协议的层次式结构。该体系结构通过不同基本功能(转发、校验等)之间的组合来引导报文的处理,使得报文的处理更加灵活,协议功能更加丰富,方便了上层应用和技术的开发。BAE 系统公司的研究人员提出的移动参考模型(mobility reference model,MRM)是一种把处理消息及其对象一体化的无层次参考模型。MRM 在开放系统互联(open system interconnection,OSI)参考模型概念中增加一个面向真实对象的框架,网络被看成一组部件对象,它们相互作用共同完成网络功能,包括基本通信、服务质量、信息保证、认知适应操作等。MRM由这些功能协议对象组成,并通过网络节点实例化。

有观点认为分层的思想应当保留。AT&T、卡内基梅隆大学等的研究人员认为分层并不妨碍未来体系结构的发展。波音幽灵工厂的研究人员认为垂直分层应该保留。

尽管存在争议,人们还是普遍认为协议模型应当消除层间通信和管理的阻碍,整合新的元素,如信息共享、分析和分发等。

1.4　设想的五个目标

本书认为新一代互联网面临的挑战与互联网最初的设计原则具有内在联系。下面给出本书提出的新一代互联网设计的五个目标。

1. 安全为本

网络空间的主要载体留下了碎片化、不完整的数字足迹,这些足迹既能催生丰富便捷的网络应用,又会诱发潜在的安全威胁。据思科(Cisco)公司预测,到 2020 年,物联网设备将超过 340 亿,随着可穿戴设备、智能家居、医护监测等物联网设备进入市场,其安全问题日益严峻。惠普公司在 2015 年的一项调查中发现,70% 以上的物联网设备存在传输加密不足、隐私泄露、硬件木马和恶意软件植入等安全问题。2017 年 4 月,麻省理工学院发布了 2017 年十大突破技术,僵尸物联网被列入其中。到目前为止,报道的安全事件绝大多数是发生在终端上的。如果从核心网入手,解决安全问题,会事半功倍。目前的网络空间处于靠个人解决安全问题的阶段。例如,针对 WannaCry 病毒,如果在核心网进行清除,那么产生的开支会低很多。

2. 移动为先

手机、平板电脑、可穿戴设备等移动平台的兴起,将人们的双手从桌面解放出来,网络接入与信息处理不再受桌面空间的限制,这意味着未来的互联网服务与业务必须以移动为优先。从流量来看,据 StatCounter 统计,从 2016 年 10 月开始,来自移动平台的互联网流量占 51.2%,已首次超过桌面设备;这一趋势还将继续暴涨。从网络接入来看,中国互联网络信息中心(China Internet Network Information Center,CNNIC)于 2017 年 7 月发布的统计数据显示,中国网民通过手机等移动网络接入方式上网的比例占 96.3%,移动互联网已占主导地位。从应用服务来看,近年来,移动互联网通过云端融合、泛在智能、大数据等方式,在社交、交通出行、信息服务、资源共享等领域不断推陈出新,驱动模式创新,引领社会经济发展。

3. 视频为重

目前,视频是互联网中流量占比高、增长速度快的重要核心业务,如何针对视频业务实时性强、服务质量需求高等特点,开展相应的设计,将是互联网面临的重大挑战。一方面,从流量占比来看,据 Cisco 公司统计,2016 年在线视频所产生的流量占据互联网总流量的 73%,预计 2021 年,将占据互联网总流量的 82%。另一方面,从流量增长来看,随着视频直播、4K/8K、VR/AR[VR 表示虚拟现实(virtual reality);AR 表示增强现实(augmented reality)]、OTT(over the top)电视等新兴媒体业务的飞速发展,视频流量还将继续出现爆炸式增长。Cisco 公司发布的预测数据显示,2016～2021 年,全球互联网视频流量年复合增长率达 31%;到 2019 年底,全球移动数据流量将达到 292EB,较 2014 年的 30EB 增长显著。

4. 分发为要

全球视频、网络游戏等流量大幅增长的同时,也带动了全球内容分发网络(Content Delivery Network,CDN)流量的几何式增长,据统计,2016 年全球 CDN

流量已经达到 32275PB/月,预计 2020 年将达到 103996PB/月,年均复合增长率将高达 34.2%。Cisco 预计,到 2021 年,CDN 占互联网总流量的比例将由 2016 年的 52%增长到 71%。随着 CDN 的发展,内容分发对数据中心网络的设计,特别是数据中心间的流量优化提出了重大挑战,其中一个关键问题是如何提升数据中心效率。例如,Google 公司对 B4 系统(Google 公司基于 Open Flow 搭建的数据中心广域网)开展了深入研究,数据中心的网络效率可达 95%以上。

5. 绿色为基

随着互联网应用的快速发展,服务器、路由器、交换机等数量不断增多也导致我国数据中心总体能耗高,整体电源使用效率(power usage effectiveness,PUE)平均值居高不下。截至 2018 年底,国内数据中心的 PUE 值普遍过高,从 2.2 到 2.6 不等,而国际上能低至 1.12 左右。预计"十三五"末期,互联网繁忙时段流量比初期增长 4.6 倍,平均流量比初期增长只有 2 倍,因此,现有的互联网在绿色节能方面存在巨大的优化空间。

1.5　属性网络体系结构

传统互联网体系结构面临一系列难题,难以满足现实需求。在安全可信方面,存在难以进行精准控制、难以进行追根溯源、难以保证实体可信等问题;在可管可控方面,存在难以支持细粒度管理控制与自动配置等问题;在服务质量方面,存在难以为用户提供其所需的服务质量等问题;在移动性方面,存在难以实现移动条件下的高效通信等问题。经过深入研究,本书认为这些难题的主要根源在于"三个没有":核心的网络层协议没有通信节点自身信息,即设备身份信息;核心网络层协议没有使用人员信息,即用户身份信息;网络层没有网络应用信息,难以更好地服务于应用。

因此,本书提出一个属性网络参考模型。该体系结构设计重点实现三个转变:①从"以地址为中心"向"以用户为中心"转变;②从"网络应用无法参与"向"网络应用统一管理"的服务质量管理模式转变;③从"以能通信为主"向"以更好服务为主"的转变。

在网络体系结构设计上,将网络层的路由决策依据由一维空间(IP 地址,也就是地址属性)扩展到多维空间(位置属性、设备身份属性、人员身份属性、网络应用属性等),并设计实体身份真实性保证机制、服务质量分级分类保障机制、身份标识路由机制、路由设施对用户透明机制等创新机制。

1.5.1　属性网络体系结构的参考模型

属性网络参考模型包括下述三个核心要素。

1. 网络实体

网络中有多种类型的实体。网络实体包括设备、程序和数据、逻辑实体,以及人——网络使用者。一个人可以启动不同的网络应用,使用网络的人实际上已成为网络中的一个元素。网络设备包括路由器、交换机、安全设备、终端系统等,可以由不同的人使用。逻辑实体是指网络上可标识的非物理实体,如域名、自治域、连接、流、会话等。

2. 网络实体的属性

在定义网络实体的基础上,引入属性概念。属性代表网络实体的某方面特性,一个网络实体可能有很多属性。有些属性是固定的,有的属性可以动态改变。属性网络模型中,每个共用实体都有一个核心属性,即全局唯一身份(identity document,ID)。属性网络参考模型并不限定可支持的网络实体,从人、设备、内容到那些不可预见的实体。所有网络实体通过实体本身和属性,进行网络的控制与管理。属性可以组合使用,后面会介绍采用人员属性与业务属性组合进行转发控制。

3. 网络实体的属性内嵌安全机制

利用基于身份的加密(identity based encryption,IBE)或者基于属性的加密(attribute based encryption,ABE)机制,实现网络实体的属性与密钥的关联。安全机制既可以确保一个网络实体 ID 的真实性,也可以保证网络实体属性的安全性和不可篡改性等。

基于上述三个概念,本书提出属性网络体系结构的概念,其包含三个平面和两个系统,即管理平面、控制平面、数据平面,以及属性系统和安全系统,如图 1.1(a)所示。图 1.1(b)是一种属性网络体系中网络设备的实现模型。这五大系统以网络实体的属性为核心和纽带,有机关联,相互支撑,共同构成一个可信的、柔韧的网络系统。

属性系统主要包含身份、人员、设备、业务等实体的属性信息。一个实体的身份是其最重要的属性信息。实体在网络中生效之前,其身份信息必须在属性平面中建立和维护,即一个网络实体只有其身份信息登记在属性平面中,才能获得网络服务或提供服务。每一个共用实体具有持久的全局唯一身份标识符,即使实体移动到新的位置,身份标识符也不会改变。给定一个身份标识符,可从属性平面获取相关的属性信息。实体与属性之间可建立不同的关系,有些关系是非常稳定的,而

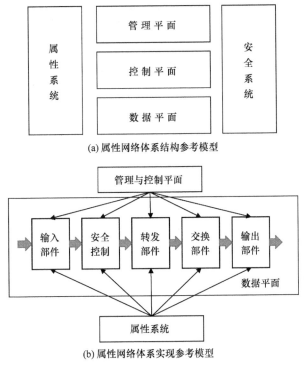

(a) 属性网络体系结构参考模型

(b) 属性网络体系实现参考模型

图 1.1　属性网络体系结构

另一些关系可能是暂时的。属性平面需要根据实体的角色,保持不同实体与属性之间的关联。通过配置机制可以指定网络实体与属性之间的关系,也可以通过动态的注册和撤销,处理实体与属性之间的临时关系。

　　管理平面面向网络运维人员。网络运维人员可以根据实体属性对网络实体进行分类。当一个新的实体进入网络时,运维人员可以简单地赋予实体一些现有的类或创建一个新类。运维人员可以基于类,指定网络实体的行为,定义高层策略。管理平面可以对策略的一致性进行检查,并产生隐含的策略或低级别的规则。策略或规则将分发到数据平面、安全系统或控制平面。这些平面将采取进一步的行动来处理这些策略或规则,使其生效。使用标识符索引,管理平面可以从不同的平面动态在线获取相关属性,并进行融合处理,以不同的粒度展示网络实体运行状态信息,为网络运维人员的决策提供支持。管理平面的基本任务是设置好控制平面里面各种协议的参数。

　　控制平面控制和管理所有网络协议的运行。路由及路由信息产生的转发表是控制平面的核心内容。控制平面基于网络实体属性等信息维护网络的可达性,提供基于实体属性控制实体的网络可视范围等功能。控制平面可以采用传统的基于位置标识的路由协议,如 RIP、开放式最短路径优先(open shortest-path first,OS-PF)、BGP 等来维护到网络位置的可达信息;也可以采用基于设备身份的平面路由协议,维护网络设备间的可达信息;还可以基于用户身份标识,维护到达在线人员的可达信息。依据策略,网络可基于实体属性控制路由信息的发布范围和发布对象,控制网络实体的局部可见性和全局可见性。不同的路由协议可一起运行,以支持不同的路由需求。

在数据平面中,网络设备根据相关实体的属性信息对报文进行处理。一个数据包是否携带相关实体的标识符是可选的。然而,如果网络运维人员出于安全或其他原因,要求携带某些类型的标识符或者一个使用人员想要得到更好的服务,那么数据包中需要纳入相关的属性标识符。网络层协议基于标识符堆支持标识符的灵活组合,可以满足不同需求的端系统用户或网络运维人员。数据平面基于网络实体的属性提供区分服务。数据包中的优先级不是由终端应用程序以单独的方式指定,而是基于相关实体的角色及其他因素,由网络以统一的方式决定。具体而言,接入路由器根据相关的人员身份、应用类型和其他因素确定数据包的优先级。下游路由器根据其优先级值处理这个数据包。转发平面可以根据人员属性和报文内容属性,提供不同的服务质量。

在安全系统中,每一个网络实体将从一个值得信赖的密钥生成中心生成密钥(公钥、私钥或密钥对)。密钥将网络实体与相应的标识符进行关联。没有关联密钥的网络实体将不能进入网络。在接入阶段,安全平面将基于签名和验证机制验证一个网络实体的标识符,以确保网络实体可信。在通信阶段,安全平面可以基于加密机制,确保相关内容没被篡改。安全平面通过综合使用签名、认证和加密等机制确保报文内容的真实性,基于身份限制实体的通信范围,基于属性支持安全和灵活的通信。属性网络模型并不限制采用哪种加密机制(如 PKI、IBE、ABE)。

上述网络模型具有以下特点。

(1) 可管可控性。可基于网络实体的属性定义实体类别,采用属性网络控制方式,为多种粒度的管理提供支持,提高网络的可管可控性。通过网络策略和控制机制分离,将属性网络控制策略转化为相关规则进行分发、执行,简化了网络管理,提高了网络的可管性。

(2) 安全性。网络实体的身份和密钥关联,保证了接入和通信过程中身份的真实性,并且可基于身份进行细粒度的网络访问控制。网络管理人员可以强制要求数据报文携带网络实体身份标识,使得网络行为可以准确地与实体关联,从而识别出行为不端的实体。

(3) 服务质量。可以将人员属性、应用属性等作为服务质量的基础要素,将这些基础要素映射生成报文的优先级。高优先级报文在网络设备中得到优先处理,优先传送,这使得网络可以给不同属性的报文提供不同的服务。

（4）移动性和多宿主。多宿主节点和移动节点可携带设备身份标识，多宿主节点的通信可建立在设备身份标识之上。移动设备在移动过程中身份标识不发生变化，移动节点的上层通信建立在移动节点身份标识之上，从而使其在终端主机或网络移动情况下可以继续通信。

（5）灵活性和可演化。属性网络模型的标识符堆可支持不同的网络使用场景，支持不同的设备类型和不同的通信类型，支撑网络终端用户和网络管理人员灵活表达自己的意图。例如，与使用人员无关的设备在发送数据报文时不需要携带用户身份标识；如果设备保持固定，无须移动，那么设备在发送数据报文时可不携带设备身份标识；当用户往服务器发送信息时，可以携带源用户身份标识，不必携带目的用户身份标识。数据报文中的标识符堆使得网络在环境变化时可以演变。

1.5.2　属性网络体系结构的核心机制

属性网络模型不需要对网络体系结构进行强制约束。属性网络有多种实施方式，在协议机制上可以选择通过修改和扩展 IPv4（Internet protocol version 4）网络机制来实现，也可以选择通过修改和扩展 IPv6（Internet protocol version 6）网络机制来实现，还可以选择通过重新设计网络层协议和相关机制来实现。

考虑到 IPv4 网络的广泛部署与应用及基于身份的密码机制的发展情况，基于 IPv4 机制扩展具有兼容原有网络应用、支持增量部署等优点，基于身份的密码机制有降低认证开销等优点。因此，本节主要阐述一种遵循属性网络模型、与 IPv4 兼容的体系结构模型 ABA4（attribute-based architecture for IPv4）。

1. 命名和关联

ABA4 将网络层的命名空间从一维空间（位置标识）扩展到多维空间（位置标识、设备身份标识和用户身份标识等）。网络层引入设备和人员两类网络实体。属性平面维护实体的身份信息；这些实体的身份标识分别取自一个 64 位的二进制数值空间的子空间，两者相互独立、互不重叠；设备身份标识和用户身份标识也可以采用和 IP 地址等长的 32 位二进制数标识，保持现有的地址空间不变。身份标识具有语义，终端和中间网络设备的身份标识可区分。

ABA4 根据网络实体的特征及其在网络中的作用等，建立维护网络应用标识、设备身份标识、用户身份标识、位置标识之间的多种映射关联关系。体系架构中需要部署人员身份标识与设备身份标识映射系统，将使用人员身份标识和其正在使用的设备身份标识关联，提供人员身份标识映射到设备身份标识的服务。在体系架构中，根据需要可选择部署设备身份标识与位置标识映射系统，在设备需要移动并且基于位置标识进行通信的情况下或者动态分配位置标识的情况下，将设备身份标识和设备接入网络的位置标识关联，提供设备身份标识映射到位置标识的服务。

2. IP 增强协议

在 ABA4 中,位置标识、设备身份标识和用户身份标识以可选的方式按需携带,并且标识信息根据需要可全程或短程携带。这些标识可根据应用需要和使用人员需求进行灵活组合与相应转换。

为了支撑位置标识、设备身份标识和用户身份标识的灵活组合与处理,可以对 IPv4 进行修改增强,把增强的 IPv4 称为 IP 增强协议。

IP 增强协议借鉴 IPv4 报头格式,然而这些格式中的某些字段或方法的含义已经改变,如图 1.2 所示。IP 增强协议引入标识符选项,源地址和目的地址字段可以被忽略。IP 增强协议可以重用服务字段,原来保留供将来使用的 6、7 位与原来定义的 0~5 位一起合并使用,可以表示 64 个服务质量优先级,如果需要更高优先级,那么可以设置 IP 选项机制。

Ver	IHL	Priority	Ind	Len		
Identification			Flags		Offset	
TTL		Protocol		Checksum		
Source Address						
Destination Address						
Identifier Options						

图 1.2　IP 增强协议报头格式

Ver-版本;IHL-首部长度(Internet header length);Priority-优先级;Ind:指示位;Len-总长度;Identification-标识;Flags-标志;Offset-偏移;TTL-生存期(time to live);Protocol-协议;Checksum-校验和;Source Address-源地址;Destination Address-目的地址;Identifier Options-标识符选项

通过 IP 选项机制来扩展 IP 协议,通过引入身份选项携带节点身份标识信息和用户身份信息。身份标识选项定义四类身份标识选项:源设备身份 ID,目地设备身份 ID,源用户身份 ID 及目的用户身份 ID。标识符选项为安全控制、路由决策、服务质量、移动性等提供支持。选项可以出现在数据包中,如果中间设备无法识别标识符选项,那么将其忽略。在某些环境中,所有数据包都需要一些特定的身份标识符选项。

3. 多重标识的映射解析机制

为了支持传统网络应用可以不加修改地运行,并提供新的特性和功能,ABA4 体系架构需要改进和部署几类映射系统,如图 1.3 所示。

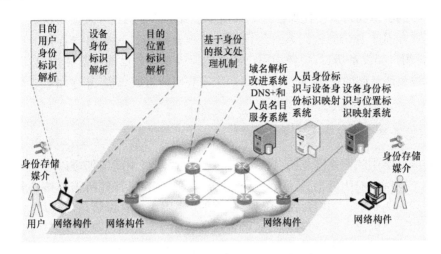

图 1.3　多重标识映射解析机制示意

　　域名解析改进系统 DNS＋和人员名目服务系统：传统的域名系统（domain name system，DNS）将域名和 IP 地址关联，在 ABA4 体系结构中，注册登记域名时，需要将域名和设备身份标识关联，提供将域名解析到设备身份标识的服务。

　　人员名目服务系统：将使用人员名字和人员身份标识关联，提供人员名字解析到人员身份标识的服务。

　　人员身份标识与设备身份标识映射系统：将使用人员身份标识和其正在使用的设备身份标识关联，提供人员身份标识映射到设备身份标识的服务。

　　设备身份标识与位置标识映射系统：将设备身份标识和设备接入网络的位置标识关联，提供设备身份标识映射到位置标识的服务。

4．网络实体身份真实性保证机制

　　阻止未授权用户和未授权设备入网是实现网络安全的关键环节。应该基于设备身份来支撑实现组网设备之间逐级认证或双向认证，解决组网设备可信性等问题，同时进行设备异体排斥处理。应该基于用户身份等信息认证用户，防止用户假冒。

　　实体身份真实性保证可以基于 PKI 证书来实现，也可以基于身份的密码系统（identity based cryptosystem，IBC）来实现，基于 PKI 证书方式的认证存在公钥获取或分发的复杂问题。IBC 简化了公钥获取，消除了对公钥证书和认证中心的依赖，同时消除了获取公钥证书和维护公钥证书产生的额外开销，体现出了一定的优越性，但还有密钥撤销等部分功能有待完善。因此，可以设计两种机制来保证实体身份真实性，一种是 IBC 的实体身份真实性保证机制，另一种是 PKI 证书的实体身份真实性保证机制。

IBC 的实体身份真实性保证机制采用基于身份的密码技术来签名认证和加解密。为采用基于身份的密码系统保证接入过程及通信过程中的设备和用户的可信,防止用户和设备仿冒,设备和用户需要选择或获取自己的身份标识,然后根据 IBC 参数生成自己的公钥,向可信密钥产生中心申请生成私钥,并存储于适当的媒介中。

5. 服务质量分级分类保障机制

传统网络中的网络应用各自指派优先级,导致网络中间节点难以对不同网络节点的不同网络应用做出真正有效的调度决策,服务质量保障所需的核心要素优先级字段相当于虚设,并且传统 IP 网络中缺少使用人员身份信息,难以提供面向不同使用人员的服务质量保障功能,因此可以将服务质量提升到更多的等级,同时转换服务质量优先级指派方式,统一由网络进行指派,协调调度。

在服务质量分级分类保障机制中,接入路由器收到报文后,根据人员身份标识查询人员身份标识与角色等级映射系统获知用户的角色等级,确定用户的通信级别,再根据用户等级和网络应用的类型重写报文的优先级,然后中间节点就可以基于优先级进行相应的调度处理。

1.5.3　属性网络构件协同模型及平台

目前的网络机制难以对大规模、异构的复杂网络进行实时、准确的网络入侵和故障信息监控、关联,融合和反应也十分困难。为此,本书提出能够内嵌到大规模异构网络运行的新型网络构件协同理论模型,并开发相应的公共开放信息智能交互平台。其包含以下四个部分。

(1) 提出基于通道协同的可测试和可伸缩组件 C^3TS(channel-based collaborative component with testability and scalability)及其描述语言 DL-C^3TS,将网络上独立的设备抽象定义为网络构件,并把网络构件承载的各种功能建模为功能模块,支持复杂网络协同系统的形式化描述和演化。

(2) 设计基于信息流的自治和主动流程(autonomous and initiative flowgraphy, Autoinf),将数据抽象成信息流进行分发、聚合和处理,实现网络中数据流的按需自治和主动流动,支持复杂网络协同系统的显式设计及验证。

(3) 开发满足协同理论模型的信息交互公共基础平台——Autoinf 平台。基于分布式哈希表(distributed Hash table, DHT)协议,实现高效健壮的基于属性的数据命名、存储和路由,在一个平台上支持多个应用的信息交互;设计提出虚拟 API(visual API, vAPI)及虚拟 RPC(visual RPC, vRPC)信息异步处理技术,支持应用信息交互的柔性即插即用。

(4) 基于 Autoinf 平台,开发基于信息流的智能信息网络。通过定义信息属性空间并利用属性空间降维技术,实现信息的智能关联流转;通过提出分布信息路由表,实现实时信息流的订阅/推送。

1. 网络构件协同总体结构

将网络上所有设备或者系统都纳入协同平面中,如图 1.4 所示。为了能对协同平面进行更清楚的分析和定义,将网络构件协同平面模型分为三个层次:协同支撑层模型、协同交互层模型和协同决策层模型。

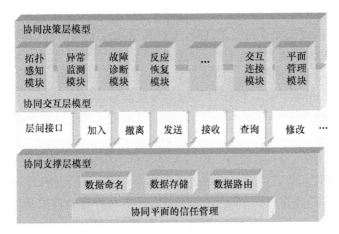

图 1.4　网络构件协同平面模型

协同支撑层模型将嵌入网络的各种安全抗毁能力以数据的形式进行抽象,并通过叠加的方式将各种网络资源组建成协同平面的基础设施,提供公共的基础服务,以及数据命名、数据存储、数据路由及协同平面的信任管理。

协同交互层模型主要完成协同模块间数据信息交互、融合和处理的显式化设计,按照概念的大小,该层模型主要包括协同传输通道、协同节点控制、协同协议及协同功能体的定义,最终完成形式化描述数据到信息的转换及信息在全网自主流动和管理的能力。

协同决策层模型主要完成构件协同功能模块的逻辑功能,定义利用信息进行交互的接口,并描述由多个功能模块组建网络构件的体系结构,从而能够形式化描述协同模块自主决策的过程及协同模块之间组合、运行和交互的关系。

针对三个层次中有关协同的概念,这是提出网络构件模型 C^3TS 和构件协同模型 Autoinf,分别描述参与协同的要素及要素之间信息的流转。上述协同机制具有如下功能特点。

(1) 公共协同。网络构件协同支撑层和信息层采用以数据为中心的数据进行交互,从而实现了协同应用的兼容,不同应用之间也能自然地进行信息共享。

（2）开放协同。网络构件协同有了公共的核心，对用户隐藏了核心中具体的网络和数据管理，使得协同不再与具体的网络或数据位置相关，实现了用户只要合法接入协同系统即可完成自己的逻辑运算。

（3）即插即用（plug & play）协同。不同于以应用为中心的协同，即插即用协同针对不同的协同需求要重新开发部署一次系统，网络构件协同中，用户只需专注于协同端应用逻辑的开发，然后将不同角色的端接入协同系统即可进行交互，实现了即插即用的直接协同功能。

（4）接受者主导协同。不同于以往信息交互都由发起者主导，网络构件协同中的信息流转依赖接受者的信息订阅，这种接受者主导的信息主动推送系统能够实现正点、正确的信息交互，避免了发送者主导协同方式所导致的效率低下和信息输入与传输难以控制的问题。

（5）in-network 协同。依赖以上优点及在核心网络的部署，网络构件协同可实现嵌入网络的全网协同，即从网络核心入手，利用全局信息并发挥全网能力来支持协同应用的需求。

和以应用为中心的烟囱协同相比，网络构件协同通过以数据为中心的技术可实现共享空间的云朵式协同。它的公共特性可以很好地支持协同的功能可扩展性，开放特性可以支持协同的运行可扩展性；作为一种即插即用协同，其能够很好地支持系统开发和部署可扩展性；接受者主导协同的特性使得协同交互更加高效且更加安全。

2. C^3TS 构件模型

C^3TS 构件模型将网络上独立存在的各种设备（网络互联设备、安全设备及服务器）都抽象定义为网络构件，并把网络构件承载的各种功能建模为不同的构件功能模块。通过 DL-C^3TS，模型可以形式化精确定义网络构件的体系结构，包括它的模块组成、访问控制及演化。模型通过通道端口来定义模块的交互接口，既能支持强大的模块交互语义描述功能，又能与基于流的自主协同模型融为一体。

C^3TS 构件模型作为协同平面的基础，它的内容涉及协同平面的信息层和决策层。构件模块的通道定义属于协同交互层，能够支持多种协同交互语义；构件模块的功能和体系结构定义属于协同决策层，能够描述各种计算、交换或控制逻辑。通过将面向安全抗毁能力的网络协同平面进行构件建模，可以达到如下目标。

（1）利用全网元素进行安全抗毁能力建设涉及大量设备及其复杂交互，通过将复杂的协同平面分解建模为不同的构件、模块、规则和通道连接，能够化繁为简且形式化地描述系统的安全抗毁能力。

（2）为实际开发提供设计思想和原则，包括模块化开发、构件化组装、通道化交互（整合管道、网络套接字 Socket 及服务连接，增加通道语义）及显示化的访问控制。

（3）可实现模型对实际开发的约束可检测性，模型定义了系统的形式化描述，通过进一步的 π 演算语义可计算是否存在态射 M：规范模型→实际开发，从而检查实际开发是否满足模型的定义，增加模型的指导性和开发的正确性。

（4）模型可以很好地支持嵌入网络所需的可扩展性，C^3TS 构件模型具有很强的构件功能演化定义能力，从而能够支持系统的功能可扩展性。另外，基于通道的交互可以定义各种交互语义，从而能够支持系统的运行可扩展性。

构件体系结构模型主要描述本地网络构件上部署的功能模块的关系，通过以体系结构为中心的 DL-C^3TS 定义本地网络构件的模块构成、模块之间的访问控制规则及构件体系结构的演化。

如图 1.5 所示，网络构件由它的名字和地址唯一标识，并包含模块构成〈structure〉、模块访问控制规则〈access_rule〉和构件演化〈evolution〉三部分。构件的模块构成主要描述构件的模块实例〈modular_instances〉及各实例间进行交互的通道〈chanl_links〉。模块实例可分为两种类型：基础模块实例和功能模块实例。基础模块实例包括每个构件运行所必需的支撑模块，即构件管理模块和交互连接模块；功能模块实例则定义各构件所需特定功能的描述，如拓扑感知、异常监测、故障诊断、反应恢复等。各模块实例之间是通过通道进行端口交互的，〈chanl_links〉定义主要包括通道类型〈Chanl_Type〉和通道连接的两个模块端口。

```
<netComponent>::name_of id,ip address,<structure>,<access_rule>,<evolution>

<structure>::=<modular_instances>,<chanl_links>list
<modular_instances>::=M_CompnMang,M_Connection,<FunctionMod_Instance>list

<chanl_links>::links(<Chanl_Type>has<ChanlEnd_pair>list)list
<ChanlEnd_pair>::=(<ModInstance>.<Port>.<ChanlEnd>, <ModInstance>.<Port>.<ChanlEnd>)

<acvess_rule>::=access_rule(<Mod_Instance>listhas<access_preaiction>list)list
<access_prediction>::=<external_hidden>|<visibList><permittedList>
<external_hidden>::=Hidden(<Mod_Instance>.<Port>.<ChanlEnd>)list
<visibList>::=VisibList<Mod_Instance>list
<permittedList>::=PermittedList<Mod_Instance>list

<evolution>::=<new>, <evolution>|<delete>, <evolution>
<new>::=new<FunctionMod_Instance>list|new<ChanInstance>list
<delete>::=delete<FunctionMod_Instance>list|dalete<ChanInstance>list

<ChanlInstance>::chanl_name(<ChanlEnd_pair>):<ChanlType>
```

图 1.5　DL-C^3TS 构件体系结构

网络构件的访问控制规则包含几组规则描述，每一组规则（〈Mod_Instance〉list has 〈access_prediction〉list）描述了一个模块实例集和一个访控体集〈access_prediction〉list 的对应关系。在本书的模型中，访控体定义了三种访控原语：〈external_hidden〉描述对其他构件隐藏的模块交互端口,即该模块端口无法与其他构件交互,而该模块的其他端口默认能与其他构件交互;〈visibList〉描述本组模块实例可以访问的构件内其他模块实例;〈permittedList〉描述了本组模块实例可以被哪些构件内其他模块实例访问。网络构件的演化规则主要包括新建〈new〉和删除〈delete〉两种操作,它们以构件单元为处理对象,包括增删模块、建立删除连接通道等。

3. 协同交互模型 Autoinf

针对面向安全抗毁的协同平面,C³TS 构件模型主要刻画了系统的参与要素。为了说明要素之间如何进行协同交互,本书进一步提出 Autoinf 协同模型。该模型基于通道联合的概念,将通道中的数据整合成信息流进行分发、聚合和处理,从而达到信息在协同系统中能够按需自治主动地进行流动。按需是指只有某用户定制了某种信息,该信息才会流向该用户;自治是指用户共享的信息能够智能地自行连接到协同系统中的相关协同元,从而完成信息流转;主动是指协同系统能够将信息沿着各种信息流组成的信息流网进行推送,从而完成信息的主动共享。

Autoinf 协同模型将多个元素间的复杂交互分解为四个部分:协同通道、协同元、协同交互协议和协同体。协同通道和协同元作为模型的最小分解,分别描述信息的传输及数据信息在某个逻辑节点上的管理;协同交互协议描述用户与协同系统的交互流程;协同体是由协同通道和协同元组合得到的更大的协同模块,表示一个信息存储、控制或处理功能,最终由各种不同的协同体组合成协同系统。作为一个交互模型,Autoinf 协同模型具有两个重要特点。

(1) 显式的协同设计能力,通过将协同通道和协同元图示化,Autoinf 协同模型可以采用流图的形式来描述复杂抽象的协同系统。

(2) 规范的协同语义描述,通过给出协同通道和协同元功能及操作的精确语义定义,Autoinf 协同模型能够从数学的角度描述协同的语义。

4. Autoinf 协同平台

Autoinf 协同平台主要由数据层和信息层构成,如图 1.6 所示。数据层以分布式哈希表(distributed Hash table,DHT)路由算法为基本架构,一系列节点组成自组织应用层网络,负责提供高效的数据路由功能;信息层则架构在数据层之上,根据信息流主题的内容将若干个相互连接的节点划分到同一个流通道中,在通道中完成事件消息的发布和订阅过程,实现精确地、高效地信息订阅和推送。这种层次化的结构设计分工明确,协同性好,能够在保证健壮有效的数据路由基础之上实现细粒度的分布式信息路由、分发功能。

Autoinf 协同平台采用的订阅模型是基于主题的订阅模型,事件消息被封装值按照主题的特点分类到流通道中。信息层是建立在数据层基础之上的信息流路由机

协同分发模型示意

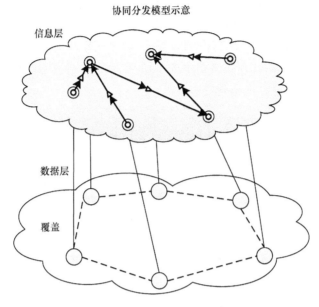

图 1.6　Autoinf 协同平台

制,每个节点在原来的基础上再维护一个信息路由表,具体结构如图 1.7 所示。

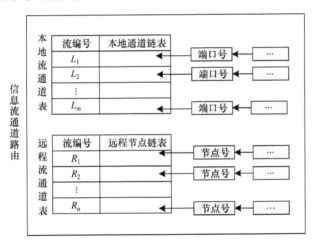

图 1.7　信息层路由表

　　在协同分发系统(collaborative distribution system,CDS)中,为了保证系统交互的高效性和安全性,采用远程过程调用(remote procedure call,RPC)机制,设计了应用程序接口(application program interface,API)、系统代理层和系统服务层三个部分来实现系统的交互机制,如图 1.8 所示。图中左半部分是订阅过程,订阅者节点向代理层提交订阅请求,代理层匹配后向服务层提交订阅请求。右半部分是发布过程,发布者节点调用服务层提供的功能函数(API 层通过接口调用)向代理层提交发布信息,代理层将信息分发到订阅过的节点。这三部分保证了系统的整体性、安全性和高效性。接口层负责给用户提供实现功能的函数接口;代理层负责将用户请求准确地匹配到相应的服务器;服务层作为系统的核心,实现了发布和订阅的功能,完成了信息推送和智能分发。

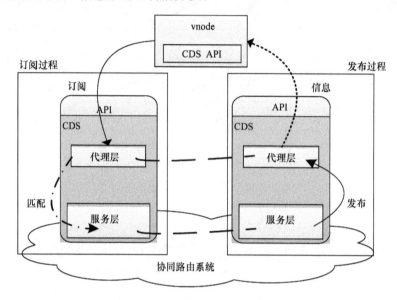

图 1.8　协同分发系统交互机制

　　代理层负责处理来自于接口层的应用请求。在运行时,代理层创建多个 socket 来监听服务层提供的各个应用接口,当用户调用 API 层的接口函数时,接口函数会向代理发送相应的 RPC 请求。这些请求可以没有特定的目标机器地址,而以协同系统为目标。如果代理层接收到请求后发现没有具体的目标地址,那么将请求的输入字符串通过一致哈希算法加密转换成一个资源标识符,也就是关键字,然后再根据数据层路由判定这些请求应该发送给哪个具体的系统服务器,进而也以 RPC 方式将请求发送给服务器。通过上述机制,代理层可以根据接收到的应用请求类型,来决定是否向系统层进一步发送调用请求,向哪个服务器发送请求。如果在接收到节点写的请求时有具体目的服务器地址,那么就不需要经过 RPC 调用,直接通过数据层找到相应的负责节点即可完成通信;如果是协同树读写,那么就需要向服务层发送 RPC 请求,找出树的父节点,然后经过数据路由找到父节点并完成信息交互。Autoinf 协同平台三层主要功能交互图如图 1.9 所示。

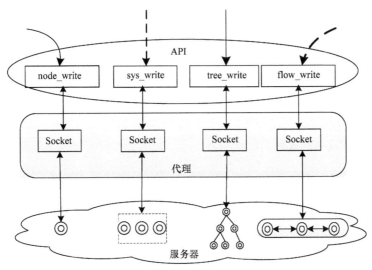

图 1.9　Autoinf 协同平台三层主要功能交互图

　　对于一个发布/订阅系统来说,代理层的主要工作是记录订阅和发布的请求,并完成匹配,系统代理层还协助服务层管理本地通道表,具有承上启下的作用。当发布者要发布某个主题的事件时,向代理层提交创建流通道的请求,代理层首先将事件的属性特征等字符串转化成为流通道编号,然后路由到负责该编号的实际网络节点上,并查找节点上的本地流通道表。若本地流通道表里已经有该编号的流通道,则只需调用服务层的函数将发布者的相关信息加入对应的本地流通道链表后面;若没有,则在本地表中加入该编号的项,并创建本地通道链表,这样代理层就建立了发布者和该流通道的一个映射。当有订阅者对某个流通道内容感兴趣时,将订阅请求发送至代理层,代理层匹配到负责该通道的服务器后,将请求通过RPC 的方式进一步提交给服务器。

参 考 文 献

苏金树,涂睿,王宝生,等. 2009. 互联网新型安全和管理体系结构研究展望[J]. 计算机应用研究,26(10):3610-3614.

Atkinson R J,Bhatti S N. 2012. Identifier-locator network protocol(ILNP)architectural description[R]. RFC6740.

Caesar M C. 2007. Identity-based Routing[D]. Berkeley:University of California.

Casado M,Garfinkel T,Akella A,et al. 2006. Sane:A protection architecture for enterprise networks[C]//Proceedings of USENIX Security Symposium 2006.

Clark D,Braden R,Falk A,et al. 2003. Fara:Reorganizing the addressing architecture[C]//ACM SIGCOMM Computer Communication Review,33(4):313-321.

第2章　新一代互联网研究重要计划

本章主要阐述欧美发达国家在下一代互联网研究方面的一些计划。内容源自相关计划的网站或者介绍资料。

2.1　下一代安全互联网研究计划

2005 年 7 月 12~14 日,美国 NSF 在卡内基梅隆大学举办了一次会议,该会议旨在为满足 21 世纪需求的下一代安全互联网(next generation secure Internet,NGSI)体系结构研究做准备,主要探讨安全和网络体系结构之间存在的基础性的、相互影响的问题,并为未来该关键领域的研究提出设想。

会议探讨的内容主要包括下一代互联网的安全目标、可能的解决方法、新体系结构和安全设计策略所带来的社会影响,以及如何将网络安全和体系结构的研究结合起来使得安全成为下一代互联网体系结构的首要组成部分之一。

1. 为何需要对下一代安全互联网进行全新的设计

今天的互联网在取得巨大成功的同时,在某些方面已经不能满足目前对可信通信基础设施的期望及基于此的未来应用需求。当前互联网最缺乏的就是与安全相关的能力,包括高可恢复性、可靠的可用性,以及人与电脑通信的可信环境。

NSF 启动下一代安全互联网体系结构的研究,是为了在互联网功能上取得实质性的进步,参与该项研究所面临的挑战不是对现有互联网不断地改进,而是设想一个终极目标:未来 10 年人们需要什么样的通信基础设施? 从而大胆地进行创造性的设计并对设计进行评估。这样做的原因是,如果没有一个对未来发展的整体设想,那么对现有互联网的不断改进就有可能偏离长期目标——拥有安全灵活的网络体系结构。正如 Berra 所说,在你不知道你下一步怎么走的时候,你必须十分小心,否则你可能到不了你想去的地方。

尽管互联网如此重要,但是其体系结构的某些部分却显得十分脆弱,整个网络面临着不断增加的恶意软件、拒绝服务等各种攻击。出现这种安全脆弱性的一个主要原因就是当初互联网体系结构和协议设计的假定是建立在一个良性、可信的环境之上,几乎没有考虑网络的安全问题。很显然,当初的假定已经不适合今天的互联网,如今的互联网是一个延伸到整个地球,连接了大量用户的复杂网络。产业界和学术界已经认识到了互联网的安全脆弱性,并已经采取相应的措施来应对这些威胁。但是,由于当前互联网的安全问题的根本来源是其体系结构固有的脆弱性,人们还没有在该领域取得显著的进展。针对这种情况,人们试图从底层开始对互联网体系结构进行重新设计,并把安全性和鲁棒性作为设计的基本要求。

为了提高互联网体系结构的安全性,可以在协议栈中增加一个安全层。然而仅仅增加一个安全层,还不能完全满足安全要求,因为攻击者可以利用没有安全机制的其余层所存在的安全缺陷进行攻击。以 BGP 的路由安全为例:为了保证BGP 路由的安全,研究人员提出 BGP 的通信双方共享一个私钥,并对每个路由信息交换报文进行基于密钥的报文摘要算法 5(message digest algorithm,MD5)校验。但是,这种机制不能保证交换信息语义的安全,一台拥有适当身份的恶意路由器仍然可以向外发送恶意路由信息。另外,仅仅保证路由信息语义的安全也是不够的,攻击者可以利用 TCP 的安全缺陷,破坏 BGP 的通信连接(TCP 的 MD5 选项在传输层阻止这种攻击的发生)。针对上述情况,在下一代安全互联网体系结构的设计中,必须整体考虑协议栈每一层的安全问题。

修改现有协议并加入安全机制是一种颇具吸引力的方式,但它也存在一些问题。例如,在单个协议加入安全机制后,如何保证多个协议之间复杂的、无法预测的互操作,就是一个巨大挑战。通常,修改一个协议会导致其与其他协议之间出现不兼容或者限制了某种功能的实施,这也是互联网脆弱性的主要表现之一。此外,为单个协议加入安全机制也会增加协议的复杂性,以及对协议正常运行产生约束,从而引入新的缺陷,进一步增加了整个系统的脆弱性。

2. 下一代安全互联网的目标

下一代网络是一种与目前的互联网存在巨大差异的全新网络,在设计中应避免把现有互联网体系结构的任何部分作为未来网络体系结构的必要部分。因此,NSF 启动该项研究的目的就是设计一个全新的互联网。在设计过程中,需要预测未来的需求和运行机制,从过去的互联网设计中吸取有价值的信息,提出新的方法,并将相应的思想应用到全新的体系结构中。所谓全新意味着该项研究鼓励研究人员充分发挥其想象力,而不受现有互联网体系结构思想的束缚。该项研究的挑战在于其不是简单地为了改变而改变,而是全面考虑未来的需求及其对体系结构的影响。该项研究鼓励进行网络概念的原创性研究,以满足未来的需求,并为提出的新体系结构提供理论和技术支撑。

如何衡量该研究成功与否呢? 一个合理的成功标志就是开发出一个全新互联网体系结构并能取代现有的互联网。一些人认为这是取得实质性进展的唯一方式。现有互联网体系结构的产生可以追溯到 20 世纪 70 年代,之后,互联网体系结构不断演化。然而,30 多年的演化也使得现在互联网背上了沉重的包袱以至于已经不能满足未来 10 年人们的需求。另一个合理的成功标志就是为未来互联网的发展制定一个远景设想,该项目将帮助规范和鼓励针对这个目标的开创性研究。如果研究人员能够为互联网未来 10 年的发展制定一个远景目标,并提供实现目标的合理方法,那么就可以认为该项目是成功的。

本章主要关注互联网的安全领域。由于相关工作组把安全定义为一个较大的范畴,本章也将在一个较大的范围内讨论互联网体系结构的相关问题。

该会议认为下一代安全互联网的重要目标包括以下方面。

(1)可用性:当系统上的用户和应用需要通信时,参与通信的系统能够正常工作,并根据相互连接的网络策略进行通信。

可用性这个看似简单的目标,一方面依赖对正常行为的明确定义,另一方面基于对连通性和有偿服务的经济学关系的讨论,而这一点已经超出了本章的范围。尤其重要的是,可用性还隐含了识别和解决妨碍可用性的各种因素(从短暂的路由不稳定到拒绝服务攻击)的要求。可用性是下一代网络最重要的目标。

(2)支持端主机安全的网络功能:目前最令人烦恼的是端主机及其涉及的整个网络的安全问题。尽管某些研究人员认为网络不需要为端主机的安全负责,但是项目所提出的要达到下一代互联网的良好安全性总体目标却是要让广大用户能够真实感受到的。如果一方面声称良好安全性,另一方面却不关注用户遇到的安全问题(例如,垃圾邮件、蠕虫、病毒、间谍软件等,这些安全问题一般都发生在端主机上),那么所谓的良好安全性就只会对小部分研究人员有意义,对广大用户则显得空洞。因此,该项目必须认真考虑网络对端主机安全的支持,并为网络和端主机系统在良好安全性范畴内的职责提出一个一致性的划分。在对修改和替代端主机系统操作存在现实局限性的情况下,最终的下一代安全互联网体系结构必须充分考虑对端主机安全性的提升。在构建下一代安全互联网体系结构时,应充分考虑端用户面临的大量安全问题。

(3)灵活性和可扩展性:下一代安全互联网体系结构必须具有灵活性和可扩展性,并能够支持创新应用。目前的互联网体系结构僵硬,难以修改,使得网络不能很好地处理大范围的网络意外事件。下一代安全互联网的设计应当吸取教训,特别关注网络的适应性,以便更好地支持新的应用。此外,下一代安全互联网的安全机制应当具有很好的鲁棒性,以适应用户和操作者对正常技术进行的扩展(如采用隧道、封装等机制)。

下一代安全互联网是一个相对全面讨论互联网体系结构的会议,内容比较丰富,其谈论的许多问题依然是目前网络界在讨论和试图解决的。

2.2　全球网络创新环境研究计划

如今,互联网已从一个鲜为人知的模糊的研究型网络成长为各个国家通信基础设施的关键组成部分。互联网对人们的生活产生了重大影响。1989 年,互联网核心路由器上的一个 bug 困扰了几千名研究人员。2003 年,结构化查询语言(structured query language,SQL)Slamer 病毒袭击了美国的商业航空公司,使数以千计的 ATM 机瘫痪,最终造成十亿美元的经济损失。人们越来越依赖互联网的同时,危险和机遇也越来越多。提高互联网的抗毁性、适应性和可扩展性势在必行。因此,有必要定义一个面对 21 世纪需求的新一代互联网——未来的互联网。

GENI 是研究新一代互联网最具影响力的一个项目。如今虽然没有取得希望的成绩,但依然取得了显著的成果。

这里再回顾项目设计之初面临的问题。现在的互联网基于 20 世纪 70 年代的设计决策是非常成功的,但是多年之后再看,当时设计中的一些假设限制了互联网的发展。这些设计缺陷不能通过在现有网络中简单地增加或调整来弥补,若置之不理,必将限制未来互联网的发展。

互联网的发展主要面临以下问题。

(1)现有互联网存在安全性问题。互联网上存在大量蠕虫、病毒、拒绝服务攻击、漏洞和恶意访问。这些问题使得个人和商业用户的活动受到限制,信任受到质疑。

(2)现有互联网不能方便地使用新技术,如无线通信技术。即使将计算机都连接到互联网上,新型计算设备如传感器和控制器仍然被排斥在互联网之外,成为独立的传感器网络。

(3)互联网没有划分足够的可用性级别。设计时应当考虑面向更多的可用服务,在危机时刻为关键通信提供优先权。

(4)现有互联网的设计妨碍了商业运作和经济投资。例如,妨碍了互联网服务提供商创建和部署新的服务。目前互联网存在大量问题的根源在于其阻碍了经济的发展而不仅仅是技术上的缺陷。

(5)互联网的设计不能保证方便地组网,及时应对失效和各种问题,以及便捷管理。

很多年来,网络界围绕这些问题展开了很多研究,但主要方法是进行短期的修补。然而,这些补丁导致了持续增长的复杂度,造成系统不稳定,增加了配置、控制和维护的开销和难度。现在人们认识到,打补丁不能解决根本问题,需要对互联网架构进行重新思考。

未来的互联网不应当限制新技术和应用的出现,也不仅仅是对现有网络的简单改造。未来的互联网应当建立以下世界。

(1)一个移动和广泛通用已成必然,任何信息随时随地都可取可用的世界。

(2)一个越来越多的信息在线可用,符合商业和个人需求,任何人都可以搜索、存储、追溯(retrieve)、开发、授予和娱乐的世界。

（3）一个更加完善、安全、高效、健壮、令人满意的世界。

（4）一个平衡各种权利、义务、活动、自由等现实社会要素的文明共享世界。

（5）一个网络和计算透明化的世界。

互联网需要弥补当前设计中的缺陷，从而成为一个越来越有用的工具。下面介绍针对这一挑战所需要的实验研究设施——GENI 的基本情况。GENI 允许研究人员在真实的条件下，进行不同体系结构、不同服务和不同应用范围的实验。GENI 支持多个基于不同网络技术的独立实验同时运行，提供使用的透明性。GENI 也支持长期持续运行实验，这对在真实条件下评估一项新的改进至关重要。同时，将引导和创建一批感兴趣的用户，最终促使新的技术实现商业价值。总之，GENI 将支持一个形成思想、建立概念、进行验证、实现部署的无缝的研究进程。

目前主要的研究挑战是：该如何设计一个新的互联网，发挥它所应有的潜能。目前互联网已经取得了很大的成功，但是在许多方面还是不符合使用者的需求。

2.2.1　下一代安全互联网研究目标

GENI 的研究目标是：决定如何满足这些需求并利用这些机遇。

1. 安全性和鲁棒性

重新设计互联网的目标之一是获取改良的安全性和鲁棒性。这里给安全性和鲁棒性一个宽泛的定义，传统的安全研究集中在防范有害的泄漏和数据损坏上，GENI 计划重点放在攻击和失效情况下网络的可用率和恢复能力上。未来互联网应该达到最高的可用率，以便能为关键任务服务，能在国家危机时提供服务。在这点上应该至少做得和电话系统一样好，或者更好。

目前使用者面临的许多安全性问题并不在于互联网本身，而是在于附加到互联网的个人计算机。人们不能够在谈安全性的同时，只是注重网络而不处理端节点上的问题。这是一个严峻的挑战，但是它为计算机信息科学与工程（Computer and Information Science and Engineering，CISE）部提供了一个机遇，使得研究可以跨越传统的网络，并鼓励研究组关注操作系统和分布式系统的设计。

目前使人们烦恼的安全性问题中的大部分不是来源于技术的失败，而是来自人类和技术之间的交互。例如，如果对所有互联网使用者进行更多的身份验证，并进行持续的监测，那么可以使得追踪攻击来源更加容易，但是将造成互联网使用方式上匿名性的巨大损失。重新设计互联网的安全性，应在一开始就将社会学家和人类学家包括进来。这也是 CISE 与 NSF 其他部门相互融合、相互促进的一个机会。

构建一个安全和鲁棒的网络，将遇到以下三方面的设计挑战。

（1）任何"行为端正的"的主机，应该能够在它们之间进行可靠度很高的通信，而恶意或破坏性节点将无法干扰这一通信过程。

（2）安全性和鲁棒性应该具有跨层特性。因为对于一个终端使用者，安全性和可靠性同时依赖网络层和应用层的鲁棒性。

（3）应该在自由隐私与监控管制之间取得合理的平衡。

2. 为新网络技术提供支持

目前的互联网设计广泛利用了下层网络技术的优点。值得注意的是，互联网比局域网和光纤网都要古老，但是它又不得不包含上述技术，互联网因此取得了巨大的成功，但是也面临着新的挑战。

目前出现了很多如 WiFi、超宽带、传感器网络等有价值的无线技术，将给互联网带来巨大冲击。例如，笔记本的销售量已经超过了台式机，而且这种趋势将保持下去。2005 年，在全球范围内有接近 200 亿台移动电话，而有线的互联网终端数量仅为 5 亿左右，约有 20% 的移动电话具备 2.5G 或 3G 的数据服务能力。未来，移动电话将成为羽翼丰满的互联网设备，由此互联网将不可避免地在体系结构和应用方面发生改变，以解决这一类终端用户的移动、位置感知和由处理能力或带宽限制带来的相关问题。

与互联网一样，现有的无线协议是不安全的、脆弱的、难以配置的，很难被改变以适应需要的应用。人们需要依据当前的无线技术，建立现实的、生动的原型，以便指引解决这些基本问题的方向。

无线技术方面的面临的设计挑战包括以下方面。

（1）未来的互联网一定要将支持节点的移动性作为目标之一。节点一定可以改变它们在互联网上的接入点。

（2）未来的互联网要为应用程序提供适当的方法，以便可以发现和适应不断改变特性的无线链路。

（3）未来的互联网（或在互联网上运行的服务）必须使得邻近的节点容易互相发现。

（4）未来的互联网必须利用好无线技术，并使无线技术具备强大的安全性、资源控制能力和与有线世界交互的能力。

第二次技术革命是在光学传送中发生的。研究者们正致力于研究如何取得比传统电解决方案更节能、性能更高的光交换和逻辑分发方案。

光子集成电路正在使得光电路的复杂度越来越高，并完成电子电路不可能完成的网络和通信功能。随着光子集成电路技术的成熟，更高容量的、可重新配置的和价格低廉的网络将成为可能。这包括从环网到网状网的转变，从固定的波长分配到可调节的收发设备的转变，从没有光缓冲的网络到具有智能控制的平面和足够的光缓冲的转变，从光纤带宽固定分配的网络到允许动态分配使用光纤带宽的网络。

新兴光学能力方面的设计挑战包括以下方面。

（1）未来的互联网一定要充分利用光学传送技术的优势，包括通过跨层诊断获得的较好的可靠性，通过跨层流量工程获得更好的可预测性，以及更高的主机性能等。

（2）未来的互联网一定要利用可动态重构的光学节点，这些节点准许电子层动态地全面利用光纤的带宽。

（3）未来的互联网一定要包括网络控制和管理软件，以便对动态重构的节点进行。

3. 为新计算技术提供支持

因特网在个人计算机的时代中成长，与计算模型共同发展。随着个人计算机技术的成熟及价格的降低，每个人都可能拥有多台计算机。所有这些计算机都要连接到一起，并可以互相发现，从而构成一个更大的系统。

在未来 10 年中，人们部署的大部分计算机将不再是个人计算机，它们可能是传感器、汽车中的控制器等设备。这些设备并没有直接连接到互联网上，而是形成了传感器网络。传感器网络又可能通过与互联网连接实现远程访问，但互联网不会为这些计算机提供任何特殊的支持。因此，要思考如何支持 10 年内的主导计算模型，这将直接使科学研究、军用和民用都受益。

传感器网络看起来可能非常简单，而且通常是定制的，但这并不意味着其没有改变网络体系结构的需求。传感器网络具有如下特征：①通常有间歇性的任务周期，因此并不遵照传统的端到端的互联网连接模型；②是数据驱动，而不是连接驱动；③一些应用程序需要低的并可预测的延时，以实现鲁棒的感应-评估-执行周期。诸如此类的考虑都应该体现在未来的互联网设计中。

为新计算技术提供支持的设计挑战包括以下方面。

（1）未来的互联网一定要设计出支持未来计算设备的网络设备。它们的体系结构将能够满足间断性连接、数据驱动的通信、支持位置感知的应用和应用调节性能的需求。

（2）未来的互联网应该可以跨越互联网的核心部分，桥接属于同一传感应用的传感器网络的两个不同部分。

4. 新的分布式应用程序和系统

前面所提到的新的网络和计算技术，为端用户提供了新一代的分布式服务和应用。通信与计算的结合，以及无所不在的嵌入式设备，可以为用户在任何时间任何地点提供服务，该能力实现的关键在于可以在各个层次上构建程序——在全网范围内进行自我配置。

虽然目前这些新的应用和服务的结构依然不够清晰,但推进其使用是 GENI 的最大成就之一。一个通用可靠的基础结构可以使得研究人员站在更高的层次进行探索和研究。互联网本身的研究历史就是一个很好的例子,例如 Web 并不是直接构建于通信系统之上,若没有互联网就很难有 Web 的发明。

一项技术挑战是如何构建这些新的分布式服务和应用程序。实现一个鲁棒、安全、灵活的分布式系统和实现一个鲁棒、安全、灵活的网络协议一样复杂。若没有控制这种复杂性的方法,网络和分布式系统都将是脆弱的、不安全的,并很难达到用户的需求。另外,同网络一样,只有通过在硬件上建立实际的应用系统,才有可能建立控制这种复杂性的模型。

另一个技术挑战是未来的互联网需要如何适应并支持这些新一代的分布式服务和应用程序。如今互联网的基本通信模型是端到端的两点交互,早期的互联网应用也是由这一模型衍生出来的。但是,今天的应用就没有这么简单了,需要使用分布在网络各处的服务器,并且这些服务器不管从商业的角度还是技术的角度都具有很强的多样性。

最初的互联网设计没有认识到应用程序设计的复杂性,这给应用和服务的设计者们带来了巨大挑战。例如,所有的应用程序为了获得位置或网络性能的相关信息,都要进行重复的流量监测等。

同样,目前的互联网在以数据包和终端的形式被用户认识,由低层的地址和域名标识物理机器。但是,大多数用户并不以机器的方式思考,他们需要更高级别的入口,如信息对象和人。Web 就是一个最好的例子,其使得用户可以直接获取信息的对象。

作为未来互联网的一部分,应该从较高的层次对体系结构进行考虑。新分布应用的设计挑战包括以下方面。

(1) 未来的互联网需要开发并验证一组抽象的操作,使其能够以一种鲁棒、安全、灵活的方式来管理复杂的分布式服务,其体系结构能够反映以信息为中心的用户视图。

(2) 未来的互联网一定要能够识别特定的监测和控制信息,并将这些信息及相关的规范和接口特性提供给应用程序的设计者。举例来说,未来的互联网应该能够提供特定节点之间的吞吐量和延时的测量数据。

5. 应急服务

目前互联网在大多数国家都是由私人机构支持的,因此互联网所提供的服务是受这些私人公司的利益驱动的。设计者的大部分精力都被投放到电子商务的安全性上,几乎没有为公共社会服务的需要做出贡献。一个非常重要的例子是在危机时刻的服务。互联网对于灾难报警、防恐警示等应用有着巨大的潜力,未来的互联网可以根据用户的位置向其发布海啸和台风的预警；在恐怖袭击时向用户提供可信的信息。这些公共社会需求也将是未来互联网设计的目标之一。

应急服务方面的设计挑战包括以下方面。

（1）当受到攻击或一些资源已经失效时，未来的互联网应该能够优先为关键任务分派资源。

（2）使用者应该能够在发生危机时及时获得权威信息。网络和相关应用程序应该能够降低欺诈、伪造错误信息和拒绝服务发生的概率。

（3）使用者应该能够依据他们的位置，获取关键信息和请求协助。

6. 网络管理

网络管理描述了网络管理员的任务，包括网络的配置和升级、状态监控、故障诊断、监测和修复。互联网的最初设计没有充分考虑管理的问题，因此目前完成这个任务很困难，需要具有高级技能的高层次人员来完成。

网络管理并不只是互联网服务提供商的事情，所有的机构、科研单位都同样受到了网络管理问题的影响。更好的管理也意味着更好的可用性。据估计，目前有30％的网络中断是人为操作引起的。只有解决管理的问题，才能够建立一个真正的可用网络。一个更为成熟的管理方法要依赖更强的自动化代理来帮助人们做决定，因此这是一个可以将人工智能和机器学习结合起来的机遇。

网络管理方面的设计挑战包括以下方面。

（1）网络的区域管理员能够使用更高层次的策略，来描述并配置其所管理的区域，用户端的自动工具应能相应地配置个人设备以保持与区域一致。

（2）使用者应拥有问题诊断工具，在发现问题时可以进行诊断并反馈给感兴趣的用户，同时向相关部门报告该错误，这里需要拥有跨越网络进行诊断和报告的能力。

（3）未来的互联网上所有设备都应该具备错误报告方法。

7. 经济效益更大化

互联网已经从一个政府赞助的研究计划，发展到了主要由私有部门提供商支持的事业。互联网服务提供商提供了基础的流量承载服务，所有的其他应用都要以其为基础，这是最初的互联网设计者所没有料到的，但是技术设计的选择可能对工业结构产生巨大的影响。例如，将各个互联网服务提供商连接起来的路由协议——BGP，提供了一定模式的互联并支持了某些商业规则的表述。任何的重新设计都应考虑到互联网要如何进一步鼓励工业界继续为客户提供可靠的服务。

目前的工业结构中存在着一些限制发展进程的问题。两个比较重要的问题是开放的 IP 接口的任意可用性和互联网服务提供商之间的互联。开放的 IP 接口意味着,不仅互联网服务提供商,任何人都可以在互联网上提供服务。这种开放性是创新的驱动力,但是互联网服务提供商也许不会从创新中获取利益。互联网服务提供商常常会禁止某些服务,而推广使用有利于其自身的服务。互联网服务提供商之间的互联也总是引起争论。因为一个互联网服务提供商必须要与其他的互联网服务提供商互联,与此同时还要进行激烈的竞争。只有当所有涉及的互联网服务提供商都经过协商取得一致后,才有可能实现诸如端到端的服务质量等服务。

更有经济效益方面的设计挑战包括以下方面。

(1) 路由协议必须要重新设计以适应互联网服务提供商发布的业务策略。应考虑的问题包括标识有价值流量的方向,为高层次服务提供资源供给和账目结算,动态的定价,明确的距离定价,以及对等、简单的互联模型的替代品。

(2) 未来的互联网必须要提供一个解决长期资源供给的方法,并在更高的层次上提供短期资源利用的决策方法(如路由选择)。

2.2.2 基础问题研究面临的挑战和机遇

随着未来互联网设计的深入,将会出现许多关于基础问题的研究机遇,如网络体系结构的局限性问题、关于网络行为的更加丰富的模型、关于复杂通信系统性质的新理论等。本小节主要描述这项工作所带来的独特机遇。

1. 理论上的支撑

通信系统如互联网和电话系统(正在衍变到互联网)是结构极为复杂的分布式系统,系统中存在稳定性、可预测性等许多基础问题。一些研究通过控制理论,或与生物系统的类比来研究高度分布的复杂系统。还有一些研究使用博弈论来探索互联网提供商之间的互联协议设计问题。在对未来互联网进行重新设计时,要充分利用这些研究成果。

2. 体系结构上的局限

GENI 研究计划的一个核心基础任务是:了解目前互联网体系结构的局限,并测试替代的设计是否能够较好地解决互联网面临的多重挑战,即是否能够继续无限制地修补互联网,或者目前互联网的设计是否限制了人们对未来互联网潜能的理解。

虽然目前不能确定修补的方法一定行不通,但是可以确定的是当初设计互联网时的许多假设都已经不再成立。

(1) 互联网现在已经是对抗型,而不是最初假设的友好型。替代的设计将最小化有关友好的假设。

(2) 最初的互联网设计并没有考虑任何商业的因素,但是目前网络结构一定要考虑竞争和经济的影响。替代的设计应能提供更多的用户选择。

（3）互联网最初假设主机被连接到网络边缘，但是以主机为中心的假设在不断增加的传感器和移动设备数量面前就显得不合适了。替代的设计会考虑到更多的边缘多样性。

（4）互联网最初没有对外显露它的内在配置信息，但是对使用者和网络系统管理员而言，网络更加透明是非常有意义的。

（5）互联网最初只提供一个尽力而为的报文转发服务，但是提升网络以符合应用程序需求是很有价值的。替代的设计需要提供更明确的、宽泛的分布式应用支持。

（6）互联网最初在网络和下层传输设备之间有一条明显的分界线，但光网络的出现使得在光传输中嵌入网络功能成为可能。一个可能的替代设计将会使得下层传输具有可配置的特征，这也是整个体系结构中的首要考虑元素。

另外，有如下两个问题值得思考。

（1）逐步解决问题是可以的，但会增加网络的复杂性。理解如何实现体系结构的复杂性与纯洁性的折中是非常重要的。

（2）将新的网络体系结构和服务层叠到现有的互联网结构和服务上是可能的。同时需要明确：为了更好地支持层叠，哪些网络的核心部分是必须改变的，这是 GENI 所要解决的中心问题。

3. 分析和建模

数学建模和测量数据分析已经成为了解目前互联网基础局限性的重要手段。相信它们将会继续在未来互联网的研究中扮演决定性的角色。事实上，新网络结构的设计应该依据建模和测量的结果，但是如今的互联网则不是这样。

测量和分析模型，对于分析目前网络结构的限制性起到了重要作用，例如：

（1）互联网流量测量的分析显示，IP 流量是自相似的。虽然统计分析技术已经揭示了互联网流量的一些特性，但是互联网性能分析模型依然是研究的难点。致力于未来互联网的研究工作应该考虑协议和机制是否按照分析模型设计，以便为用户提供可预测的性能和行为。

（2）很多测量研究已经揭示了互联网流量的主要特性、性能和拓扑。然而，大部分研究依赖来自边缘测量的推论。随着互联网的增长，这将变得不可行。未来的互联网应该包括对测量的最大支持，因为这将是理解和操作网络的关键要素。

（3）端用户和网络管理员很难发现、诊断并确定网络性能和网络可达性问题。目前的协议设计中并没有考虑到诊断。未来的研究工作应能够量化网络中诊断问题的基础局限，并能够说明未来网络体系结构为支持诊断应具备哪些特性。

（4）研究显示，可以借助协同为网络流量计算路径，这是非常有价值的。然而，目前的路由协议不提供与邻近的域商议交换流量的方法。博弈理论和域内协商的成果难以在当前的结构中应用。

（5）现有的协议和机制并没有将网络管理员考虑在内,管理员只能间接地控制网络流量。未来的互联网结构一开始就应将可管理性纳入考虑,例如可以借助协议和机制的自适应性,为管理员提供更易于优化的解决方案。

4. 研究领域交界处的机遇

未来互联网研究将跨越网络领域、分布式系统领域、移动和无线领域、光通信领域等。

无线也许是现在网络技术的最大转变,它承诺提供永远在线且没有固定有线基础设施的高代价。但是,这些能力对未来互联网的移动性处理而言绝对是一个挑战。

传统的分布式系统和应用利用已有互联网的体系结构特点,在网络上进行设计。重新设计互联网是为了更好地理解和满足更高层次的要求,并使用这些要素为驱动低层的体系结构提供机会。目前由应用提供的某些功能将转而由新的互联网提供,相关的研究机构也将和其他单位一起调配、分享、交换意见。

光技术已经证实了其自身在进行高速廉价的长距离数据传输时所处的主力地位。但是,作为电交换的替代,在使用相同软件的条件下,采用光交换硬件配置网格网络和环电路,同样是光技术的机会。令人兴奋的是,已经有新的技术可以使边缘节点动态接入光纤带宽。光系统将提供很强的可重构连接,这就意味着需要改变互联网的路由方式。在新的互联网体系结构中,必须提供集成并管理这一新技术的机制。

5. 更为宽广的跨学科的含意

超越技术的子领域划分,GENI 将从经济学、社会学和法律等多个领域寻求帮助并受益。例如,设计未来互联网的一个基本问题是要如何在隐私与责任追究之间取得良好的平衡。一些工程设计的观点是合理的,但是如何解决这一问题,就涉及法律和社会层面。

2.3　美国国家科学基金会支持的研究项目

美国 NSF 从 2012 年开始在未来网络结构研究项目框架下,支持了五个重点研究项目,分别为 XIA、Mobility First、Nebula、NDN 和 ChoiceNet。

2.3.1　XIA 网络体系结构

XIA 网络体系结构的主要特点是面向安全,以网络安全为导向,开展网络可演进性的研究,希望解决不同网络应用模式之间通信的完整性与安全性等问题。XIA 的研究工作主要包括三部分。

第一部分是可演进性,XIA 体系结构定义了 4 种通信实体:网络域、主机、服务和内容,标识符分别用 NID (network domain ID)、HID (host ID)、SID (service ID)和 CID (content ID)表示。NID 代表网络域的名称,用来定位网络地址;HID 代表主机标识,支持单播路由寻址;SID 代表网络中的服务实例,支持任意播;CID 代表内容标识,便于网络中的内容获取。

第二部分是可信性。NID、HID 和 SID(统称为 XID)都通过对各自公钥进行散列运算得到 160bit 数据。以 XID 为基础,XIA 体系结构设计了支持数据分组的源地址验证的机制。网络传输上的第一个路由设备(路由器或者三层交换机)通过 HID 的验证,检查与其连接的主机是否有源地址欺骗行为。报文分组经过的所有边界路由器,都会检查数据分组的上一跳 NID 是否合法。通过认证机制,保证数据分组从主机到边界路由器,以及边界路由器之间的可信转发。

第三部分是灵活路由能力,XIA 使用有向无环图的地址结构,支持灵活路由(Han et al. ,2012)。

2.3.2　Mobility First 网络体系结构

Mobility First 网络体系结构特点是面向移动性。Mobility First 认为,移动平台和移动应用将取代一直主导互联网的固定主机/服务器模式。其主要包括以下四方面。

(1) 为了更好地支持用户和设备的无缝移动,Mobility First 把全局唯一的标识符和网络位置信息区分开来,使用分散部署的名字认证服务将安全可读的名字和全局唯一标识符进行绑定,采用分散部署的全局名字解析服务,把全局唯一标识符映射到网络地址上形成映射关系,进而实现通信终端在网络中无缝迁移。

(2) Mobility First 提出广义的存储感知路由协议、内容和上下文感知服务,以解决无线接入网络带宽变化和偶然连接中断的问题,完善了通信服务的同时,为设备和内容在移动随遇接入的扩展做了充分的考虑。

(3) 终端网络对多播、多宿主和多路径提供支持。

(4) Mobility First 考虑了终端信息安全性和隐私性,以及网络的可用性和可管理性(Venkataramani et al. ,2014)。

2.3.3　Nebula 网络体系结构

Nebula 网络体系结构的特点是面向云计算,希望在满足灵活性、可扩展性和经济可行性的同时,解决新兴的云计算的安全威胁问题。Nebula 的核心是一个高可用、可扩展的,由数据中心构成的网络。核心网络通过冗余高性能链路和高可靠的路由控制软件实现高可用性。Nebula 包含三部分：①Nebula 核心网络，连接数据中心和高性能路由器；②Nebula 转发平面，用于建立灵活接入控制和安全防护的路径；③Nebula 虚拟可扩展网络技术，作为控制平面，提供应用服务的访问接口和网络抽象(Anderson et al. ,2014)。

2.3.4　NDN 网络体系结构

命名数据网络(named data networking,NDN)是为了改变当前互联网主机-主机通信范例而提出的，是一种基于数据名字进行传输、面向内容分发的网络体系结构，旨在让数据本身成为互联网架构中的核心要素，与内容中心网络(content-centric networking,CCN)理念一致。NDN 主要包括四部分。

(1) 从命名机制、路由与交换机制和移动性等角度出发，设计了新的层次式命名结构，不再关注内容存储的地址，解耦了身份与地址，使得命名可以直接与内容的属性相关。

(2) 路由机制不再基于 IP 地址，而是基于内容命名。转发策略能够根据转发平面的状态调整转发决策。主要通过观测兴趣分组/数据分组的流量或历史痕迹，检测到连接失败、拥塞等信息，进而寻找替换的路径来避免类似问题。

(3) 使用全网节点部署缓存，实现网络内容的高效分发。

(4) 脱离 IP 身份与位置的双重性路由寻址，实现了无缝迁移(Zhang et al. ,2014)。

2.3.5　ChoiceNet 网络体系结构

ChoiceNet 网络体系结构的主要特点是面向经济模型，希望利用经济性原则，推动网络核心部分的持续创新。该体系结构的核心思想是支持网络选择，使得网络不再是黑盒子，希望通过用户作为主导方，选择和竞争生成新的应用，以及新的商业模型。在对当前和未来面临的技术挑战分析的基础上，提出以服务为中心的解决方案，建立技术解决方案与经济可行性间的关联关系。该方案包含三部分：①鼓励网络服务商提供可替换方案，允许用户从一系列的服务中进行选择，根据服务质量和价格进行考量；②用户必须为高优先级、创新性服务等高级服务付费；③保证能够为用户提供选择机制，包括随时感知可用的替换方案等。以服务为中心的解决方案涉及多学科知识，包括计算机网络、网络系统、管理科学和网络经济等方面。该网络体系结构的重要影响在于，Choice 体系结构创新了一种未来互联网的可能运营模式和经济模型，经济模型有望成为未来网络基础设施的特性之一(Wolf et al. ,2014)。

以上网络体系结构具有如下共同点：①采用 PKI 作为证明实体真实性的手段；②多数基于名字/内容的资源寻址需要注册机制；③通过域名解释，实现映射；

④路由机制比较趋同。

除了学术界提出的上述网络体系结构外,软件定义网络(software-defined networking,SDN)概念也应运而生,但概念产品化和部署实施是由 Google 公司完成的,由于 SDN 效果极好,引起了学术界和工业界的共同关注。SDN 在控制平面和转发平面之间采用标准化的转发平面编程协议,即 Openflow 系列协议,使得上层网络控制逻辑能够对底层转发平面的转发行为进行动态编程,具备流定义级别的转发功能。实现网络流量的灵活控制,使网络作为管道变得更加智能。

Google 公司在全世界的多个数据中心之间利用 SDN 技术,极大提升了链路利用率,引爆了 SDN 技术的热潮,并建立了 SDN 网络的 Google 技术框架的四大支柱,即 Espresso、Jupiter、B4 和 Andromeda。Jupiter 负责处理单个数据中心的流量,提升交换效率;B4 侧重于数据中心之间的连接;Andromeda 则负责网络功能的可视化,提供监控和管理功能;Espresso 主要负责与互联网服务提供商的对等连接,聚焦于提升网络性能和与这些互联网服务提供商的对等连接的可用性。通过端到端网络连接的实时监测,Espresso 能够动态选择从哪里提供服务内容,而不是依赖更多的静态分析和路由路径。终端用户从中受益而获得更高质量的感知体验,谷歌云也能够获得更好的网络可用性和网络性能。

2.4　欧盟网络研究项目

2013~2018 年,欧盟相关科研计划主要包括研究和技术发展第 7 框架计划(The 7th Framework Programme for Research and Technological Development)(以下简称 FP7 计划)和地平线 2020(Horizon 2020,H2020)计划。

FP7 计划持续时间为 2007~2013 年,支持多个领域的项目研究,总体预算超过 500 亿欧元,是欧盟 FP6 项目的延续和发展。FP7 计划目前已经执行完毕,主要有两个战略目标:①增强欧盟工业和产业界的科技基础;②通过推动支持欧盟政策的项目,提高欧盟的国际影响力。

网络技术领域的四类项目占总投资的比例分别为:网络技术占 3.8%,信息和媒体占 3.8%,信息和通信技术应用占 3.1%,信息处理和信息系统占 3.7%。

H2020 计划持续时间为 7 年(2014~2020 年),共将投入 800 亿欧元,是欧盟历史上投入最大的研究和创新计划。它是上述 FP7 项目的延续和发展,也可以称为 FP8 计划。该计划具有以下主要目标。

(1) 确保欧盟的科学研究处于世界领先地位。

(2) 消除创新的障碍。

(3) 鼓励公共部门和私营部门共同创新。

这两个项目的申请都是公开的,并且面向所有人。受资助的项目由来自不同的欧盟国家(甚至其他地区)的参与者或组织组成。同时,项目的所有参与者必须具有在欧盟国家内交流访问的能力和权限,以促进和提高学术研究在欧盟范围内的交流和融合,达到产出更多、更好的研究成果的目的。

从 2014 年开始,在欧盟范围内,每年都会通过评选,新增各个领域的科研项目。与计算机类直接相关的,主要是 Excellent Science 大类中的 INFRA(Research Infrastructures)(与各类的体系结构有关)和 Industrial Leadership 大类中的 LEIT-ICT(Leadership in Enabling and Industrial Technologies-Information and Communication Technologies)。

下面主要依据欧盟 FP7 和 H2020 相关计划,梳理并阐述网络技术的相关项目执行情况,从互联网体系结构、互联网应用和互联网安全三个方面,对近年来欧盟互联网技术发展做比较系统和全面的分析。

2.4.1　互联网体系结构方面

众所周知,互联网是一种与以往不同的、面向大众的公共技术。它从来没有被设计用于执行预期要完成的任务。确保互联网承担起全球共享的技术和社会基础设施的责任是十分重要的。尤其在当前社会,人们需要一个安全、可靠和开放的互联网作为载体。当前,身体、车辆、建筑物,不管是内部还是外部,越来越多的设备正在与互联网相连接。

近年来,一些理论研究和实践表明,互联网除了具有明显的可扩展性问题之外,还存在许多不可预见的长期安全隐患。互联网的转变需要系统的方法来解决深层次的技术问题,建立转换机制,甚至在某些情况下,需要通过去改变、调节法律和治理参数来优化当前互联网的使用。

因此,针对这一情况,欧盟委员会在 FP7 计划和后续的计划中都投入了大量的资金,着手开展下一代互联网研究计划,称为下一代互联网倡议(The Next Generation Internet Initiative)。

FP7 计划中主题涉及未来互联网的项目共有 121 个。当然,这些项目并不全都是关于互联网领域技术或者理论层面的研究。其中,相当一部分项目与工业生产实际结合较为紧密,根据具体问题和领域需求,对互联网该如何更好地支持其应用进行研究和探讨。

在 H2020 计划中,下一代互联网的项目都正在执行,第一批,也就是 2015 年左右开始实施的项目正接近尾声。从现有的项目来看,主要集中在下一代互联网基础实验平台建设(HUB4NGI,5GFIRE 等)、网络基础设施及物联网设备可编程性(INPUT)、5G 无线网络研究(FIWIN5G)等。其中,HUB4NGI 的全称为 A Collaborative Platform to Unlock the Value of Next Generation Internet Experimentation;5GFIRE 的全称为 5G in Future Internet Research and Experimentation;INPUT 的全称为 In-Network Programmability for Next-generation Personal Cloud Service Support;FIWIN5G

的全称为 Fiber-Wireless Integrated Networks for 5th Generation。

2016 年 11 月~2017 年 1 月,欧盟委员会组织启动了多个听取下一代互联网发展建议的专家咨询会议,以便获得更多关于 2030 年互联网可能出现的新情况、新问题的意见。该会议的议题是关于下一代互联网的价值观和相关技术的讨论。例如,特定的技术问题是分散式架构和 IP 以外的网络解决方案等。根据专家咨询的结果,该会议出版了关于下一代互联网的报告[①],与会者针对与未来互联网相关的技术和价值观提出了自己的看法。

该报告指出未来互联网的三大核心价值观:①确保公民对自己的数据拥有主权并能够保护其隐私;②互联网应确保拥有多样性、多元化和使用者的选择权;③防止数据在私人专有平台上集中。在技术领域,最重要的包括个人数据空间、人工智能、分布式架构和分散式数据管理。该报告指出,欧盟目前资助的研究计划中比较受欢迎的主题是智能决策、5G 无线网、物联网和语言技术。报告中提倡和鼓励的社会相关问题的研究包括 P2P 网络、数字学习、电子民主、电子采购和电子学习等。

2017 年底,欧盟委员会发布了 2018 年的关于下一代互联网的项目申请指南 ICT-24-2018。该计划包含 3 个研究与创新项目和 3 个协调与支持项目。前者共投入约 2100 万欧元,项目时长为 2~3 年,项目主题分别为隐私和信任增强技术、分散式数据治理、发现和识别技术;后者共投入约 700 万欧元,此类项目更加注重跨学科跨领域的合作。该指南建议的项目申请主题主要限定在以下方面。

（1）开发更加以人为本的互联网。

（2）支持开放性、跨境合作、权力下放、包容性和保护隐私的价值观。

（3）把控制权交还给用户,以增强对互联网的信任。

（4）引导互联网更加开放、稳健和可靠,使其互操作性更强,更加支持社会创新。

2.4.2　互联网应用方面

互联网应用方面的研究主要集中在网络软件技术、云计算,以及雾计算、边缘计算、物联网等。在 FP7 计划执行的最后两年中,欧盟委员会在软件技术、互联网服务和云计算等相关领域共支持 40 个研究项目。

在 H2020 计划中,欧盟委员会于 2014 年发布了两个项目申报指南,*Advanced Cloud Infrastructures and Services*(ICT-07-2014)和 *Tools and Methods for Software Development*(ICT-09-2014)。2015 年,欧盟委员会开始执行其他 33 个项目,总投资达 1000 万欧元。核心主题有:软件工程服务和应用程序,云协作的挑战、期望和问题,基础设施服务的新方法,云内部的数据保护、安全和隐私。

---

① https://ec. europa. eu/futurium/en/system/files/ged/ec_ngi_final_report_1. pdf.

2017 年 10 月，欧盟委员会发布了新一轮云计算的申报指南，*Cloud Computing*（ICT-15-2019-2020）。该指南指出项目的核心挑战包括：开发基于先进云平台的服务，基于云的软件和数据应用的竞争性云解决方案，以及考虑边缘设备能力带来的机会。该类解决方案还应满足严格的安全性，数据保护、性能、弹性和能源效率等要求，以应对行业和公共部门未来的数字化需求。该指南的主要贡献应体现在下一代互联网和物联网技术，具体提出 3 个主要研究方向。

（1）需要新的建模技术和机制，组织和协调跨异构云的资源，包括微型本地云、私有企业云、聚合和混合云，促进云服务提供商之间的互操作性和数据可移植性。为了确保隐私，安全和身份验证技术是必不可少的。

（2）边缘计算（雾计算）技术将有限的内存、存储和计算资源的雾节点集成到云架构中，由于雾节点更接近数据生成位置，并允许在从边缘移动到云时，进行智能决策，因此需要综合考虑网络能力，以及数据的安全性和灵敏度等。

（3）新的管理策略旨在设计和开发云、物联网、大数据和雾计算相结合的综合资源管理，以实现高效、协调、强大和安全管理。该指南提出的解决方案，还应该设想开发新颖的协作（共享）方案和创新的服务执行方法，以便动态分配云服务，并促进基础设施即服务（infrastructure as a service, IaaS）、PaaS 和软件即服务（software as a service, SaaS）各层次云服务的自动发现和组合。

可以看出，欧盟在互联网云计算方面的研究，正在向边缘计算、物联网技术上倾斜，并与人工智能技术结合，以实现智慧城市等。

2.4.3　互联网安全方面

在网络安全方面，欧盟委员会自 2007 年至 2013 年向 FP7 计划共投入 14 亿欧元，用于支持以安全为主题的项目研究。这里的安全包括社会安全、基础设施安全和通信信息系统安全等。互联网安全是不可或缺的重要部分。在 FP7 计划中，涉及安全与信任的项目按主题领域可分为 9 类（领域之间可能有重叠），主要有可信服务基础设施、可信网络基础设施、移动和智能设备、安全技术与工具、云安全、隐私保护、网络协作、关键信息保护和未来互联网安全灯。

与国际学术界和工业界关注的热点问题类似，在 H2020 计划中，关键词是网络空间安全。下面进行举例说明。

NeCS 项目，全称为 European Network for Cyber-security，该项目执行时间为 2015 年 9 月 1 日～2019 年 8 月 31 日。该项目是为满足欧盟网络安全战略各方面对高素质专家需求的增加而设立的。计划培养新一代年轻的研究人员，使其能够应对网络空间安全各方面的技术挑战，例如能够挖掘网络与信息系统中的安全漏洞，并防止其对现实网络产生威胁。由此出发，欧盟委员会提出了"欧盟议会和理事会关于确保整个联盟高度共享的网络和信息安全，采取措施的指示"。该指令性提案，一方面承认了欧盟经济与网络安全的相关性，另一方面也为欧盟主要公共/

私营利益部门提供了监管依据,达到同等的网络安全水平。

SEREN3 项目,全称为 Security Research NCP Network。该项目是一项为期 36 个月的协调和支持类项目,总目标是促进国家联络点之间的跨国合作,分享实践经验。为达到上述目标,该项目根据具体目标发展三大轴线:①国家联络点能力建设;②加强利益相关方在 H2020 的参与程度;③在网络空间安全社区内支持交流机会。传播和交流活动将会加入该系列活动中,帮助其提高影响力。

5G-ENSURE 项目,全称为 5G Enablers for Network and System Security and Resilience,该项目是为 5G 网络提供安全和可靠性的技术和理论支持。

除了技术研究项目外,欧盟委员会在政策和策略方面也努力整合各成员国的资源,包括电子资源和网络资源。欧盟于 2015 年提出了"Digital Single Market"的政策,以促进欧盟电子市场的融合,而网络空间安全是重要的主题。确保欧盟的网络和信息系统安全,对于保持在线经济运行和确保繁荣是至关重要的。欧盟将在多个方面开展工作,以促进整个欧盟的网络应变能力。

2017 年 9 月 13 日,欧盟委员会通过了加强网络空间安全的一揽子计划。该计划在原来内容的基础上提出了新举措,以进一步提高欧盟的网络弹性和应对能力[①]。

该计划通过调查分析,给出欧盟针对物理信息系统安全的三个观点。

(1) 认识到网络空间安全还不是一个明确规范的科学学科,对于快速发展的网络威胁还没有形成成熟的应对方法。

(2) 欧盟在该领域制定相关法规政策的速度跟不上网络空间服务与应用的发展速度。这需要欧盟在政策制定者考虑创新的流程解决该问题。

(3) 在网络空间安全辩论中承认一些存在的争议,因为目前既没有证据也没有明确的专家共识来支持一种或反对另一种观点。

该报告最后给出一系列建议,指出欧盟在构建统一数字市场过程中,针对物理信息系统安全方面,所需要重点关注的技术和研究方向。

2.4.4　总结

通过上述分析可以发现,欧盟对网络技术研究的各个方面均有大量投入,技术聚焦在移动互联网、云计算、物联网和边缘计算等,所涉及的技术包括 SDN、网络功能虚拟化(network function virtualization,NFV)、人工智能技术、区块链技术结合等。欧盟本身相对割裂的地理和人文环境,也决定了欧盟项目具有以下共性。

(1) 注重标准化的研究与制定。大部分项目都承诺最后会提出相关领域方面的技术或者协议标准,以使得该技术能在欧盟范围内推广和应用。

(2) 项目必须由多个合作伙伴组成,并且各个合作伙伴必须来自不同的国家,

---

① https://ec. europa. eu/research/sam/pdf/sam_cybersecurity_report. pdf.

以促进各个成员国技术的平衡发展。同时,工业界合作伙伴的加入可以促进技术研发与生产实际紧密结合,加速研究成果向实际生产力的转化。

（3）更加注重策略和合作类型项目的研究。目前欧盟项目主要分为两类：①研究与创新类项目；②协调与支持类项目。研究与创新类项目主要侧重于技术研究,而协调与支持类项目则注重策略研究,以使得各个国家和地区之间更好地运用技术进行协作,服务于欧盟正在构建的统一电子市场。

参 考 文 献

Anderson T,Birman K,Broberg R,et al. 2014. A brief overview of the NEBULA future Internet architecture[J]. ACM SIGCOMM Computer Communication Review,44(3):81-86.

Han D,Anand A,Dogar F,et al. 2012. XIA:Efficient support for evolvable Internetworking[C]// Proceedings of the 9th USENIX Symposium on Networked Systems Design and Implementation,Bellevue,WA,309-322.

Venkataramani A,Kurose J F,Raychaudhuri D,et al. 2014. MobilityFirst:A mobility-centric and trustworthy Internet architecture[J]. ACM SIGCOMM Computer Communication Review,44(3):74-80.

Wolf T,Griffioen J,Calvert K L,et al. 2014. ChoiceNet:Toward an economy plane for the Internet[J]. ACM SIGCOMM Computer Communication Review,44(3):58-65.

Zhang L,Afanasyev A,Burke J,et al. 2014. Named data networking[J]. ACM SIGCOMM Computer Communication Review,44(3):66-73.

第3章 新一代互联网多路径路由技术

3.1 域间多路径路由协议背景

互联网逐渐成为以全球信息化为广泛背景的人类社会发展和繁荣的关键基础设施。随着互联网应用种类的快速增长,网络用户对路由协议的可靠性和健壮性提出了更高的要求。BGP 是当前互联网的核心协议,但仍存在可靠性差、无法有效使用次优路径及负载均衡支持弱等问题。究其原因,BGP 是一种单路径路由协议。域间多路径路由可以通过发挥底层网络的 AS 级路径多样性,提高域间路由的可靠性、报文分组转发的总体性能和整个网络资源的利用率,因此域间多路径路由是解决上述 BGP 问题的一种有效手段,符合互联网应用不断深入对路由技术的发展需求,已经成为工业界、学术界关注的热点和难点问题。

3.1.1 网络路由技术需求

1. 网络多样性需求

互联网从 20 世纪 60 年代末作为实验性网络开始出现,到 21 世纪初的大规模商业应用,给整个人类生活方式带来了根本性改变,开创了人类社会信息化时代的新纪元。如今互联网几乎遍布世界的每个角落,与人类社会生活密切相关。随着淘宝、京东商城等购物网站的兴起,网络购物已经成为时尚。同时,层出不穷的网络应用(如互动在线游戏、在线网络视频、网上银行等)极大丰富和方便了人们的生活,并逐步改变着人们的思想和行为观念。

不同的网络应用对网络传输的实际要求不同。例如,基于 IP 的语音传输协议(Voice over Internet Protocol,VoIP)、实时在线游戏等应用对数据传输的延迟要求非常高;点对点(peer to peer,P2P)文件共享、内容分发、远程备份、软件更新等应用要求网络能提供高带宽传输;医疗领域的应用,如远程手术等,需要持续的端到端连接,要求数据可靠传输;面向数据安全传输领域的一些应用要求所使用的传输路径上没有恶意节点,防止数据泄漏失密。

由此可见,网络应用的需求呈现出多样化的特点。然而,目前的互联网中,各类应用都使用同一条路由,无法满足网络多样化需求。事实上,互联网拓扑测量研究表明,网络中存在着大量的 AS 级、路由器级的冗余路径,这些路径可能具有更高的带宽或者更低的延迟。如果互联网路由协议能够利用这些冗余路径提供多条路径供端用户选择,显然能够大幅度提高网络应用的性能和用户的体验度。

2. 网络可靠性需求

随着互联网应用种类的快速增长,网络用户对路由协议的可靠性和健壮性提出了更高的要求,而现有的 BGP 协议无法满足日益增长的可靠性和性能的需求。大量研究表明,BGP 可靠性差直接导致互联网可靠性差。例如,Labovitz 等指出,两分钟内的一个路由变化可产生约 30％的报文丢失(Labovitz et al.,2000);许多 IP 地址由于 BGP 动态性而在短时间内不可访问(Rexford et al.,2002);Kushman 等通过实验得出,有多半 VoIP 故障发生在 BGP 更新报文出现后的 15 分钟内(Kushman et al.,2007b)。

互联网的可靠性很大程度上取决于路由协议在链路(或节点)故障发生后,重新获得可用路径所需的反应时间。出于可扩展性和稳定性的考虑,当前互联网路由协议通常只选择一条最优路径(也可称为主路径或者默认路径)到达目的地,如域内协议 OSPF(Moy,1998)和中间系统到中间系统(intermediate system to intermediate system,ISIS)(Callon,1990)、域间协议 BGP。在链路(或节点)故障时,单路径路由协议不具备故障瞬时恢复的能力。在链路(或节点)故障等引发网络故障后,单路由协议需要一定的延迟才能完成路由重建,恢复正常的数据通信。此类延迟可能会导致瞬时路由环路或者瞬时路由失效等路由故障。为减少延迟,人们提出了一些减少路由协议收敛时间的方法 (Kushman et al.,2007a;Luo et al.,2002;Pei et al.,2002;Luo et al.,2002),但只依靠降低收敛时间减少延迟,在实际应用中是不可行的。多路径路由在主路由出现故障后,能够快速提供备用路由,保证网络通信会话不中断,从而成为提高网络可靠性的一种有效方法。

3. 网络安全性需求

随着人类生活对网络依赖性的增加,网络安全备受关注。网络安全领域涉及广泛,从基础设施到上层应用,几乎遍布互联网的每个角落。近年来,BGP 协议的安全性备受学术界和工业界的关注(Butler et al.,2009)。

由于 BGP 缺乏必要的安全机制,域间路由系统很容易受错误配置和恶意攻击的影响。例如,1997 年 4 月 25 日,美国佛罗里达州的一个小型服务提供商的路由器,由于配置错误向全网注入一条路由通告,宣布它拥有到达所有网络的最优路由。BGP 缺乏严格的认证机制,导致大部分互联网流量都流入该路由器及互联到该路由器的其他路由器,使得这些路由器负载过大而错误运行。结果是,整个互联网因此瘫痪了将近两个小时。另外,巴基斯坦电信劫持事件 YouTube 也备受关注。除了路由攻击以外,其他网络安全攻击也可能对域间路由系统的正常运行产生影响。由于 BGP 消息与普通 IP 分组共享链路,因此当域间链路发生长时间的拥塞时,将可能发生 BGP 会话中断,从而导致域间路由改变,影响域间路由系统的稳定性。比较典型的是 2001 年 Code Red 和 Nimda 病毒传播导致的 BGP 路由不稳定现象。域间路由的安全威胁不仅影响个人的数据服务,而且可能导致整个互联网瘫痪。因此,安全性是域间路由协议研究的重点之一。

3.1.2　互联网路由的基本结构

互联网是由多个 AS 相互连接构成的大型网络。不同的 AS 通常隶属于不同的管理机构,如企业、大学或政府机构,可自主决定系统内部署的路由协议类型和路由策略。每个 AS 是一个独立的管理域,由具有相同路由策略的一组路由器和其他网络设备相互连接构成。路由协议根据层次结构分为域内路由协议和域间路由协议,他们共同作用使互联网各节点间实现互联互通。域内路由主要负责 AS 内的路由器间的连通性,主要协议分为两类:一类是链路状态协议,代表协议是 OSPF 协议或者 ISIS 协议;另一类是距离向量协议,代表协议是路由信息协议(routing information protocol,RIP)(Hendrick,1988)。域间路由主要负责 AS 之间的连通性,主要协议是 BGP,其工作在 TCP 基础之上,保证各 AS 之间的连通性。当前在互联网上运行的是 BGP-4。

BGP 是一种基于策略的路径向量协议,最新标准规范为 RFC4271①。根据路径向量协议的特点,BGP 允许每个 AS 通告到达目的网络的 AS 路径,从而有效避免可能形成的数据环路。支持丰富的策略是 BGP 的重要特征。通过灵活设定不同的策略,AS 可以实现各种各样的流量控制策略。BGP 中路由消息分为更新(updates)和撤销(withdraws)两类。更新消息主要应用于两种场景:①通告到达新出现的网络前缀的路由;②通告已存在路由的替换路由。撤销消息主要用于告知先前通告的路由不可用。为控制路由消息的数量,BGP 中设置了最短路由宣告间隔(minimum route advertisement interval,MRAI)定时器。BGP 分为 eBGP 和 iBGP 两种模式。eBGP 主要用于 AS 间路由消息的通告,而 iBGP 主要用于在域内通告域间的路由消息。

BGP 会话在同一个 AS 内或者不同 AS 间的路由器之间建立。当路由发生变化时,BGP 路由器产生路由更新,通过 iBGP 或者 eBGP 发送给邻居。

跟最短路径路由不同,BGP 路由器通过应用不同的路由策略来影响路由选择过程并决定是否将路径通告给邻居。AS 之间根据商业协议存在如下关系。

(1) 客户-提供商(customer-provider,C2P)关系。若 A 是 B 的客户,则 B 将向 A 发布互联网上其他网络的路由,从而 A 可以从 B 接收来自互联网上其他网络的流量。

---

① RFC4271:Request for comments.

（2）提供商-客户（provider-customer，P2C）关系。P2C 关系是与 C2P 对应的 AS 关系。若 A 是 B 的客户，则从 A 到 B 是 C2P 关系，从 B 到 A 则为 P2C 关系。

（3）对等（peer-peer，P2P）关系。若 A 与 B 之间是对等关系，则 A 和 B 之间相互交换它们以及作为它们客户的 AS 的路由和流量。

（4）同胞（sibling-sibling，S2S）关系。具有同胞关系的两个 AS 通常属于同一个组织或者服务提供商，因此它们之间在交换路由信息和流量上没有限制。

AS 利用导入策略决定哪些路由可以从邻居接收，利用导出策略决定哪些路由可以通告给邻居。研究表明（Gao，2001；Gao et al.，2001），目前约99％的 AS 采用客户优选（prefer customer）策略和无谷底（valley-free）策略。客户优选策略是导入策略，要求 AS 优先使用从客户学习来的路由而不是从提供商或者对等体学习来的路由。无谷底策略是导出策略，AS 不会将从对等体或者提供商学习到的路由通告给其他的对等体或者提供商。

属性是 BGP 具备的一个重要特征，主要用来描述与路由前缀相关的必要信息。AS 根据 BGP 属性实施路由策略，从而进行流量工程操作。BGP 路由器之间交换携带属性的网络可达性信息。表 3.1 列出了一些重要的 BGP 路由属性。

表 3.1　重要的 BGP 属性

属性名称	功能
ORIGIN	用于说明网络前缀在源 A 如何被 BGP 学习到
AS-PATH	记录路由通告所经过的 AS 序列
MED（MULTI-EXIT-DISCRIMINATOR）	用于 AS 来选择到达某个目的前缀的最优链路
LOCAL-PREF	用于针对同一目的前缀多条路径进行选择

通常情况下，AS 可以从邻居接收到达同一个目的前缀的多条路径，然而只能通告一条最优路径给邻居 AS。挑选最优路径的过程称为路径选择过程，如图 3.1 所示。当从邻居接收多条路径时，AS 首先应用导入策略进行路径过滤，然后应用包含多个步骤的路径选择过程来获得最优路径并应用导出策略来检测这条路径是否可以通告给邻居。

```
1.选择LOCAL_PREF值最高的路径
2.若LOCAL_PREF值相同，则选择AS-PATH长度最短的路径
3.若AS-PATH长度相同，则选择ORIGIN值最小的路径
4.若ORIGIN值相同，则选择MED值最小的路径
5.若MED值相同，则优先选择e-BGP路径，其次选择i-BGP路径
6.若上述值仍相同，则选择IGP开销最低的路径
7.此时若有多条满足条件的路径，则根据其他路由属性制定
更详细的策略
```

图 3.1　BGP 路径选择过程

3.1.3　域间多路径协议衡量指标

当前域间路由面临的多样性应用、快速恢复、安全等需求,很大程度上都是源于一对多问题。首先,现有协议是反应式收敛,对失效过于敏感,导致不必要收敛,造成网络不稳定。其次,现有的路由协议导致很多 AS 无法获取多路径,即使部分 AS 获得了多路径也无法使用,这种情况导致的后果是转发中断,同时某些 AS 无法获得多路径,导致对前缀劫持防御能力差。域间多路径路由协议的出现,为解决这些问题提供了一种新的、可行的方法。

与单路径路由相比,域间多路径路由具备以下优点。

(1) 多路径路由能够提高网络可靠性,当主路径失效时,备用路径可以立即启用,而无需等待路由协议的重新收敛,从而避免瞬时的数据丢失。

(2) 边缘 AS 可以通过多条路径进行数据传输,从而可以采取更加灵活的负载均衡策略(He et al.,2008)。

(3) 多路径路由可以增强数据传输的安全性(Wendlandt et al.,2006)。例如,一个 AS 为防止恶意数据侦听可将数据分成多个部分,并通过不同的路径进行传输。

(4) 多路径通告为解决 BGP 安全性问题提供了新思路,如本书提出的基于多路径通告的域间安全检测方法。

域间多路径路由虽然可以解决 BGP 的诸多问题,但在设计上却面临着可扩展性和稳定性方面的挑战。本节首先介绍路径多样性、控制平面开销、数据平面开销、无环路特性等八项主要路由系统性能指标,然后指出多路径实现机制需要综合考虑多路径发现、路径选择和报文转发三个核心问题,并讨论安全性和稳定性问题。

尽管研究者普遍认为多路径路由是一种提高可靠性、安全性网络性能的解决方法,但是多路径路由,尤其是域间多路径路由,距离完全部署尚存在距离。设计域间多路径路由协议,必须研究多路径路由的性能指标。综合当前研究,本书主要采用以下 8 个性能指标进行分析比较。

(1) 路径多样性。路径多样性是指网络层路径多样性。网络层发掘链路层路径多样性的突出优势是,在链路/节点故障、策略改变等情况下,只要网络链路层拓扑存在连接就能保证端到端的连续正常通信。

(2) 控制平面开销。控制平面开销分为路由消息开销和路由平面开销。路由消息开销是指相邻 AS 之间交换路由更新的数目。具体地讲,路由消息开销分为路径建立消息开销和网络故障引起的路由更新消息开销。路由平面开销是指存储路由的内存开销和更新路由表的计算开销。路由消息的交换会占用链路带宽,同时,计算和存储更多路由需要占用更多的路由器计算资源和存储资源。

(3) 数据平面开销。数据平面开销分为报文携带信息(报文头大小)和转发表信息(转发表大小)。与数据平面开销密切相关的是转发操作方式(forwarding op-

eration),为使同源同目的地址的报文通过不同的路径,要求路由器能将报文发往不同的下一跳地址,就需要改变或扩展路由器转发表。

(4)无环路特性。无环路特性是指当网络动态变化时,路由协议检测路由环路的能力。转发环路会导致网络资源的浪费甚至导致报文的不可达。因此,路由协议的设计需要保证无环路特性。BGP 中使用 AS 路径通告来保证路由不包含环路。域间多路径路由在多路径转发的条件下确保无环路特性的能力是衡量路由协议正确性和性能的重要指标。

(5)增量部署能力。增量部署是衡量一个协议能否快速部署的重要指标,主要表现在与现有 BGP 协议的兼容性。

(6)策略表达。策略表达体现 AS 对路由的控制能力。AS 期望协议支持丰富、灵活的策略。策略表达能力可以通过协议所允许的端到端的路由多样性来表示。

(7)可扩展性。可扩展性是指多路径路由的计算、存储和链路开销必须随着网络规模的增加而缓慢增长。域间路由系统复杂而庞大,因此域间路由协议的可扩展性是重点考量指标。

(8)用户对路由的控制能力。单路径路由的一个缺陷是用户对路由没有选择权。多路径路由协议提供用户多条路由,因此能否支持用户根据需要进行路由选择是非常重要的功能。然而,用户对路由的控制还需要充分考虑 ISP 流量工程的目标,否则会引起流量振荡。

需要说明的是,上述八个性能指标并不是衡量域间多路径路由协议的全部指标,而是最能体现各种路由协议之间差异的评价标准。另外一些没有纳入指标体系的指标包括路径构造延迟、协议收敛时间和安全性。路径构造延迟是指多路径尤其是备用路径建立的时间。协议收敛时间是指当网络状态变化后,网络节点到达统一转发视图需要的时间。安全性是指网络协议检测网络中恶意节点或者攻击的能力。此外,各个指标之间存在一定的联系,例如控制平面和数据平面的开销跟协议的可扩展性密切相关,协议开销越小,可扩展性越强。

3.2　域间多路径路由协议研究现状

本节首先详细分析域间多路径路由协议的研究现状,然后比较这些路由协议的核心机制、性能特点和开销等。

3.2.1　域间多路径路由协议分类

目前,域间多路径路由虽然是学术界研究的热点问题,但是至今还没有一个被广泛接受的定义。在本章中,若一个域间路由协议针对同一个网络前缀的报文可以进行多路径转发,则该路由协议就被称为域间多路径路由协议。多路径转发要求协议在转发操作时对同一个网络前缀有多个不同的下一跳地址,并需要协议在控制平面的支持。围绕域间多路径路由协议的多路径发现、路径选择和报文转发这三个核心内部机制问题,根据协议如何获取多路径以及在控制平面的不同操作手段对域间多路径路由协议进行分类是比较直观和科学的,即将域间多路径路由协议分为单径通告多路转发协议、多径通告多路转发协议和新型域间多路径路由体系结构三类,如图 3.2 所示。其中,单径通告多路转发协议是指针对某个特定网络前缀,AS 只允许选取一条 AS 路径并使用一个 BGP 路由更新通告给邻居。多径通告多路转发协议是指针对某个特定网络前缀,AS 允许选取多条 AS 路径并采用多个 BGP 路由更新通告给邻居。这两类域间路由协议采用的是 BGP 路由更新报文,因此被认为是 BGP 基础上的扩展协议。最后一类协议类型是基于提出的新型路由体系结构实现多路径路由。在本节中,选取重要的、具有典型意义的域间多路径路由协议进行分析论述。

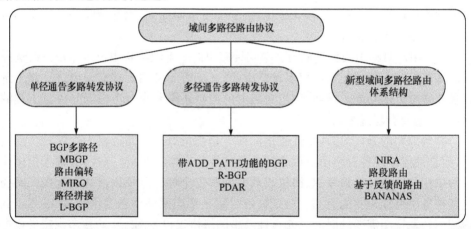

图 3.2　域间多路径路由协议分类

MBGP:多路径 BGP(multi-path BGP);MIRO:域间多路径路由(multi-path interdomain routing);
L-BGP:无环多路径 BGP(loop-freeness in multi-path BGP);R-BGP:弹性 BGP(resilient BGP);PDAR:
路径分集感知路由(path diversity aware routing);NIRA:新型互联网路由器架构(new Internet routing architecture)

3.2.2　单径通告多路转发协议

本节主要介绍单径通告多路转发协议。这类协议的特点是每个 AS 针对每个网络前缀,只向邻居通告一条路径,但是报文则可以通过多条路径进行传送。单径通告可以降低路由器 CPU 处理负荷,具有较低网络通信开销,但路径多样性会受到一定限制。

1. BGP 多路径

路由器主要生产商之一 Cisco 提出 BGP 多路径的思想,允许路由器针对同一个网络前缀在路由表和转发表中安装满足条件的多条路由。Cisco 路由器对路径选取有非常严格的条件,多路径的候选路径必须跟最佳路径具有相同的通告源、本地优先权值、MED 值、AS 路径长度等。BGP 多路径的配置比较简单,只需要使用控制命令 maximum-paths 限定多路径的最大允许数量。满足相应条件的多条路径就被安装到路由表和转发表中。当负载均衡功能开启后,网络流量就可以通过多条路径进行转发。另一路由器生产厂商 Juniper 也提出类似方案。

BGP 多路径的突出优点是简单,并且得到大量实际部署路由器的支持。然而,严格的多路径选取条件减少了可利用的多路径数量,从而限制了路径的多样性。在多路径发现上,BGP 多路径利用 BGP 所发掘的路径信息;在路径选择上,BGP 多路径采用严格的路径比较;在报文转发上,BGP 多路径采用的是流量分发,此种方法是最简单的利用多路径的方法。

2. MBGP

MBGP(Fujinoki,2008)的主要思想是基于 BGP 协议建立的路径,采用基于源的主动探测方法发现路径多样性。MBGP 定义了源 MBGP 路由器、宿 MBGP 路由器及 MBGP 路由器三类路由器。源 MBGP 路由器是指用户所在的 AS 中距离用户最近的运行 MBGP 的路由器。宿 MBGP 路由器是指与源 MBGP 路由器进行通信的目标用户所在的 AS 中,距离目标用户最近的运行 MBGP 的路由器。MBGP 路由器是指除源 MBGP 路由器和宿 MBGP 路由器外,所有运行 MBGP 协议的路由器。由源 MBGP 路由器发起多路径发现操作,通过其他 MBGP 路由器的配合,实现多路径的发现与安装。MBGP 的多路径发现建立在 BGP 的最佳路径选择完成的基础上,因此与 BGP 是兼容的。下面使用图 3.3 的网络拓扑详细阐述 MBGP 的多路径发现机制。图 3.3 中,大写字母 R 表示 MBGP 路由器,小写字母 r 表示 BGP 路由器。假设主机 S 是源,主机 D 是目标。R1 是源 MBGP 路由器,R3 是宿 MBGP 路由器。假设从主机 S 到主机 D 的主 BGP 路径是 R1-r3-R2-R3。源 MBGP 路由器 R1 发送一个路径发现探测报文给宿 MBGP 路由器 R3。为发现所有的路径,R1 首先向所有的邻居路由器广播路径发现探测报文。若探测报文接收者是 MBGP 路由器,则探测报文将记录经过的路由器信息;否则,探测报文被当作普通 IP 报文进行转发。当多个探测报文到达 R3 时,R3 根据探测报文中记录的路由器信息就能知道从 R1 出发的多条路径。然后,R3 将这些路径信息通过特定报文发回给 R1。值得注意的是,当 R1 收到这些路径时并不能使用这些路径,因为这些路径中包含的路由器可能并没有将有些路径安装到转发表中。由此,

MBGP 定义了一个特殊报文,称作转发表设置消息。R1 需要发送转发表设置消息给那些 MBGP 路由器使其将 R1 需要使用的多条路径安装到转发表中。例如,当 R5 收到从 R1 发送的转发表设置消息后,它就会将 R2 和 r5 都设置成到达主机 D 的下一跳。MBGP 不修改报文头,数据流量只是在多条路径进行简单的分发。

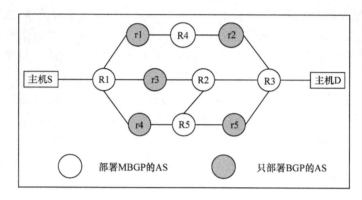

图 3.3　MBGP 示例

MBGP 的特点是由边缘路由器发起多路径发现并支持增量部署。多路径的发现过程将不可避免地产生路径使用延迟,MBGP 在该过程进行时使用 BGP 路径传输数据,从而避免了多路径建立延迟对数据传输的影响。通过设计一种基于源的路径发现机制,MBGP 可有效避免可能产生的环路问题。虽然与现有 BGP 兼容,但 MBGP 的设计相对比较复杂,同时运行 MBGP 也引入额外的计算开销。另外,MBGP 的作者提出通过设定可发现路径数量的最大值来控制消息开销但未给出路径数量和消息开销的实际量化关系,难以具体操作。

3. 路由偏转

路由偏转(Yang et al. ,2006)的主要思想是网络中的路由器通过路由偏转规则,在不引起路由环路的情况下,将报文发往非最短路径的路径上。为实现端用户具有路径选择的功能,该文作者提出了一种标签体系结构,端用户在报文中设置不同的标签,使途经的路由器选择不同的路径进行报文分组转发。

为实现域间多路径路由,路由偏转使报文在一个 AS 内选择不同的出口路由器。在一个 AS 内,报文分组通过不同的出口路由器转发,就可以开发域间路由的差异性,也就是说,报文分组由域内路由器按照路由偏转规则进行偏转,就可以实现域间多路径。三条偏转规则能够保证在每个路由器独立进行报文分组转发,而不出现路由环路。

这三条偏转规则描述如下。

规则 1,一个节点 n_i 的偏转集合中的节点 n_{i+1} 应该满足下列条件: $\mathrm{cost}(n_{i+1})$ $<\mathrm{cost}(n_i)$。

规则 2,一个节点 n_i 的偏转集合中的节点 n_{i+1} 应该满足下列条件之一: $\mathrm{cost}(n_{i+1})<\mathrm{cost}(n_i)$ 或者 $\mathrm{cost}(n_{i+1})<\mathrm{cost}(n_{i-1})$。

规则 3,一个节点 n_i 的偏转集合中的节点 n_{i+1} 应该满足下列条件之一: $\mathrm{cost}(G/l_{i+1},n_{i+1})<\mathrm{cost}(G/l_i,n_i)$ 或者 $\mathrm{cost}(G/l_{i+1},n_{i+1})<\mathrm{cost}(G,n_{i-1})$。

其中,n_i 表示当前需要转发报文分组的路由器;n_{i+1} 表示当前路由器可以安全转发的下一跳路由器集合;$\mathrm{cost}(n_i)$ [$\mathrm{cost}(G,n_i)$] 表示当前路由器 n_{i+1}(在网络拓扑 G 中)与目的地址的最短距离;G 表示整个网络的拓扑;G/l 表示除去链路 l 后的整个网络拓扑。

这三条路由规则不是并列的,而是逐渐加强的。第一条规则提供的可偏转邻居集合最小,但是最容易实现,计算开销最小。第三条规则提供的可偏转邻居集合最大,但是实现难度最大,涉及的计算开销也非常大。第二条规则的实现难度和计算开销介于两者之间。

标签体系结构使得端用户可以选择不同的路径进行报文分组转发。路由器通过提取报文中的标签信息进行路径映射,从而将报文发往不同的路径。需要指出的是,标签信息不具有全局意义,不同的路由器根据自身的配置,同一标签信息在不同的路由器中具有不同的路径映射。

路由偏转的一个显著优点是便于增量部署。部署路由偏转的路由器可以通过提取标签信息进行报文转发,而其他路由器则将携带标签信息的报文发往主路由。路由偏转的端用户不了解路径信息,并不知道报文分组是经过哪些 AS(路由器)进行传输的。

4. MIRO

MIRO(Xu et al. ,2006)主要思想是,当一个 AS(被称作请求 AS)需要特定路由时,发送路由请求给邻居 AS(被称作应答 AS)进行索取。MIRO 的多路径发现是通过主动请求模式,而不是被动接受模式。如图 3.4 所示,假设 A 是源 AS,F 是目的 AS。节点旁罗列的是节点通过 BGP 所得的到达目的 AS 的路由。A 到 F 的主路径通过粗线显示。这里假设 A 出于某种理由不希望它的数据报文通过 D。显然,当前 A 所具有路由不能满足这个要求,而它的邻居 C 却有路由 C-E-F 满足要求。在 MIRO 中,A 可以向 C 提出请求:请求不包括 D 的路由。C 根据请求将满足条件的路由发送给 A。

MIRO 采用隧道机制区分那些需要在备用路径上传输的报文,即从隧道接收到的数据都发往备用路径。在具体实现上,MIRO 需要修改路由器的转发平面和控制平面。控制平面主要负责两个路由器之间的路径协商和隧道建立。如图 3.4

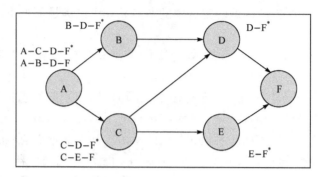

图 3.4　MIRO 示例

所示,A 需要和 C 进行协商建立隧道。C 会通告 A 路由 A-C-E-F 的隧道标识。A 希望通过路由 A-C-E-F 发送的报文的报文头中写入隧道标识。C 根据报文头的隧道标识就知道该报文是否通过主路由发送。一般情况下,一个 AS 可能与多个 AS 建立隧道,因此 MIRO 建立一个类似于基于目的地转发表的基于隧道标识的转发表。此外,MIRO 为请求 AS 和应答 AS 分别提供了相应的策略以保证备用路由遵循服务提供商的策略配置。

MIRO 具有如下优点。

(1) 消息开销低。互联网上大部分 AS 对 BGP 提供的主路由是比较满意的,因此只有当 AS 需要额外路由时,才产生额外的消息开销。

(2) 途经的 AS 可以对备用路径进行策略设置,这意味着端用户使用的备用路径不会违反途经 AS 的策略配置。

(3) 能够开发路径多样性的优势,因为它允许跨 AS 进行协商,若邻居 AS 没有满足请求 AS 条件的路径,则请求 AS 可以向邻居的邻居进行请求,依此类推,直到有 AS 具有满足条件的路径。然而,MIRO 中多路径的建立需要引入延迟,难以满足需要故障快速恢复的场合。

5. 域间拼接

域间拼接(interdomain splicing)是路径拼接(path splicing)(Motiwala et al. , 2008)在域间路由中的应用。路径拼接的主要思想是:在一个网络拓扑上,根据预设的不同链路权值,路由器可以计算出不同的报文转发树,端用户可以通过对报文头的特定设置,允许途经路由器将报文在不同的报文转发树中进行发送。部署域间拼接的路由器在控制平面选出 k 条最优路由并将其装入转发表;在数据平面,根据报文头中包含的拼接位(splicing bits)使用相应路径。域间拼接所基于的假设是:针对每个目的地址,BGP 路由器已经具有到达目的地址的多条路由。Motiwala 等(2008)认为,利用这些路由进行域间多路径路由已经足够,无需增加 BGP 的路由消息开销和改变 BGP 更新报文格式。报文中的拼接位既可以由端用户设置（实现端用户对路径的控制），也可以由路由器设置（实现本地故障的快速恢复）。

数据发送者将域间拼接位写入报文头中。路由器根据拼接位选取下一个邻居 AS。报文头中增设策略位，保证报文的"无谷底"路由。

域间拼接机制的最大缺陷是不能有效避免转发环路。另外，随着域间路由策略的复杂化及 AS 之间关系的多样化，路径拼接中只使用一位来区别 AS 间关系显然是不够的。

6. L-BGP

Beijnum 等（2009）认为，严格遵守 Cisco 的多路径选择方法虽然可以避免路由环路，但却极大地限制了路径多样性。L-BGP 的主要思想是通过放宽 Cisco 提出的 BGP 多路径中备用路径和主路径必须一致的条件，使各 AS 可以使用更多的备用路径。同时，L-BGP 使本地路由器通告一条特定的具备较长 AS 路径长度的路径，并安装所有 AS 路径比通告路径短的路径。L-BGP 在只允许 AS 通告一条路径的前提下使用多条路径，如何避免路由环路是 L-BGP 需要解决的首要问题。L-BGP 作者提出，只要满足根据 BGP 修改的无环不变式（loop-free invariant）条件（Vutukury，1999）就可以避免路由环路。

在多路径发现上，L-BGP 利用 BGP 所发掘的路径信息；在路径选择上，L-BGP 采用安装所有 AS 路径长度比通告路径短的路径。L-BGP 虽然从理论上保证了报文转发的无环路特性，但是采用通告非最佳路由可能引起的其他问题未作讨论，如控制平面和数据平面的一致性问题。

本节主要介绍了单径通告多路转发协议。下面给出此类协议的特点比较（表3.2）。在路径多样性中，"低"表示利用的仅为 BGP 协议提供的路径多样性；"高"表示能够发掘链路层所有的路径多样性；"中"表示能发掘一定程度的路径多样性。在控制平面开销上，"低"表示协议产生的消息开销跟 BGP 产生的消息开销无异，"中"表示协议产生的开销比 BGP 产生的消息大，"高"表示协议产生的开销比"中"程度产生的产销大。"是"表示协议具有该特性，"否"表示协议不具有该特性。

表 3.2　单径通告多路转发协议的特点比较

协议名称	路径多样性	控制平面开销		数据平面开销		无环路特性	可扩展性	端用户路由控制
		路由消息开销	路由平面开销	报文携带信息	转发表信息			
BGP 多路径	低	低	低	否	多个下一跳	是	是	否
MBGP	高	高	高	否	多个下一跳	是	否	否

续表

| 协议名称 | 路径多样性 | 控制平面开销 | | 数据平面开销 | | 无环路特性 | 可扩展性 | 端用户路由控制 |
		路由消息开销	路由平面开销	报文携带信息	转发表信息			
路由偏转	低	低	中	标签	多个下一跳	是	是	是
MIRO	高	中	高	隧道 ID	基于隧道 ID 的转发表	是	是	是
域间拼接	低	低	低	拼接位	多个转发表	否	是	是
L-BGP	低	低	中	否	多个下一跳	是	是	否

单径通告协议采用单 BGP 路径通告,因此路由开销相对多径通告协议要低。另外,此类协议基于 BGP 易于增量部署。但是,此类协议有一个共同问题,即如何在仅由单路径通告的信息基础上开发路径的多样性。MBGP 和 MIRO 是通过主动多路径发现的手段,该方式基于大部分网络用户满足于现有 BGP 提供的单路径路由的前提来保证较低的路由开销,同时引入了多路径建立的延迟,不利于需要立即使用备用路径的场景。除 MBGP 和 MIRO 外,其他四个协议都基于现有 BGP 提供的路径多样性,因此路径多样性相对较低。

3.2.3 多径通告多路转发协议

多径通告多路转发协议的特点是每个 AS 向其邻居通告多条 AS 路径。多径通告可以明显增加 AS 的路径多样性。如图 3.5 所示,假设 5 是目标 AS。在单径通告中,1 只知道一条 AS 路径,因为 2 只允许通告一条路径给 1。在多径通告的情况下,2 可以通告多条路径给 1,因此 1 可以掌握多条 AS 路径信息。显然,多径通告增加了路由消息开销。因此,多径通告多路转发协议需要尽量控制每个 AS 通告给邻居的路径数目。

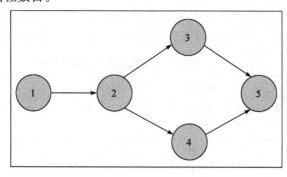

图 3.5 一个简单拓扑

1. 带 ADD_PATH 功能的 BGP

带 ADD_PATH 功能的 BGP(Walton et al., 2009)的主要思想是:利用 RFC3392 提出的功能通告定义 ADD_PATH 功能,当通信双方都支持 ADD_PATH 功能时,相互间可以进行多路径通告。路径标识符用来区分针对同一个网络前缀的多条路径。路径标识符由本地路由器指定并通告给邻居。为支持上述操作,带 ADD_PATH 功能的 BGP 对网络层可达信息(the network layer reachability information,NLRI)编码方式进行了扩展,并给出了 ADD_PATH 功能的具体格式。带 ADD_PATH 功能的 BGP 从实现层面提出了一种解决方案,但未考虑域间多路径路由协议设计的许多其他因素,如控制平面开销、环路特性等。

2. R-BGP

为减少控制平面开销尤其是路由消息开销,R-BGP(Kushman et al., 2007a)只通告一条备用路径给指定的邻居节点。R-BGP 提出了三种备用路径选择方案:方案一是与主路径交叉节点差异最大并忽略路由策略的路径;方案二是与主路径交叉节点差异最大但考虑路由策略的路径;方案三是由 BGP 路径选择过程得到的次优路径。方案一虽然提供了最大程度的可靠性,但其忽略路由策略,因而在商业互联网上难以实施。方案二是一个比较好的折中,放弃一部分路径多样性但遵循路由策略,更容易被互联网服务提供商所采用。方案三最易实现,但不能提供足够的路径多样性。备用路径只通告给主路径上的下一跳 AS(称为下一跳机制),因为每个 AS 首先得保证自己的报文不丢失,所以通常愿意给主路径的下一跳 AS 提供备用路径。R-BGP 在消息报文中携带根源信息(root cause information),避免了在收敛过程中出现的转发环路,并加速了协议收敛过程。

由于备用路径通告目标的选择性(主路径的下一个 AS),有些 AS 可能就不具备备用路径。Kushman 等(2007a)提出使用原主路径机制,即链路中断发生后,只有中断链路的上游邻接 AS 将后续报文通过备用路径发送,其他 AS 仍然使用原有主路径;他们同时提出确保收敛机制来控制 AS 使用备用路径的时间,即当一个 AS 从所有邻居中收到撤销消息时,这个 AS 停止转发内部生成的流量到备用路径上;一个 AS 延迟发送路径撤销消息给邻居直到确定在协议收敛时它不能提供这个邻居一条无谷底路径。通过上述一系列的机制——下一跳机制、使用原主路径机制和确保收敛机制,R-BGP 从理论上证明了在任何情况下(链路中断、策略改变等),只要两个 AS 间存在一条无谷底的服从路由策略的路径,那么他们之间将不会出现通信中断的情况。

R-BGP 对于区分备用路径和主路径上的报文给出多种解决方案,分别是虚拟链接、多协议标签交换(multi-protocol label switching,MPLS)或者 IP 隧道。R-BGP 主要针对提高域间路由的可靠性,并不支持用户对路由的选择。

3. PDAR

PDAR 允许 AS 在通告主路径的同时再通告一条与主路径节点(或者边)具有极少相似度的备用路径。PDAR 采用选择性备用路由通告策略有效减少了路由消息开销。选择性备用路由通告策略主要包括两项:①如果邻居已经拥有差异度很大的路由,那么不需要再向其发送备用路由,只需发送主路由;②向邻居发送的备用路由必须满足能够增大邻居路由差异程度的条件。

PDAR 使用故障根源信息(root cause notification,RCN)广播故障链路信息,用来提高网络协议的收敛速度。有学者认为,与多路径路由技术结合的 RCN 广播可以进一步加快收敛速度,提高网络健壮性。基于极大差异路径通告、选择性宣告备用路由策略和 RCN 技术的 PDAR 协议称为 D-BGP。

但是,RCN 广播会泄露 AS 内部私有信息,如策略配置、链路设置等。同时,在使用选择性备用路由通告策略后的消息开销仍比较大。为解决上述两个问题,PDAR 作者提出采用 Bloom 滤波器(Bloom,1970),称为 B-BGP。通过将故障链路信息和路径信息通过 Bloom 滤波器进行编码,保证了一些敏感信息不至于泄露并有效降低了消息开销。

当链路故障发生后,一个 AS 开始使用其备用路径,PDAR 为避免转发环路而采用 IP 封装或者 MPLS 技术进行备用路径报文的转发。

本节主要综述了多径通告多路转发协议。表 3.3 列出了此类协议的特点比较。表中,"—"表示该协议对此指标未做考虑。显然,通告所有已知路径是让边缘 AS 掌握所有路径的最简单方式,然而必定引起控制平面和数据平面开销的指数级膨胀,从而使得协议不具有可扩展性。因此,多径通告多路转发协议选择通告一部分路径,如 R-BGP 和 PDAR 只通告一条备用路径。另外,此类协议跟 BGP 兼容,具有增量部署的特性。带有 ADD_PATH 功能的 BGP 设计了路径标识用于区分到达同一目的前缀的多条路径。R-BGP 和 PDAR 则采用 MPLS 或者 IP 隧道来进行备用路径的数据转发。路径标识的引入虽然需要改变现有基于地址的转发表结构,但却是将来多路径路由设计的必需方法。此外,路由消息报文携带中断链路标识信息的方式可以帮助域间多路径路由协议加速收敛,是未来协议设计不可缺少的部分。

表 3.3　多径通告多路转发协议的特点比较

协议名称	路径多样性	控制平面开销		数据平面开销		无环路特性	可扩展性	端用户路由控制
		路由消息开销	路由平面开销	报文携带信息	转发表信息			
带 ADD-Path 功能的 BGP	高	高	—	本地路径 ID	基于目的和路径 ID 的转发表	—	—	—

续表

协议名称	路径多样性	控制平面开销		数据平面开销		无环路特性	可扩展性	端用户路由控制
		路由消息开销	路由平面开销	报文携带信息	转发表信息			
R-BGP	中	低	高	否	依赖具体转发技术	否	是	否
PDAR	中	低	高	否	依赖具体转发技术	否	是	否

3.2.4　新型域间多路径路由体系结构

本节介绍具有新型域间多路径路由体系结构特征的路由协议,主要是 NIRA 和路段路由(pathlet routing)。与前两类协议不同,此类协议是域间路由系统的长期解决方案。长期方案通常不考虑兼容性,而是构建一个全新的域间多路径路由体系结构。出于完整性考虑,将基于反馈的路由(feedback based routing,FBR)和 BANANAS 也归为此类,虽然它们并没有提出完整的路由体系结构,但是包含了一些未来域间多路径路由设计可能需要考虑的因素。显然,长期方案在短时间实现是不可能的,但却能够给设计短期方案带来一定的启示。

1. NIRA

NIRA(Yang,2003)提供了一种新的路由体系结构并支持用户选择路由。NI-RA 提出拓扑信息传播协议(Topology Information Propagation Protocol,TIPP)。TIPP 的主要功能是使端用户发现可用路由。NIRA 中的一个重要概念是 up-graph。up-graph 是由一个端用户的服务提供者及其提供者的提供者组成的网络。通过 TIPP 中的路径向量协议,一个端用户容易构建自己的 up-graph。TIPP 中的链路状态协议在进行链路消息通告时主要在某个 up-graph 中进行,从而增加了协议的可扩展性。NIRA 定义由顶级 AS 组成的网络称为互联网核(core)。NI-RA 只告知端用户一部分由端到互联网核的路由,因此端到端的路由是通过路由拼接完成,即由发送者到核的路由和核到接收者的路由组成。这里,发送者需要通过名字路由查找服务(name-to-route lookup service,NRLS)来获取核到接收者的路由。在 NIRA 中,顶级 AS 将分配所得网络地址进行细分授权给下一级 AS,然后这一级 AS 将所分配得到的网络地址同样进行细分授权给下一级 AS,依此类推,直到所有的末端 AS 都有网络地址。基于上层服务提供商的层次化地址分配,NIRA 允许端用户拥有多个网络地址。层次化地址分配的直接好处是,端用户的网络地址可以用来进行路由编码。NIRA 中的多路径主要是通过源地址和目的地址的不同组装实现的。在 NIRA 中,每个路由器都有 3 个路由表,分别是 uphill 路由表、downhill 路由表和 bridge 路由表。在转发过程中,路由器按照一定的顺序进行路由表查找。路由器首先根据目的地址在 downhill 表中查找,若未找到就根据源地址在 uphill 表中查找,若仍未找到就在 bridge 路由表中查找。当端用户的 up-graph 中链路出现故障时,TIPP 协议将故障信息通告给端用户,端用户可以重新组装可用路由。当目的用户的 up-graph 中链路出现故障时,由于 TIPP 协议只在 up-graph 中传播故障,因此发送者需要采用如超时等手段来判断路径故障。下面根据图 3.6 了解 NIRA 的运行过程。

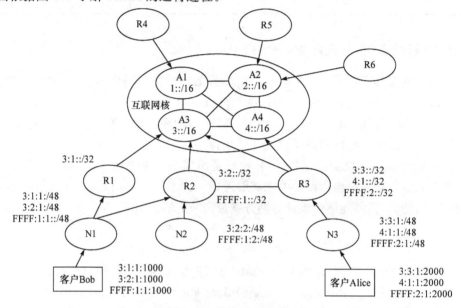

图 3.6　NIRA 示例

　　图 3.6 中,A1、A2、A3 和 A4 是处于互联网核心的路由器,分别有统一分配的地址 1::/16、2::/16、3::/16 和 4::/16。对于对等关系的 AS,NIRA 提出给他们单独分配一类地址,如 R2 和 R3 分别有对等地址 FFFF:1::/32 和 FFFF:2::/32。此时,R2 具有两个地址。然后,他们分别向自己的客户进行地址分配,例如 R1 和 R2 分别获得由 A3 分配的地址 3:1::/32 和 3:2::/32,R1 和 R2 再向其客户(如 N1 和 N2)继续分配地址。客户 Bob 获得由 N1 分配的 3 个地址。同理,客户 Alice 获得由 N3 分配的 3 个地址。这种分配的地址实际上包含了路由信息。例如 Bob 的地址 3:2:1:1000 包含了路由 N1-R2-A3。当 Bob 需要和 Alice 进行通信时,Bob 首先通过名字路由查找服务获得从核到 Alice 的 3 条路由,而自己具有 3 条到达核的路由。通过路径拼接,Bob 可以获得 5 条到达 Alice 的路由路径。Bob 将选择的路由中对应的源地址和目标地址写入报文头,途经的路由器通过对应的路由表查找顺序进行查找和报文转发。

2. 路段路由

路段路由(Godfrey et al.,2009)的核心概念之一是路段。路段是指路由的一部分。与传统的 BGP 通告整条路由不同,路段路由只通告路段。路段路由的主要思想是多个路段可以拼接组成有效的整条路由。路段路由的另一个核心概念是虚拟节点。虚拟节点的主要作用是作为路段的组成部分,也就是说,路段是由一系列虚拟节点组成的。从上层来看,路段路由可以简单看成是在一个以虚拟节点为节点和以路段为链路组成的网络上的路由。路段通告(类似于 BGP 中的路由通告)采用的是路径向量协议,路由计算则类似于链路状态协议。路径向量协议只用于进行路段信息的传播,而不对路段进行选择(与 NIRA 相似)。每条路段都携带额外信息,如路段的转发标识符和它所包含的虚拟节点序列。路段的转发标识符用于路段的查找。边缘路由器从控制平面获得路段信息,将这些信息构成一个由路段和虚拟节点组成的网络拓扑,并在此拓扑上应用最短路由算法获得路由。发送者在发送数据时需要将所途经路由的路段的转发标识符放入报文头中。路由器根据报文中的转发标识符查找转发表,若查找到对应标识符,则进行相应处理,包括转发标识符重写及将报文发至下一跳。

策略表达能力是域间多路径协议的本质属性之一。其可以作为横向比较多种路由协议的指标,用于揭示多种协议之间的内部联系。下面给出与策略表达能力相关的术语和定义。

协议配置:网络中每个路由器在一个路由协议下运行的转发表状态集合。

在同一网络拓扑下,给定协议 P 的配置 c_1 和协议 Q 的配置 c_2,c_1 蕴含 c_2 需满足下列条件。

(1) c_1 的可达(不可达)路由在 c_2 也可达(不可达)。

(2) 对于网络每一个路由器 i,$c_1(i)=c_2(i)$,其中 $c_j(i)$ 表示在协议配置 j 中路由器 i 的转发状态数目。

定义协议 P 的策略表达强于 Q,对于 Q 中的任何配置 c_2,P 中都存在一个配置 c_1,使得 c_1 蕴含 c_2。如图 3.7 所示,同一方框内的协议表示策略表达能力基本相同。P→Q 表示 P 策略表达能力强于 Q。从图 3.7 中可以看到,路段路由的策略表达能力强于大部分多路径路由协议。FBR 不仅完全独立于 BGP,并且自身包含链路的过滤机制,因此不在策略表达比较中。

3. 基于反馈的路由

FBR(Zhu et al.,2003)的核心思想是在 AS 级做源路由。FBR 将域间路由器分为边缘路由器和过渡路由器,将路由信息分为结构路由信息和动态路由信息。结构路由信息指网络的链路存在信息,而动态路由信息是指链路状态变化的信息。在 FBR 中,过渡路由器负责结构路由信息的传播,边缘路由器负责动态路由信息

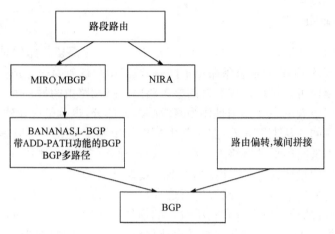

图 3.7　协议间策略表达能力关系

的检测。发送者在报文头中写入报文所途经的 AS,过渡路由器只需根据报文中的路径信息就可以进行报文转发而无须计算路由,计算路由的工作由边缘路由器完成。通过过渡路由器传播的结构路由信息,边界路由器可以得到全网的网络拓扑结构,并由此进行路由计算。FBR 中,每个边缘路由器针对每个网络(前缀)计算两条路由,一条称为主路由,另一条称为备份路由。当主路由出现故障时,报文就通过备份路由进行发送。边缘路由器周期性地对路由进行实时测量,一旦发现路由出现问题,就将问题路由所包含的链路排除并重新进行路由计算。通过只传播结构路由信息和源路由机制,FBR 的路由系统在具有很高的可扩展性同时降低了过渡路由器的复杂性。

下面根据图 3.8 介绍 FBR 的运行过程。假设 A 和 G 是边缘路由器,并且 A 是发送者,G 是接收者。当 A 得到网络拓扑信息后进行路由计算获得两条路由,分别是 A-C-F-G 和 A-B-D-E-G。A 通过测量获得两条路由的来回通信延迟(round-trip time,RTT)分别是 20ms 和 200ms,并将 20ms 的路由设为主路由。当 A 发送报文时,报文头写入主路由信息 A-C-F-G。途经的路由器根据报文头中的路由信息进行转发。同时,A 持续对两条路由进行检测,若发现问题,如主路由传输延迟突然增大,则使用备用路由进行传输。

4. BANANAS

BANANAS(Kaur et al.,2003)提出一种显式多路径路由方式,本节着重讨论其域间路由多路径机制。在 BANANAS 中,每条 AS 路由都被哈希成一个全局可认的标识,称为 e-PathID。为使每个 AS 能够获得到达每一个目的地的多条路由,BANANAS 要求 AS 向其邻居广播多条路由信息,并且发送者需要在报文头中写入 e-PathID。BANANAS 提出两个核心功能:显式出口转发和显式 AS 路由转

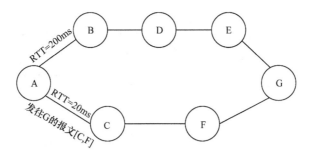

图 3.8 FBR 示例

发。显式出口转发是指,在域内为增加路由多样性,路由器可以将到达同一个网络的报文分发到不同的出口路由器上。显式 AS 路由转发要求在支持 BANANAS 路由器的转发表中每一个表项包含四部分:[目的地址,入口 e-PathID,出口接口号,出口 e-PathID]。当一个 BANANAS 路由器收到报文后,首先根据报文的目的地址和 e-PathID 查找转发表,若找到相应表项,则将报文中的 e-PathID 域改写成出口 e-PathID,然后发送到对应的出口接口上,否则报文将被丢弃。

本节主要介绍了新型域间多路径路由体系结构协议,其特点比较如表 3.4 所示。从路径数量上看,FBR 只给边缘路由器提供了针对每个网络前缀的两条路径,而 NIRA、路段路由和 BANANAS 则提供了多条路由,其中 BANANAS 提供的路由数目基于 AS 间通告路由的数目。通过观察新型域间多路径路由体系结构协议发现,路由技术组合已成为设计未来路由协议的趋势,如图 3.9 所示。具体来讲,NIRA 和路段路由都采用了链路状态协议、路径向量协议和源路由作为内部运行机制,分别负责不同的功能。FBR 基于链路状态协议计算路由,而基于源路由进行报文转发。BANANAS 则是基于路径向量协议计算路由,而采用与源路由类似的机制进行报文转发。

表 3.4 新型域间多路径路由体系结构协议

协议名称	路径多样性	控制平面开销		数据平面开销		无环路特性	可扩展性	端用户路由控制
		路由消息开销	路由平面开销	报文携带信息	转发表信息			
NIRA	高	中	低	否	多转发表	是	是	是
路段路由	中	高	高	转发标识符列表	基于转发标识符	是	是	是
FBR	高	低*	低*	AS 路径	源路由	是	否	是
BANANAS	中	中	高	e-PathID	基于目的和 e-PathID 的转发表	是	是	否

* FBR 中路由的计算和存储主要由边缘路由器完成,这里比较的是核心路由器的控制平面开销。

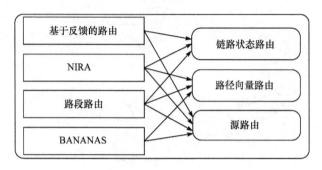

图 3.9 路由技术组合

3.2.5 域间多路径协议面临的主要问题

当前广泛使用的 BGP 存在如可靠性差、次优路由使用、对负载均衡支持差等问题。域间多路径路由被认为是解决这些问题的有效方法之一。本节集中阐述和分析主要域间多路径路由协议,并将这些协议分为三类:单径通告多路转发协议、多径通告多路转发协议和新型域间多路径路由体系结构。通过对现有研究工作分析和总结后发现,目前尚存在如下问题:

(1) 路径多样性问题。已有的域间多路径路由协议选择的备用路径不能保证高度的路径多样性。也就是说,协议所选择的备用路径可能存在很大程度的链路(或者节点)重合,因此某些单一链路(或者节点,其中域间路由的节点代表 AS)故障可能导致所有到达目标的路径不可用。跟路径多样性问题密切关联的是可扩展性问题。在保证路径多样性的同时保证协议可扩展性是未来研究的一个挑战。

(2) 域间安全性问题。域间多路径路由作为域间路由未来的发展方向,必须能够有效解决近年来日益突出的 BGP 安全问题(Butler et al.,2009)。一方面,目前的研究工作没有综合考虑多路径特性与安全问题的结合,如利用多路径路由的特性进行前缀劫持的检测;另一方面,有些域间多路径协议本身的设计就存在安全隐患,例如在 MIRO(Xu et al.,2006)中,恶意 AS 可以充当具有满足条件路由的应答 AS,从而达到监控流量的目的。基于这两个方面,可能的未来工作是:①利用域间多路径路由的自身特点,如多路径通告、多路径转发等,检测并防范前缀劫持等网络攻击行为;②设计一种安全的域间路由协议,协议机制本身能够对一些网络路由攻击进行检测和防御。

(3) 路由稳定性问题。互联网上的每个 AS 根据自己的需求独立配置路由策略。研究者发现,独立的路由策略配置和 AS 的自私性会导致持久的路由振荡,从而导致报文丢失或者路由环路出现(Griffin et al.,2002)。多路径功能在域间多路径的扩展是否可能加剧(或者减轻)路由振荡是值得研究的问题。研究表明(Agarwal et al.,2010),通过 AS 通告多条路由可以减轻甚至避免 BGP 中的路由振荡问题。然而,域间多路径路由是否本身存在路由振荡是值得研究的问题。近年来,应用路由代数验证网络协议的可收敛性是研究的热点(Sobrinho et al.,2003;Griffin et al.,2005)。如何使用路由代数对域间多路径路由进行建模,来分析域间多路径路由的收敛性具有非常重要的意义。

3.3　一种区域化的域间多路径路由协议

为提高域间路由系统的可靠性,研究者们提出在域间路由中采用多路径路由技术。然而,域间路由系统规模庞大,使得可扩展的域间多路径路由协议的设计成为一个极具挑战性的工作。全网多路径发现和维护需要增加控制平面和数据平面的开销,并且此类开销随着网络规模的增加而增长。因此,通过每个 AS 通告多条路径来提高网络层路径多样性的方法,将导致现有 BGP 所面临的可扩展性问题更加突出。

互联网路由的层次化结构(hierarchical architecture for Internet routing,HAIR)(Feldmann et al.,2009)给出了未来互联网可扩展路由体系结构,它通过标识和位置分离提高路由可扩展性。动态拓扑信息体系结构(dynamic topological information architecture,DTIA)(Amaral et al.,2009)将域间路由分为区间路由和区内路由两种,并使用区域路由提高域间路由的可扩展性。另外,出现了一些混合型路由协议,如混合链路状态和路径向量协议(Hybrid Link-state and Path-vector Protocol,HLP)(Subramanian et al.,2005)。HLP 在提供商与客户层次结构内使用链路状态路由协议,在对等体间采用路径向量路由协议,从而解决了 BGP 中可靠性差和可扩展性差的问题。然而测量结果表明,随着互联网的演化,在提供商和客户层次结构中 AS 的数目增长很快。HLP 的区域包含了顶级 AS 的所有客户,而且每个 AS 必须保持整个区域的拓扑信息。因此,在大规模网络中分发链路状态信息是不现实的,会影响协议的可扩展性。另外,文献(Zhang et al.,2009)表明,在链路状态路由协议上实现策略是非常困难的。

部分研究工作注重多路径的灵活性,允许端用户选择路径。例如,MIRO(Xu et al.,2006)允许 AS 在自身网络中对数据流具有更多的控制,并且对路径故障具有更快的反应。MBGP(Fujinoki,2008)注重于提高网络带宽。然而,MBGP 使用消息泛洪来发现多路径,消息开销扩大,因此不是一个高效的域间多路径路由机制。路径拼接(Motiwala et al.,2008)利用 BGP 中的备用路径来发现多条路径。然而,路径拼接可能会引起转发路由环路,并可能违反路由策略。NIRA(Yang,2003)允许端用户选择报文通过 AS 的顺序,而且只支持"无谷底"路由。BANAN-AS(Kaur et al.,2003)用显式 AS-PATH 转发方法来实现多路径路由。有些路由机制(Zhu et al.,2003)利用类似链路状态的路由获得整个网络的拓扑来实现源路由,从而限制了可扩展性。

　　另外,多路径路由在安全方面面临诸多挑战。多路径路由可以采用端到端认证来验证路径(Hu et al.,2004;White et al.,2003;Kent et al.,2000),但是,验证多条路径的开销远比单条路径高。另外,许多非加密解决方案可以降低路径验证的计算开销(Zhang et al.,2008;Butler et al.,2006;Goodell et al.,2003),然而,此类方案需要保存大量历史路由和 AS 级拓扑,方案可部署性差。因此,设计一种可扩展的、可靠的且安全的域间多路径路由协议成为研究人员关注的热点。

　　为提高当前互联网的可靠性和网络传输性能,多路径路由技术已逐渐应用到域间路由协议中。然而,由于域间路由系统过于庞大,域间多路径路由不仅面临可扩展性方面的严重问题,还在路由安全方面面临挑战。

　　本章提出一种基于局部路由的区域多路径域间路由(Regional Multipath Inter-domain Routing,RMI)协议。RMI 协议的主要设计目标是获得多路径,保证安全性和可扩展性,并在以上设计目标中寻求较优的折中点。RMI 协议只允许多条路径在一个特定区域内传播,对于区域之外的 AS 只需要知道区域内路径的概要信息,如路径最短长度、最小路径延迟等。这个特定区域称为邻居区域,特指 AS 的提供商和客户组成的集合。模拟结果表明,RMI 协议能够有效减少路由更新消息的数量,并缩短整个网络中的收敛时间。

　　为了增强协议的安全性,RMI 协议利用邻居区域来认证路由信息与相关邻居信息的一致性,同时提供了一种有效的轻量级方法来防止网路攻击和错误配置。本章主要考虑两类域间路由攻击类型:恶意路径攻击和恶意源攻击。分析表明,RMI 协议可以成功地检测恶意源攻击并且将恶意路径攻击限制在一个比较小的区域内。因此,与其他方法相结合,如公/私钥机制,RMI 协议能以较小的计算开销实现路由的验证。

3.3.1　RMI 协议

　　RMI 协议的主要思想是在区域内部进行多路径构建和传播,区域间的路径基于路径度量摘要(summary path metric,SPM)的方式进行传播。本节首先介绍局部单路径 RMI 协议,称为区域路径向量(Regional Path Vector,RPV)协议;然后详细给出 RMI 协议的设计。本章假设所有 AS 都应用典型的路由策略,即无谷底策略和客户优选策略。在无特别说明的情况下,这里"路径"和"路由"意义等价。

1. 局部单路径路由 RPV 协议

　　本节着重阐述 RMI 协议的单路径版本 RPV 协议,即 AS 只通告一条路径。首先,介绍邻居区域的概念;然后,具体介绍区内路由和区间路由;最后,对 RPV 协议的正确性进行理论证明。

1) 邻居区域

邻居区域是 RPV 协议的设计关键。AS 的邻居类型根据商业关系分为提供商、客户和对等体。

定义 3.1 直接邻居:与 AS 直接相连的邻居。

定义 3.2 间接邻居:与 AS 非直接相连的通过若干个相同商业关系链路的邻居。

定义 3.3 邻居区域:由一个 AS 的直接和间接提供商、直接和间接客户组成的区域。

邻居区域的构建无须考虑邻居类型是否是对等体的情况,因此直接邻居可以分为直接提供商和直接客户,间接邻居可以分为间接提供商和间接客户。邻居区域可以分为提供商区域和客户区域。提供商区域是指由直接和间接提供商组成的区域,客户区域是由直接和间接客户组成的区域。

图 3.10 中,B 是 A 的直接提供商,而 D 是 A 的间接提供商。反之,A 是 B 的直接客户,而 A 是 D 的间接客户。P_Region(A)表示 A 的提供商区域。图 3.10 中用短虚线分别圈出了 A 和 F 的邻居区域。A 的提供商区域包括 4 个提供商:B、C、D 和 E。A 是末端 AS(stub-AS),没有客户区域。F 只有一个提供商和一个客户,提供商区域和客户区域分别包含一个 AS。

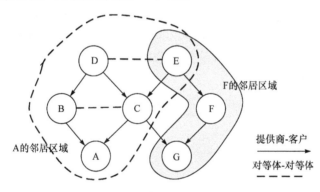

图 3.10 邻居区域的示例

下面介绍邻居区域的发现过程。AS 与邻居的商业合同协议包含了直接提供商和直接客户的信息,这些信息是构造邻居区域的基本条件。AS 的客户区域可以根据从客户学习的路由推导而出。例如,假设 AS 从客户学习的路由是[A,B,C]。根据"无谷底"策略,A、B、C 必然都是客户。然而,AS 的提供商区域却不能由提供商通告的路由构造而成。提供商通告的路由可能经过对等体-对等体或者客户-提供商链路,路由上的 AS 不一定是提供商。因此,需要设计一种方法构建 AS 的提供商区域。

RPV 中提供商区域的构造通过提供商发现协议(Provider Discovery Proto-

col,PDP)完成。这里只描述 PDP 的主要思想,后续章节将具体阐述 PDP 细节。
提供商区域的构建需要全网 AS 协同完成。首先,顶级 AS 周期性地向客户通告
一个约定的测试前缀(beacon prefix)。当 AS 接收到测试前缀的路由通告后,构建
提供商区域,并在路由通告中加入自身 AS 号,然后发送给客户。图 3.10 中,D 和
E 是顶级 AS,分别向客户通告测试前缀。最终,A 收到 D 产生的两条消息和 E 产
生的一条消息。由此,A 构建提供商区域,包括 B、C、D 和 E。

　　RPV 协议中,AS 负责构造和维护邻居区域。末端 AS 只有提供商区域,顶级
AS 只有客户区域,而传输 AS 既有提供商区域也有客户区域。RPV 协议中 AS 不
需要向邻居通告客户区域而只须通告提供商区域,主要原因是:①提供商区域信息
可以确保 AS 判断到达目的前缀路由的传播范围;②通过对实际互联网的测量,提
供商区域的规模远小于客户区域,从而基于提供商区域的多路径通告不会显著增
加消息开销。

　　2)提供商区域信息通告

　　RPV 中 AS 向所有邻居通告拥有路由前缀的同时发送根据提供商区域生成
的提供商列表。需要强调的是,AS 发送的提供商列表必须包含其所有的提供商。
一般情况下,AS 通过 PDP 可以获得完整的提供商列表。然而,某些情况下,PDP
生成的提供商区域只包括部分提供商。例如,在 BGP 中,AS 通过静态配置或使用
私有 AS 编号跟多个提供商连接,从而导致多源 AS 冲突(multiple origin autono-
mous system,MOAS)(Zhao et al.,2001),也就说,AS 通告的路由前缀由多个 AS
宣告拥有。为解决上述问题,RPV 协议要求提供商通告使用静态配置或者私有
AS 编号客户的提供商列表。

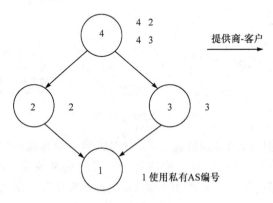

图 3.11　多源 AS 的例子

　　例如,图 3.11 中,1 使用私有 AS 编号,导致了 1 宣告的前缀看似是由 2 和 3
拥有的。在 RPV 中,当 2 和 3 通告 1 的前缀时,需通告 1 的提供商列表{2,3,4}而
不是他们自己的提供商列表{4}。

3）区内路由与区间路由

本节首先介绍区内路由（intra-region route）的定义、区内路由的特征和区内路由传播规则，然后介绍区间路由的定义、区间路由的特征和区间路由传播规则。

定义 3.4　区内路由：在 AS 的邻居区域内，到达该 AS 的路径。

区内路由实质上跟 BGP 路由相同，包含到达目的前缀的 AS 路径。区内路由用 $(u_i, u_{i-1}, \cdots, u_0)$ 表示，其中，u_0 表示源 AS，即宣告路由前缀的 AS。基于邻居区域的特点，区内路由具有下列特征：

特征 3.1　给定区内路由 $(u_i, u_{i-1}, \cdots, u_0)$，那么 u_i 是 u_0 的客户或者提供商。

例如在图 3.10 中，A 有区内路径 [A,C,E] 到达 E，而 E 拥有区内路径 [E,F,G] 到达 G。A 是 E 的客户，而 E 是 G 的提供商。

当 AS 通告前缀时，根据邻居的类型构建路由通告。当邻居是提供商或者客户时，AS 构建区内路由通告，将 AS 号置入区内路由通告给邻居；当邻居是对等者时，AS 需要构建区间路由通告（将在 3.3.2 小节介绍）。每个区内路由通告针对一个前缀并包含宣告此前缀的 AS 的提供商列表。

当接收到区内路由通告时，AS 首先进行环路检测，即查看其 AS 号是否在区内路由中。在确定区内路由不含环路后，AS 决定是否采用这条路由。当 AS 有到达同一前缀的多条路由时，需要从中选出最优路由。

在选择最优区内路由后，AS 根据导出策略设置和源 AS 的邻居区域信息来决定是否将这条路由通告给邻居 AS。如果此路由允许通告，那么 AS 将根据后面的区内路由传播规则将路由通告给邻居。

规则 1　Uphill 规则：AS 必须向提供商发送区内路由。

Uphill 规则是指 AS 无须检查区内路由通告所含的提供商列表，而直接向提供商转发区内路由。此时，根据"无谷底"策略，区内路由一定是来自 AS 的客户。图 3.12 中，节点旁的路径是路由表中的可用路径，并根据优先级高低从上至下排列，A 宣告目的前缀。根据 Uphill 规则，C 和 B 直接向 D 发送路由。

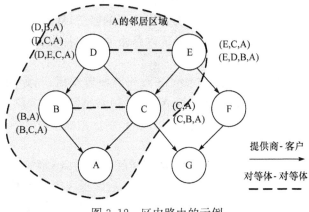

图 3.12　区内路由的示例

规则 2　源 AS 提供商规则:如果 AS 的邻居是源 AS 的提供商,那么 AS 必须向其发送区内路由。

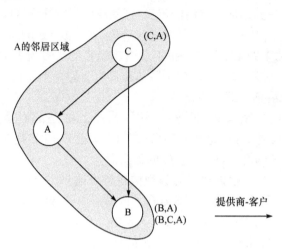

图 3.13　源 AS 客户规则

根据规则 2,AS 除向提供商发送区内路由外,也向是源 AS 提供商的邻居发送区内路由。图 3.12 中,假设 D 想向 C 发送从 B 学习的区内路由。显然,C 不是 D 的提供商,D 需要考虑 C 是否在 A 的提供商列表中。根据接收的路由通告所包含的提供商列表,D 确认 C 是 A 的提供商。于是,D 可以向 C 发送区内路由。

规则 3　源 AS 客户规则:如果 AS 的客户是源 AS 的客户,那么 AS 必须向其发送区内路由。

在图 3.13 中,A 宣告网络前缀并将其通告给 B 和 C。C 向 B 发送区内路由前,C 首先检查 B 是否符合规则 2,发现不符合,继而执行规则 3。但是,由于 RPV 协议只通告提供商区域信息,因此 C 无法获得 A 的客户区域。但是,C 可以使用 B 的提供者列表来检查 A 是否是 B 的提供商,从而判断 B 是否是 A 的客户。B 的提供商列表中包含 A 和 C,因此 C 确定 B 是源 AS A 的客户,从而向 B 发送区内路由。

规则 4　顶级 AS 前缀规则:如果区内路由通告中提供商列表为空,那么 AS 必须将通告中的区内路由发送给客户。

顶级 AS 没有提供商区域。顶级 AS 宣告路由前缀后,与此前缀相关的提供商列表为空,因此 AS 可以将到达顶级 AS 的区内路径发送给客户。在图 3.12 中,假设 D 通告前缀给 B 和 C。根据规则 4,B 和 C 将区内路由发送给 A。

下面介绍区间路由。

定义 3.5　区间路由:AS 向源 AS 的邻居区域外的 AS 通告的路由。

根据区内路由传播原则,当 AS 不允许向邻居发送区内路由时,必须构建区间路由替代区内路由并发送给邻居。区间路由由两部分组成:源区域路径(source regional path,SRP)和路径度量摘要(summary path metric,SPM)。SPM 是区内路由的某个属性,如最短路径长度或者传播延迟。本章使用最短路径长度作为区内路由的 SPM。SRP 是由 AS 到达源 AS 的邻居区域边缘 AS 的路径。当 AS 构造区间路由通告时,将 AS 号置入 SRP 中。区间路由用 $[(P):n]$ 表示,其中 P 表示源区域路径,n 表示 SPM。

源 AS 通告区内路由给客户和提供商,而通告区间路由给对等体。在后一种情况中,首先,源 AS 将 AS 号写入 SRP,并将 SPM 置为 0;然后,源 AS 将这条区间路由发送给对等体。根据无谷底策略,非源 AS 只能将区间路由发送给客户。基于此,区间路由具有下列特征:

特征 3.2　给定到达 u_0 的区间路由 $[(u_i, u_{i-1}, \cdots, u_k):n]$,那么 u_k 是 u_0 的提供商,而 u_{k+1} 是 u_k 的客户或对等体。

当 AS 生成区间路由时,对应区内路由的提供商列表需要跟区间路由一起通告。后续章节将应用提供者列表验证路由信息的合法性。另外,尽管 AS 不愿意泄露跟其他 AS 的提供商-客户关系,但是实际上大部分的提供商-客户关系都可以从路由更新中推导出来。

AS 完成构建区间路由并将其发送给邻居后,邻居 AS 在完成最优区间路由选择后,将自身 AS 号放入 SRP,然后根据后面的区间路由传播规则将路由通告给邻居。

规则 5　Downhill 规则:AS 必须将区间路由发送给客户。

AS 无须检查任何邻居区域必将区间路由发送给客户。因为区间路由只允许发送给客户,这条路由主要由一系列的提供商组成。另外,每个 AS 仍然采用类似 BGP 的路径选择策略来选取最优的区间路由。

如图 3.14 所示,C 将区间路由 $[(C):1]$ 通告给 G,而 E 将路由 $[(E):2]$ 通告给 F。F 从 E 收到区间路由后,在 SRP 中添加 AS 号并将路由发送给 G。

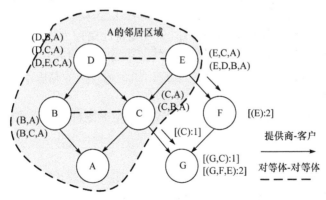

图 3.14　区间路由示例

4）RPV 协议的正确性

本节首先证明区内路由传播范围的确定性，然后证明 RPV 协议的无环性。为方便描述，将无谷底策略和客户优选策略合称为典型路由策略。

定理 3.1　如果 AS 服从典型路由策略和区内路由传播规则，那么区内路由必在源 AS 的邻居区域中传播。

根据区内路径特征及邻居区域定义易证，略。

定理 3.2　如果 AS 服从典型路由策略、区内路由传播规则和区间路由传播规则，那么 RPV 协议在任何时刻都不包含路由环路。

证明：在源 AS 的邻居区域内，RPV 协议基于路径向量协议通告路由，从而确保区内路由的无环性。因此，只需证明区间路由的无环性，即证明 SRP 上的 AS 必定不在 SPM 所对应的区内路径上。

下面使用反证法证明：假设 u 发送区内路由给 v，如图 3.15 所示。图中，无箭头实线表示对等体-对等体或者提供商-客户关系，带箭头实线表示提供商-客户关系，带箭头的虚曲线表示若干个提供商-客户关系序列，n 表示 u 和 v 的最短距离，阴影区域表示 u_0 的邻居区域。如图 3.15 所示，v 构建区间路由并将其发送给 w，最终，x 将此路径发送给 u，u 具有区内路由，因此 u 是 u_0 的提供商或者客户。下面分两种情况讨论。

情况一：u 是 u_0 的提供商。如图 3.15(a) 所示，u 有区间路径 $[(u, x, \cdots, w, v): n]$，其中 n 是 v 到 u_0 路径的 SPM。显然，此区间路径含有环路。根据 Downhill 规则，x 必定是 u 的提供商。而 u 是 u_0 的提供商，因此 x 是 u_0 的提供商。同理，w 是 u_0 的提供商。然而，v 构建区间路由并将其发送给 w，与源 AS 提供商规则矛盾。

情况二：u 是 u_0 的客户。如图 3.15(b) 所示，u 有区间路径 $[(u, x, \cdots, w, v): n]$，其中 n 是 v 到 u_0 路径的 SPM。显然，此区间路径含有环路。这里，考察区间路径的构建过程。首先，u 有区内路由并将其发送给 v，另外，由于此条区内路由是 u 从提供商学习而来，根据无谷底策略，u 只能将此路由发送给客户，因此 u 必定是 v 的提供商。类似地，w 必定是 v 的客户，从而 v 构建区间路由并将其发送给 w，根据 Downhill 规则，x 必定是 v 的客户。当 x 通告区间路由给 u 时，u 必定是 x 的客户。因此，u 是 v 的客户，结论相互矛盾。

综上所述，在定理的假设下，RPV 协议在任何时刻都不包含路由环路。

证毕。

5）路径类型度

路径类型度是指 AS 具有路由的类型。在 RPV 协议中，路由分为两类：区内路由和区间路由。路径类型度的理解有助于 AS 进行路由信息的验证。本节着重解释路径类型度和邻居区域之间的关系。后续章节将阐述如何利用提供商区域验证路径合法性。

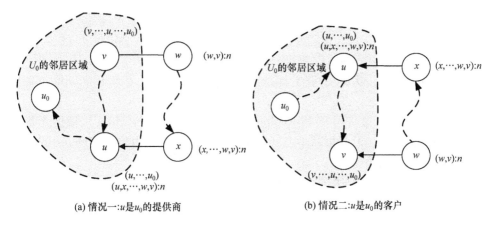

(a) 情况一:u 是 u_0 的提供商　　　　　　(b) 情况二:u 是 u_0 的客户

图 3.15　定理 3.2 的证明辅助图

本节后续讨论中,假设 u_0 向邻居通告网络前缀,u_i 接收到一条或者多条路径。这里主要考察 u_i 上的路径类型度。

首先,考虑 u_i 在 u_0 的邻居区域中的情况,有下列引理。

引理 3.1　如果 u_i 是 u_0 的提供商,那么 u_i 的路由都是区内路由。

证明:因为 u_i 是 u_0 的提供商,所以根据 Uphill 规则,u_i 至少含有一条区内路由。下面用反证法证明。假设 u_i 的路由中存在区间路由 $[(u_i,u_{i-1},\cdots,u_{k+1},u_k):n]$,其中,$u_k$ 构建区间路由并发送给 u_{k+1},u_k 到 u_0 的最短路径距离是 n。根据特征 3.2,u_k 是 u_0 的提供商,u_{k+1} 是 u_k 的客户或对等体。

下面分两种情况讨论。

(1)u_{k+1} 是 u_k 的客户。根据无谷底策略,u_{k+2} 必定是 u_{k+1} 的客户,依此类推得出,u_i 必定是 u_{k+1} 的客户,即 u_{k+1} 是 u_i 的提供商,u_i 是 u_0 的提供商,因此 u_{k+1} 是 u_0 的提供商。根据源 AS 提供商规则,u_k 只能发送区内路由给 u_{k+1}。

(2)u_{k+1} 是 u_k 的对等体。利用类似(1)的证明方法得出 u_k 只能发送区内路由给 u_{k+1}。

综上所述,u_k 只能发送区内路由给 u_{k+1},与假设矛盾。因此,如果 u_i 是 u_0 的提供商,那么 u_i 的路由都是区内路由。

证毕。

引理 3.2　如果 u_i 是 u_0 的客户,那么 u_i 的路由必有区内路由。

证明:因为 u_i 是 u_0 的客户,所以根据无谷底策略,u_i 只能从提供商学习到路由。不妨假设 u_i 有 k 个直接提供商,分别是 $p_1,p_2,\cdots,p_k$。如果上述直接提供商均在 u_0 的邻居区域内,那么根据源 AS 客户规则,u_i 的路由必定是区内路由。如果上述直接提供商中有 m 个提供商在 u_0 的邻居区域外,那么根据 Downhill 规则,u_i 从这 m 个提供商学习的路由是区间路由。显然,不可能所有直接提供商都在 u_0 的邻居区域外,否则,u_i 将不可能是 u_0 的客户,与假设矛盾。

证毕。

定理 3.3　如果 u_i 既有区内路由又有区间路由,那么 u_i 必定是 u_0 的客户。

根据引理 3.1 和引理 3.2 易证,略。

定理 3.4　u_i 到达 u_0 的路由都是区间路由当且仅当 $u_i \notin \mathrm{P\_Region}(u_0)$ 并且 $u_0 \notin \mathrm{P\_Region}(u_i)$。

证明:充分性。由于 $u_i \notin \mathrm{P\_Region}(u_0)$ 并且 $u_0 \notin \mathrm{P\_Region}(u_i)$,根据无谷底策略,$u_i$ 只可能从 u_0 的提供商学习到路由。又根据区内路由传播规则,u_0 的提供商只可能发送区间路由给 u_i。

必要性。由于 u_i 到达 u_0 的路由都是区间路由,根据区间路由传播规则,$u_i \notin \mathrm{P\_Region}(u_0)$。证明 $u_0 \notin \mathrm{P\_Region}(u_i)$ 采用反证法。假设 $u_0 \in \mathrm{P\_Region}(u_i)$,根据引理 3.2,$u_i$ 必有区内路由,与假设矛盾。因此,$u_0 \notin \mathrm{P\_Region}(u_i)$。

证毕。

定理 3.5　如果 u_i 有区内路由 $(u_i, u_{i-1}, \cdots, u_0)$,与 u_{i-1} 是对等关系,那么 u_i 必定是 u_0 的提供商,且具有另外一条经由客户的区内路由。

证明:根据无谷底策略,u_{i-1} 必定是 u_0 的提供商。否则,u_{i-1} 将不能向 u_i 通告路由。根据特征 3.1,u_i 是 u_0 的提供商或者客户。假设 u_i 是 u_0 的客户,则 u_i 是 u_{i-1} 的客户,与 u_i 和 u_{i-1} 的对等关系矛盾。因此,u_i 必定是 u_0 的提供商,从而 u_i 必定可以经过一系列提供商-客户链路到达 u_0。由此可得,u_i 具有另外一条经由客户的区内路由。

证毕。

2. RMI 协议设计

RMI 协议主要由三部分组成:多路径 RPV 协议、PDP 及区内路由与区间路由传播规则。首先举例说明 RMI 位于多路径路由上在减少消息开销方面的优势,然后具体介绍 PDP 和前缀通告处理过程。

1) RMI 协议实例

图 3.16 中,1 是源 AS,AS 采用路径全通告方式,即向邻居通告所有路径。网络达到稳定状态后,5 有 3 条路径到达 1,分别是 $(5,3,4,1)$、$(5,3,1)$ 和 $(5,3,2,1)$。$(5,3,1)$ 是 5 使用的主路径。5 利用最短路径长度对 3 条区内路径生成 SPM,构建区间路由: $[(5):2]$。9 有两条区间路由: $[(9,7,6,5):2]$ 和 $[(9,8,6,5):2]$。此时,如果链路 1-3 失效,那么 5 切换到路由 $(5,3,2,1)$,而不向 6 通告任何信息,从而减少了消息开销。

2) PDP 设计

提供商区域的生成过程由顶级 AS 开始。顶级 AS 构建拓扑信息报文(topology information packet,TIP),将测试前缀通告给客户。TIP 有三个域:①源域,记录顶级 AS 的测试前缀;②序列号域,区分不同时间接收的来自同一个顶级 AS 的

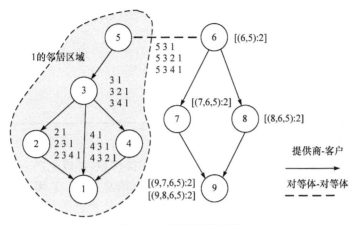

图 3.16　RMI 协议示例

TIP;③提供商域,记录此 TIP 经过的 AS。根据从提供商接收的 TIP,AS 构建提供商区域,更新 TIP 相关域,并将其发送给客户。具体实现过程见算法 3.1。

算法 3.1　PDP 算法

```
Set current AS=M
if P_Region(M)为空 then
  if M.provider_set 为空 then
    Construct P_Region(M)
    Construct TIP
    for M.provider_set 中每个 ASP do
      Send TIP to AS P
    end
  end
  if M.provider_set 非空 then
    if M 接收到提供商所有的 TIPs then
      Construct P_Region(M)
      Construct TIP
      for M.customer 中每个 ASP do
        Send TIP to AS P
      end
    end
  end
end
if P_Region(M)非空 then
  if P_Region(M)链路状态改变或者 M 收到新的 TIP then
    Construct P_Region(M)
```

```
Construct TIP
  for M.customer_set 的每个 AS P do
    将 TIP 发送给 AS P
  end
 end
end
```

3) 前缀通告处理算法

在通告前缀前,AS 首先利用 PDP 构建提供商区域,并以此产生提供商列表。AS 通告前缀的同时发送提供商列表。为控制消息尺寸,采用 Bloom 滤波器(Bloom,1970)对提供商列表进行汇聚。前缀通告包含目的前缀、源 AS、路由、SPM、度量 ID 和包含提供商列表的 Bloom 滤波器。SPM 为空时,是区内路由;否则,路由通告包含的路由就是区间路由。度量 ID 表示 SPM 类型,0 默认表示路径最短距离。算法 3.2 是前缀通告处理算法,P. SPM 表示区间路由中的 SPM,P. PL 表示跟路由关联的提供商列表。

算法 3.2　前缀通告处理算法

```
Set current AS=M
if M 接收到前缀 p 的前缀通告 Q then
  选择最佳路径和备选路径
  for 最佳路径和备选路径中的每一个 P do
   if P.SPM 为空 then
     for M.neighbor_set 中的每个 AS N do
       if P.PL 为空或者 N 在 P.PL 中 then
         M 追加 AS 编号并转发 P 给 N
       else
         if 源 AS 在 N 的提供商区域 then
           M 追加 AS 编号并转发 P 给 N
         else
           M 摘要这条路径
           M 更新 P.SPM 并转发通告给 N
         end
       end
     end
   end
   if P.SPM 非空 then
     for M.neighbor_set 的每个 AS N do
       if AS N 是客户 then
```

```
        M追加 AS 编号并转发 P 给 N
      end
    end
  end
end
```

3.3.2　基于提供商区域的安全增强方法

域间路由系统的安全威胁主要分为两类：错误配置和路由攻击。如果路由协议的设计存在缺陷，那么在实际的网络运行时就会导致由误操作产生的错误配置现象，以及由恶意破坏产生的路由攻击现象。在 BGP 路由系统中，由于缺乏必要的安全认证机制，AS 之间必须无条件地信任路由宣告的内容，安全问题日益严重，因此必须考虑增强 RMI 协议的安全性。

路由通告携带的提供商列表包含源 AS 与邻居的关系。本节讨论如何利用这种关系来检测错误配置和路由攻击。主要考虑两种常见的路由攻击方式：恶意路径攻击和恶意源攻击。RMI 协议允许 AS 检查接收到的路由和目的前缀的提供商区域来验证路由信息的合法性。

1. 一致性检测准则

AS 通过检查路由和目的前缀提供商区域的一致性来验证路由的合法性。以 u 为例，所有路由均针对同一个目的前缀，可以使用下列准则进行一致性检查。

（1）u 接收到的多条路由所关联的提供商列表必须是一致的。

（2）u 接收到的区内路由所关联的提供商列表中包含 u，否则，源 AS 必定在 u 的提供商区域内（根据特征 3.1）。

（3）创建区间路由的 AS 必定在源 AS 的提供商区域内（根据特征 3.2）。

（4）u 只能从提供商或对等体学习到区间路由（根据 Downhill 规则及区间路由定义）。

（5）如果 u 的路径类型度包含区内路由和区间路由，那么源 AS 必定在 u 的提供商区域内（基于定理 3.3）。

（6）如果 u 的路由都是区间路由，那么源 AS 和 u 必定不在对方的提供商列表中（基于定理 3.4）。

（7）如果 u 有学自对等体的区内路由，那么 u 必有学自客户的区内路由（基于定理 3.5）。

任何违背上述准则的路由应认为是恶意路由。

2. 错误配置检测

以上 7 条准则可用来检测 AS 的错误配置。然而，RMI 利用 Bloom 滤波器对提供商区域信息进行了汇聚，由于 Bloom 滤波器存在假阳性，因此错误配置的检出可能存在误判。假阳性意味着 AS 认为邻居在源 AS 的提供商区域中，而事实并非如此。结果，AS 错误地发送给了邻居区内路由。需要注意的是，Bloom 滤波器只描述假阳性，因此 AS 错误地发送区间路由的情况是不存在的。

在图 3.16 中，假设 5 所知的源 AS 的提供商信息存在假阳性，结果，5 错误地给 6 发送了区内路由。当 6 收到这条路由后，利用准则(7)可以检测出错误。具体地说，根据 5 与 6 的对等关系，6 必须有另一条通过客户的区内路由。如果没有符合条件的路由，那么 6 就检测到错误。这种方法可以解决 Bloom 滤波器的假阳性引起的问题。

3. 恶意路径攻击检测

恶意路径攻击是指 AS 通告恶意篡改的路由。篡改的路径不能代表到达目的前缀的真实路径，从而达到欺骗其他 AS 将流量发送给恶意 AS 的目的。本节主要讨论客户针对提供商的恶意路径攻击。提供商针对客户的路径攻击不具有实际意义，因为客户流量总会通过它的网络。

为阐述简洁，有一条或者多条区间路径的攻击者的提供商称为外部提供商，简称"外"；有一条或者多条区内路径的攻击者的提供商称为内部提供商，简称"内"；恶意区内路径攻击简称为区内攻击；恶意区间路径攻击简称为区间攻击。根据攻击者位置和路径类型，路径攻击分为四类：对"外"区间攻击、对"外"区内攻击、对"内"区间攻击和对"内"区内攻击。本节通过多个例子分别阐述外部提供商和内部提供商如何使用 7 条准则检测不同的路径攻击。这里，假设外部提供商和内部提供商至少有一条合法路径。假设的合理性在于高度互连的互联网拓扑结构使得 AS 一般都具有合法路径。另外，假设路由(包括篡改路径)必须携带正确的提供商列表；否则，由准则(1)可得出发生了路由攻击。

1) 对"外"区间攻击

假设外部提供商和攻击者不在源 AS 的邻居区域中，如图 3.17 所示，其中，灰色圆圈表示攻击者，连接攻击者的细虚曲线表示攻击使用的虚构链路，带下划线的路径表示恶意路径。图 3.17(a)中，攻击者假装创建区间路由。图 3.17(b)中，攻击者假装转发来自其他 AS 的区间路由。在这两种情况中，外部提供商可以根据准则(3)或者准则(4)检测到路径攻击。5 在图 3.17(a)中的路径[(6):1]和图 3.17(b)中的路径[(6,2):1]都来自客户，但发现 6 不在源 AS 的提供商列表中，违反了准则(3)，从而检测到攻击。

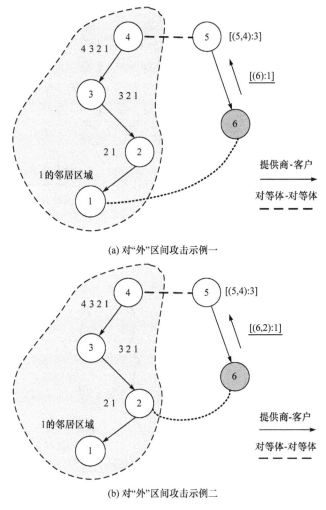

(a) 对"外"区间攻击示例一

(b) 对"外"区间攻击示例二

图 3.17　对"外"区间攻击

2）对"外"区内攻击

同对"外"区间攻击一样，假设外部提供商和攻击者不在源 AS 的邻居区域中。攻击者假装向外部提供商发送区内路由，此时，外部提供商可以根据准则(5)检测到攻击。如图 3.18 所示，6 发送区内路径给 5。5 收到路径后，具有区内路由和区间路由，但发现源 AS 不在其提供商区域中，违反准则(5)，从而检测到攻击。

3）对"内"区间攻击

这里假设攻击者在源 AS 的邻居区域内，并发送恶意区间路由到内部提供商。此时，内部提供商可以根据准则(4)检测到攻击。如图 3.19 中，3 发送恶意区间路径给 4，从而 4 从客户学习到区间路径，与准则(4)冲突，从而检测到攻击。

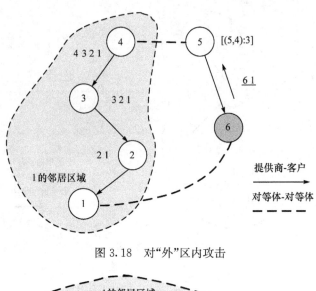

图 3.18　对"外"区内攻击

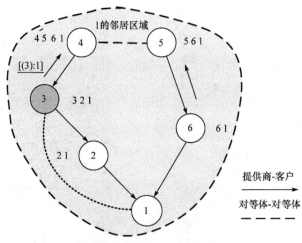

图 3.19　对"内"区间攻击

4) 对"内"区内攻击

同对"内"区间攻击一样,假设攻击者在源 AS 的邻居区域内,并发送恶意区内路径给内部提供商。图 3.20 中,3 发送恶意区内路径(3,1)给 4。此类攻击跟 BGP 路径攻击相似,提供商列表不包含具体链路关系,例如,4 无法知道 3 与 1 之间是否存在链路。因此,4 无法根据提供商列表检测到此类攻击。但是在 RMI 中,攻击者的位置具有确定性,即只有源 AS 的提供商能发起此类攻击。实际应用中,可以利用 AS 拓扑信息辅助检测此类攻击。

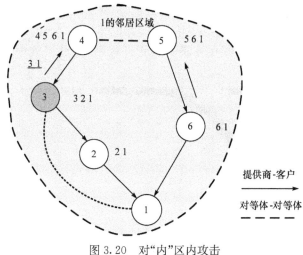

图 3.20　对"内"区内攻击

4. 恶意源攻击检测

恶意源攻击指攻击者通告他人拥有的网络前缀,从而使前缀的真正拥有者成为受害者。攻击者的非法路由在路由系统中传播,使用非法路由的 AS 称为感染者。在数据平面,感染者将给受害者的数据转发给攻击者。恶意源攻击会导致一个网络前缀拥有两个或多个源 AS(multiple origin AS,MOAS)冲突。然而,前面提到,静态配置或使用私有 AS 号也会导致 MOAS 冲突。因此,恶意源攻击检测的要求是 AS 能够区分正常的多源情况和恶意源攻击。

RMI 利用提供商列表检测恶意源攻击。RPV 协议要求提供商通告使用静态配置或者私有 AS 号客户的提供商列表,假设 v 有相同前缀的多条源 AS 不同的路径,则 v 具有不同源 AS 的提供商列表。v 通过检查提供商列表的一致性及源 AS 是否在提供商列表中可以检测恶意源攻击。

3.3.3　性能评价

本节通过模拟实验验证 RMI 协议在可扩展性上的优势。RMI 在提供商区域内进行多路径通告。因此,提供商区域的规模决定更新消息的数目。本节首先测量实际互联网中提供商区域的规模分布,然后介绍实验设置,接着根据网络事件的类型分别测量 RMI 协议的消息开销和收敛时间。

1. 提供商区域的规模分布

测量数据集是 Oregon Route View[①] 在 2000 年 5 月 1 日和 2010 年 5 月 1 日

---

① University of Oregon Route Views Project. http://www.routeviews.org/.

采集的 BGP 更新报文。这里基于 BGP 更新报文和 AS 的关系（Gao et al.，2001），建立带商业关系标注的 AS 拓扑图，并推导出各 AS 的提供商区域。根据相隔 10 年的 BGP 数据，考察在互联网演变过程中，互联网规模和 AS 提供商区域规模的变化。

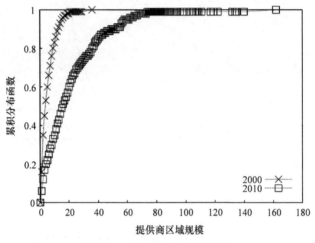

图 3.21　提供商区域规模分布

　　从图 3.21 中看出，2000 年，约 60% 的 AS 提供商区域规模小于 6 个，约 10% 的 AS 多于 10 个，其中，最大的提供商区域包含 36 个 AS。2010 年，仅 25% 的 AS 的提供商区域规模小于 6 个，约 80% 的 AS 小于 40 个，其中，最大的提供商区域包含 162 个 AS。对比表明，随着互联网的演化，AS 跟更多的提供商进行互联。作者以同样的方式统计了客户区域的规模分布。跟客户区域相比，提供商区域规模小得多。例如，2010 年，AS 2914 客户区域有 13854 个 AS。

　　RMI 协议只通告提供商区域信息，并利用 Bloom 滤波器进行编码来控制路由更新大小。测量表明，多数 AS 提供商规模小于 40 个，可以使用较少位的区域来构建 Bloom 滤波器，并确保满足假阳率。

　　2. 实验设置

　　为验证 RMI 协议性能，本章对 simBGP 进行修改并实现了 RMI 协议所有重要功能，包括多路径通告、PDP 及路由传播规则。AS 多路径通告方式是全路径通告。实验拓扑采用由 Dimitropoulos（Dimitropoulos et al.，2007）根据实际互联网数据推导而出的 AS 级拓扑图，该拓扑图中标注有 AS 之间的商业关系及互联网中复杂的结构特征。

　　本章采用的是 1000 个节点的拓扑，此拓扑有 818 个末端 AS，其中，515 个末端多宿主 AS。实验分别运行了三个协议：RMI、BGP 和多路径通告 BGP（BGP＋full），具体参数设置如表 3.5 所示。模拟实验对三个协议在前缀通告和链路失效场景下的收敛时间和消息数量进行了比较,采用 100～800 个节点的拓扑(以 100 为递增单位)。

表 3.5　实验参数设置

参数名称	设置值
MRAI	30s
SSLD,WRATE	True,False
出口和入口策略	Gao-Rexford 策略
MRAI 扰动值	uniformly$[0.75,1] \cdot$ MRAI
链路排队延迟	uniformly$[0.01,0.1]$ms
路由器处理和 FIB 更新延迟	uniformly$[0.001,0.01]$ms
多路径通告方式	全通告

3. 实验结果

1)前缀通告

每次选取一个末端 AS 通告前缀,每个协议共进行 818 次实验。网络达到稳定状态后,记录消息数量并计算收敛时间(网络稳定时刻减去前缀通告时刻)。TIP 的处理过程比路由消息简单得多,因此消息数量不包括 TIP。从图 3.22 可以看出,RMI 在消息数量上明显少于 BGP 和 BGP+full。具体地讲,在 70% 的前缀通告事件中,BGP+full 产生的消息数量多于 3000 条。最坏情况下,BGP+full 产生了 5777 条消息。由此可见,简单地在 BGP 上以全通告方式传播路由,尽管可以获得最多的路径多样性,但是消息开销巨大,因此是不可行的。RMI 虽然进行了极端全路径通告,但仍有约 74% 的事件消息数量少于 2000 条,而 BGP 只有约

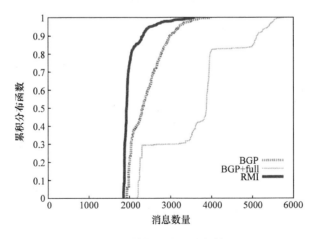

图 3.22　前缀通告的消息数量

20%的事件有少于 2000 条的消息数量。由此可见,RMI 在获得多路径的情况下产生比 BGP 更少的消息开销,原因是 RMI 利用提供商区域控制了多路径的传播和网络收敛时的路径探索。从图 3.23 中的累积分布函数可以看出,RMI 的收敛速度比 BGP 和 BGP+full 都快。特别地,RMI 在约 80% 的事件中收敛时间短于30s,BGP 只有在 30% 的事件中收敛时间短于 30s,而 BGP+full 收敛时间都在 50s以上,极端情况下甚至达到 113s。

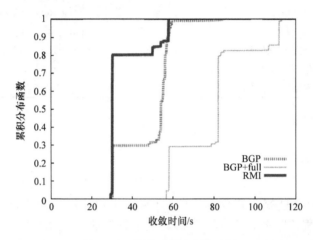

图 3.23　前缀通告的收敛时间

2) 链路失效

　　针对每个协议,每次实验选取一个多宿主末端 AS 为前缀通告者,并选择其与提供商间的链路作为失效链路。前缀通告后,网络处于稳定状态时,断开源 AS 与提供商间的一条链路,并等待网络再次处于稳定状态。每个协议均运行 1198 次,即遍历所有多宿主末端 AS 与提供商间的链路。从图 3.24 的累积分布函数分布可以看出,RMI 消息数量明显小于 BGP 和 BGP+full。RMI 所有事件中产生的消息数量均小于 130 条,在约 50% 的事件中消息数量只有不到 50 条。然而,BGP+full 由于在全网通告路径失效,最好情况下,消息数量也达到 2163 条。平均来看,RMI 产生 28 条消息,BGP 产生 844 条消息,而 BGP+full 产生 2609 条消息。由此可见,在链路故障中,RMI 的消息控制是非常有效的。从图 3.25 的累积分布函数分布可以看出,RMI 在约 79% 的事件中收敛时间不到 1s。平均来看,RMI 收敛速度比 BGP 快 3.5 倍,比 BGP+full 快 11.4 倍。

　　图 3.26 显示消息开销与网络拓扑之间的关系。不难发现,RMI 消息开销随着网络规模的增长而线性增长,具有良好的可扩展性。

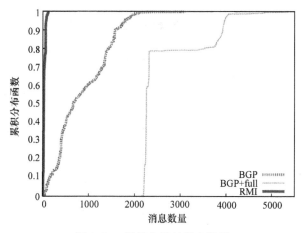

图 3.24　链路失效的消息数量

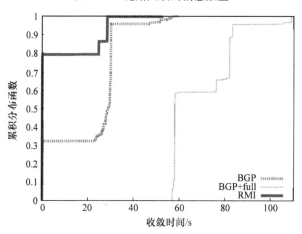

图 3.25　链路失效的收敛时间

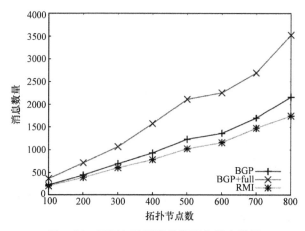

图 3.26　不同拓扑下的前缀通告消息数量

参 考 文 献

戴斌. 域间多路径路由关键技术研究[D]. 长沙：国防科学技术大学，2011.

Agarwal R，Jalaparti V，Caesar M，et al. 2010. Guaranteeing BGP stability with a few extra paths [C]//Proceedings of 2010 International Conference on Distributed Computing Systems，Washington，221-230.

Amaral P，Ganhao F，Assuncao C，et al. 2009. Scalable multi-region routing at inter-domain level [C]//Proceedings of the 28th IEEE Conference on Global Telecommunications，Honolulu，641-648.

Beijnum I，Crowcroft J，Valera F，et al. 2009. Loop-freeness in multipath BGP through propagating the longest path[C]//Proceedings of International Workshop on the Network of the Future(Fut-Net 2009)，Dresden，1-6.

Bloom B H. 1970. Space/time trade-offs in hash coding with allowable errors[J]. Communication of the ACM，13(7)：422-426.

Butler K R B，McDaniel P，Aiello W. 2006. Optimizing bgp security by exploiting path stability [C]//ACM Conference on Computer and Communications Security，Alexandria，298-310.

Butler K，Farley T，McDaniel P，et al. 2009. A survey of BGP security issues and solutions[J]. Proceedings of the IEEE，98(1)：100-122.

Callon R. 1990. RFC1195：Use of OSI IS-IS for routing in TCP/IP and dual environments[S].

Dimitropoulos X，Krioukov D，Vahat A，et al. 2007. Graph annotations in modeling complex network topologies[J]. ACM Transactions on Modeling and Computer Simulation，19(4)：1-29.

Feldmann A，Cittadini L，Muhlbauer W，et al. 2009. Hair：Hierarchical architecture for Internet routing[C]//Proceedings of the 2009 Workshop on Re-architecting the Internet，Rome，43-48.

Fujinoki H. 2008. Multi-path BGP(MBGP)：A solution for improving network bandwidth utilization and defense against link failures in inter-domain routing[C]//Proceedings of IEEE International Conference on Networks，New Delhi，1-6.

Gao L. 2001. On inferring autonomous system relationships in the Internet[J]. IEEE/ACM Transactions on Networking，9(6)：733-745.

Gao L，Rexford J. 2001. Stable Internet routing without global coordination[J]. IEEE/ACM Transaction on Networking，9(6)：681-692.

Godfrey P，Ganichev I，Shenker S，et al. 2009. Pathlet routing[J]. ACM SIGCOMM Computer Communication Review，39(4)：111-122.

Goodell G，Aiello W，Griffin T，et al. 2003. Working around BGP：An incremental approach to improving security and accuracy of interdomain routing[C]//Proceedings of NDSS，San Diego，23：156-166.

Griffin T G，Sobrinho J L. 2005. Metarouting[C]//Proceedings of the 2005 Conference on Applications，Technologies，Architectures，and Protocols for Computer Communications，Philadelphia，1-12.

Griffin T, Shepherd F, Wilfong G. 2002. The stable paths problem and interdomain routing[J]. IEEE/ACM Transactions on Networking(TON),10(2):232-243.

He J, Rexford J. 2008. Towards Internet-wide multipath routing[J]. IEEE Network Magazine, 22(2):16-21.

Hendrick C. 1988. RFC1058:Routing information protocol[S].

Hu Y C, Perrig A, Sirbu M A. 2004. SPV:Secure path vector routing for securing BGP[C]//Proceedings of SIGCOMM 2004, Conference on Applications, Technologies, Architectures, and Protocols for Computer Communication,Portland,179-192.

Kaur H, Kalyanaraman S, Weiss A, et al. 2003. BANANAS:An evolutionary framework for explicit and multipath routing in the Internet[C]//Proceedings of the ACM SIGCOMM Workshop on Future Directions in Network Architecture,Karlsruhe,277-288.

Kent S, Lynn C, Mikkelson J, et al. 2000. Secure border gateway protocol[J]. IEEE Journal on Selected Areas in Communications,18:103-116.

Kushman N, Kandula S, Katabi D. 2007a. Can you hear me now? It must be BGP[J]. ACM SIGCOMM Computer Communication Review,37(2):75-84.

Kushman N, Kandula S, Katabi D, et al. 2007b. R-BGP:Staying connected in a connected world [C]//Proceedings of 4th USENIX Symposium on Networked Systems Design and Implementation,Cambridge,341-354.

Labovitz C, Ahuja A, Bose A, et al. 2000. Delayed Internet routing convergence[J]. ACM SIGCOMM Computer Communication Review,30(4):175-187.

Luo J, Xie J, Hao R, et al. 2002. An approach to accelerate convergence for path vector protocol [C]//Proceedings of IEEE Global Telecommunications Conference,Taipei,3:2390-2394.

Motiwala M, Elmore M, Feamster N, et al. 2008. Path splicing[J]. ACM SIGCOMM Computer Communication Review,38(4):27-38.

Moy J. 1998. RFC2328:OSPF Version 2[S].

Pei D, Zhao X, Wang L, et al. 2002. Improving BGP convergence through consistency assertions [C]//Proceedings of 21th Annual Joint Conference of the IEEE Computer and Communications Societies,New York,2:902-911.

Rexford J, Wang J, Xiao Z, et al. 2002. BGP routing stability of popular destinations[C]//Proceedings of the 2nd ACM SIGCOMM Workshop on Internet Measurement,Marseille,197-202.

Sobrinho J L. 2003. Network routing with path vector protocols:Theory and applications[C]// Proceedings of the 2003 Conference on Applications, Technologies, Architectures, and Protocols for Computer Communications,Karlsruhe,49-60.

Subramanian L, Caesar M, Ee C T, et al. 2005. HLP:A next generation interdomain routing protocol[C]//Proceedings of the 2005 Conference on Applications, Technologies, Architectures, and Protocols for Computer Communications,Philadelphia,13-24.

Vutukury S, Garcia-Luna-Aceves J J. 1999. A simple approximation to minimum-delay routing [J]. ACM SIGCOMM Computer Communication Review,29(4):227-238.

Walton D, Retana A, Chen E, et al. 2009. Advertisement of multiple paths in BGP. Internet Draft.

Wendlandt D, Avramopoulos I, Andersen J, et al. 2006. Don't secure routing protocols, secure data delivery[C]//Proceedings of ACM HotNets, Irvine, 7-12.

White R. 2003. Securing BGP through secure origin BGP(soBGP)[J]. Business Communications Review, 33(5):47-53.

Xu W, Rexford J. 2006. MIRO: Multi-path interdomain routing[C]//Proceedings of the 2006 Conference on Applications, Technologies, Architectures, and Protocols for Computer Communications, Pisa, 171-182.

Yang X, Wetherall D. 2006. Source selectable path diversity via routing deflections[C]//Proceedings of the 2006 Conference on Applications, Technologies, Architectures, and Protocols for Computer Communications, Pisa, 159-170.

Yang X. 2003. NIRA: A new internet routing architecture[C]//Proceedings of the ACM SIGCOMM Workshop on Future Directions in Network Architecture, Karlsrube, 301-312.

Zhang X, Perrig A, Zhang H. 2009. Centaur: A hybrid approach for reliable policy-based routing [C]//Proceedings of the 29th IEEE International Conference on Distributed Computing Systems, Montreal, 76-84.

Zhang Z, Zhang Y, Hu Y C, et al. 2008. Ispy: Detecting IP prefix hijacking on my own[J] ACM SIGCOMM Computer Communication Review, 38(4):327-338.

Zhao X, Pei D, Wang L, et al. 2001. An analysis of bgp multiple origin as(MOAS) conflicts[C]// Proceedings of the 1st ACM SIGCOMM Workshop on Internet Measurement, San Francisco, 31-35.

Zhu D, Gritter M, Cheriton D. 2003. Feedback based routing[J]. ACM SIGCOMM Computer Communication Review, 33(1):71-76.

第4章 新一代互联网的域间路由安全技术

4.1 域间路由安全问题

本节将阐述互联网域间路由系统安全与生存性研究的相关成果,为后续介绍的研究内容提供技术背景。主要内容包括域间路由变化特性刻画方法、域间路由系统在前缀劫持攻击下的生存性和域间路由系统在级联故障下的生存性。

4.1.1 域间路由变化特性刻画方法

准确刻画域间路由变化特征是研究域间路由系统安全的基础。该领域的研究工作主要是分析基于路由更新消息 Update 的 BGP 路由动态性。路由动态性是指由正常或异常原因造成的网络层可达信息的变化。由于 BGP 在交换域间路由信息时使用了递增方式,所以只有在路由发生变化时,才会由相应的路由器通过 Update 报文向其邻居通告有关的路由更新信息,因此 BGP 的 Update 消息是刻画域间路由动态性的重要资源。

1. BGP 路由动态性分析的研究依据

产生路由动态性的原因多种多样。首先,各 AS 之间的路由策略不透明导致的策略冲突及管理人员的错误配置是产生 BGP 路由动态性的原因之一(Mahajan et al. ,2002)。其次,路径矢量路由协议本身固有的路径穷举过程及 BGP 具体实现细节上的缺陷,也会产生大量的路由更新报文(Li et al. ,2007)。除此之外,BGP 自身缺乏必要的安全机制,对域间路由系统的安全攻击所导致的动态性也越来越引起人们的关注(Nordström et al. ,2004)。

路由系统可以划分为三个层次,由上至下依次为管理平面、控制平面、数据平面。管理平面制定路由策略,控制平面运行路由算法,数据平面执行数据转发。BGP 的 Update 交换系统处于控制平面,如图 4.1 所示,BGP 路由动态性不仅仅反映了控制平面的不稳定性,同时也是管理平面和数据平面动态变化的标志。

BGP 路由的错误配置属于管理平面的异常行为,相关研究表明,错误配置对网络的连通性影响不大,很难引起网络管理人员的注意,从而加大了检测与分析该类异常的难度。然而,错误配置将给路由器增加不必要的 BGP Update 报文处理负载,产生 BGP 路由动态性。这种控制平面上的突变是管理平面的异常反映,可

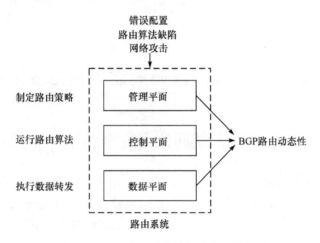

图 4.1 BGP 路由动态性与路由系统关系

用来有效地检测与分析路由错误配置对路由系统的影响。

互联网的蠕虫攻击属于数据平面的异常行为,蠕虫攻击具有扫描网络并主动传播病毒的能力,因此该类安全事件不仅对用户主机造成影响,而且还会导致网络链路的阻塞甚至瘫痪。对蠕虫攻击的检测多是根据端用户所反映的网络性能的差异来实现的。然而,由于蠕虫病毒实现上的差异,一些蠕虫攻击并不会导致网络性能的下降。但研究表明,在此期间,BGP Update 报文的数量将会明显增加,在控制平面反映出网络的实时变化(Roughan et al.,2006)。图 4.2 所示为互联网上曾经发生的 3 次典型的蠕虫攻击事件,(a)代表了 2001 年 7 月发生的 Slammer 蠕虫攻击事件,在蠕虫病毒暴发之后,以平均延迟代表的网络性能出现大幅下降,与此同时,BGP Update 报文数量也迅速增加;(b)所代表的 2001 年 9 月的 Code Red 蠕虫攻击事件和(c)所代表的 2003 年 1 月的 Nimda 蠕虫攻击事件中,网络的性能并没有明显变化,但此时的 BGP Update 报文仍然出现了迅速增加的现象。由此可见,BGP 路由的动态性相较于数据平面自身的测量指标,能更加敏锐地反映出网络所发生的变化(Dou et al.,2007)。

除此之外,BGP 路由动态性也是控制平面本身的一项测量指标。一方面,通过对 BGP 路由动态性进行测量、建模和分析,为评估路由算法效率,改进路由算法稳定性提供了依据(Griffin et al.,2001)。另一方面,BGP Update 报文是网络发生变化的信号,通过分析 BGP 路由动态性所反映出的网络变化,可以进行网络异常检测,这也成为网络遭受路由攻击的有力证据(李庆强等,2008;Zhang et al.,2005b;Zhang et al.,2004;Denning et al.,1987)。

总之,BGP 路由动态性可以真实地反映路由系统三个平面出现的不同变化,这是研究路由算法、分析网络异常现象的有效手段。

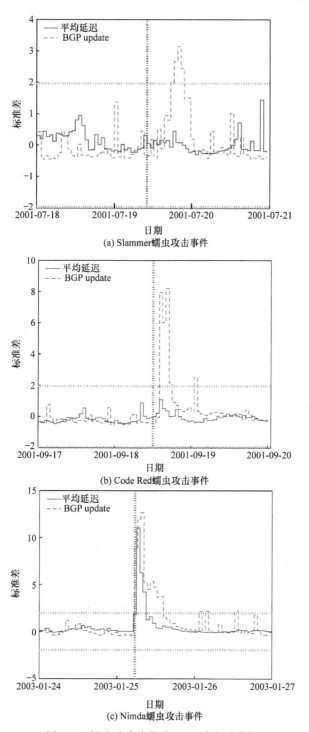

(a) Slammer蠕虫攻击事件

(b) Code Red蠕虫攻击事件

(c) Nimda蠕虫攻击事件

图 4.2　蠕虫攻击事件中 BGP 路由动态性

2. BGP 路由动态性分析的数据来源

目前研究路由动态性所需的 BGP 路由数据主要来源于大型 BGP 监测系统所采集的互联网真实数据(Orsini et al.，2016)。目前业界最权威、规模最大的是 Route Views 项目和(Reseau IP Europeans Routing Information Service，RIPE RIS)项目。它们都是通过在互联网中部署大量的远程路由采集器(remote route collectors，RRC)，收集 BGP 路由表和 Update 报文，并定时存储下来发布在其网站上。

两个项目的路由采集器使用多跳步 eBGP 与多个 AS 的 BGP 路由器建立会话，采集这些邻居传递的所有路由信息，但不宣告任何路由更新信息给邻居。通过这种方式，采集器就不会给互联网域间路由系统带来任何影响(Zhang et al.，2005a)。从 2001 年开始，Route Views 每 2 小时存储一次所采集的路由表，每 15 分钟存储一次 Update 报文。从 1999 年开始，每 8 小时存储一次路由表，每 5 分钟存储一次 Update 报文。因此，研究人员可以得到被监测的 AS 到达互联网上其他 AS 的真实路由，也可以根据时间重现互联网上发生的历史事件，这些可用的数据集展示了较为广阔的域间路由视图，可以使用该数据对互联网的行为进行采样。

3. BGP 路由动态性分析的研究实例

以往的研究工作主要通过分析 BGP 路由动态性，对一些重大事件发生后的互联网域间路由行为进行刻画，评估其对互联网产生的影响。下面列举几项具有代表性的相关研究。

Li 等研究人员在该领域取得了一系列成果。首先，将 BGP 路由动态性划分为六种，这六种动态性按其产生的原因又划分为三大类：由路由拓扑变化导致的、由路由策略变化导致的和由冗余的路由更新报文导致的(Li et al.，2007)。其次，他们提出了一个检测 BGP 异常事件的取证系统，将该问题形式化为一个多标签分类的机器学习问题(Li et al.，2005)。分类的标签包括正常事件、电力故障和蠕虫攻击，事件的特征则由上述路由动态性的种类进行描述。该系统通过学习 Code Red 和 Nimda 蠕虫攻击时期的路由特征，检测出了 Slammer 蠕虫攻击事件；另外，他们通过学习 2003 年"美加大停电"期间的路由特征，检测出了 2004 年美国佛罗里达州大停电事件。该研究小组又使用层次式聚类算法区分正常和异常的 BGP 路由动态性，从而利用域间路由系统的变化程度测量破坏性事件对互联网造成的"地震"的震级(Li et al.，2011)。

路由攻击所造成的路由动态性往往能够通过分析 Update 报文本身来识别。例如，Lad 等设计的前缀劫持警报系统(prefix hijack alert system，PHAS)，就是通过分析 Route Views 和 RIPE RIS 收集的 BGP Update 报文中 IP 前缀的 MOAS

冲突来检测互联网上的前缀劫持事件(Lad et al.,2006)。关于前缀劫持的特点和防御措施,将在后续章节中进行介绍。

4.1.2　域间路由系统在前缀劫持攻击下的生存性

前缀劫持攻击是严重威胁互联网安全的一种路由攻击形式,针对其进行的攻防对抗也已持续了十余年。本节简要介绍前缀劫持的攻击原理,并阐述其防御机制。

1. 前缀劫持简介

在域间路由系统中,IP 前缀的合法拥有者 AS 向邻居宣告此前缀,该路由信息在互联网上传播,各 AS 获得到达此前缀的路径信息,在其路由表中以 AS-PATH 属性表示途经的 AS,在数据通信阶段可以正常传输到达此前缀的数据流量。由于配置错误或恶意攻击等原因,并不拥有某 IP 前缀的 AS 非法宣告此前缀,引发前缀劫持事件,称该前缀的合法拥有者为受害者(victim),该前缀的非法宣告者为攻击者(attacker)。由于 BGP 缺乏必要的安全认证机制,该劫持路由在域间路由系统中传播,相信劫持路由的 AS 称为感染者(infector),在发送数据流量时,其将目的地为受害者的数据转发给攻击者;没有相信劫持路由的 AS 称为未感染者(non-infector),其到受害者的数据转发未受影响(Hiran et al.,2013;Khare et al.,2012;Taka et al.,2007)。

在全网范围内,感染者的数量越多,被错误转发的数据流量就越多,对域间路由系统的正常连通就造成越大的损害。以此为依据,定义一次前缀劫持事件的影响力为:在一次包含一个攻击者 a 和一个受害者 v 的 BGP 前缀劫持事件中,感染者 AS 的数量占全网 AS 数量的比例称为此次前缀劫持事件的影响力,记为 $I(a,v)$,计算方法如式(4.1)所示,其中,N 为互联网中所有 AS 的总数,$\mathrm{IF}(a,v,i)$ 代表 AS i 是否被感染,如式(4.2)所示。根据路由选择过程 $P_i(r,r')$,若 i 选择了 a 宣告的劫持路由 $r(a,i)$ 作为到达 v 的最佳路由,则 $\mathrm{IF}(a,v,i)$ 等于 1,代表 i 被感染;反之,若 i 坚持原始路由 $r(v,i)$,则 $\mathrm{IF}(a,v,i)$ 等于 0,表示 i 未被感染。

$$I(a,v) = \frac{1}{|N|}\sum_{i\in N}\mathrm{IF}(a,v,i) \tag{4.1}$$

$$\mathrm{IF}(a,v,i)=\begin{cases}1, & P_i(r(a,i),r(v,i))=r(a,i)\\ 0, & P_i(r(a,i),r(v,i))=r(v,i)\end{cases} \tag{4.2}$$

在域间路由系统中,各 AS 选择最优路由不仅与路由路径的长度有关,还与 AS 制定的路由策略密切相关。因此,传统的最短路径算法不能准确地描述互联网 AS 之间选择路径的过程,要准确定义 $P_i(r,r')$,必须考虑路由策略的限制。

各 AS 受到商业合同关系的限制,通过制定基于 AS 关系的路由策略来控制路由的传播与选择(Luckie et al. ,2013)。AS 之间主要存在提供商-客户、客户-提供商和对等体-对等体三种关系,其定义如下:

(1) 提供商-客户(客户-提供商)关系:设 ASi 和 ASj 为两个 AS,如果 ASi 按商业合同为 ASj 提供有偿服务,ASj 可以通过 ASi 提供的有偿服务访问其他网络,那么称 ASi 与 ASj 为提供商-客户关系;称 ASj 与 ASi 为客户-提供商关系,如图 4.3(a)所示。

(2) 对等体-对等体关系:设 ASi 和 ASj 为两个 AS,如果 ASi 与 ASj 相互提供无偿的内部访问服务,那么称 ASi 与 ASj 为对等体-对等体关系,如图 4.3(b)所示。

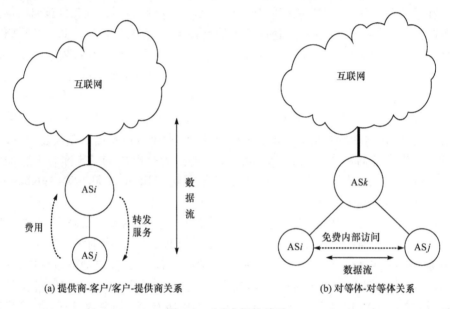

(a) 提供商-客户/客户-提供商关系　　　　　　(b) 对等体-对等体关系

图 4.3　AS 之间的关系

路由策略则分为导出策略与导入策略两种,路由的选择取决于路由传播过程中上游 AS 的导出策略和下游 AS 的导入策略。导出策略允许或禁止一条路由的传播,一般 AS 不为它的任意两个提供商和对等体之间提供传输服务,被称为无谷底性质(Gill et al. ,2014;Wang et al. ,2007)。在图 4.4(a)所示的例子中,AS4 不把从提供商 AS1 和对等体 AS2 处学习到的路由导出到提供商 AS5 和对等体 AS6,但可以把从客户 AS3 处学习的路由导出给任意邻居。

导入策略用来定义路由的优先级,当 BGP 路由器从多个邻居接收了到达同一个目的地的多条路由信息时,其按照以下顺序选择一条最佳路由:首先选择客户提供的路由,然后选择对等体提供的路由,最后选择提供商提供的路由,若优先级相同则选择 AS-PATH 长度最短的路由,依此顺序,各 AS 还将根据其他路由属性制定更详细的策略,以处理路由优先级相同的情况,在该策略作用下,BGP 路由表现出客户优选性质(Gill et al.,2014;Wang et al.,2007)。在图 4.4(b)所示的例子中,AS5 接收到从 3 个邻居处学习到的目的地为 AS1 的路由信息:从 AS2 处学习到的提供商路由,从 AS3 处学习到的对等体路由和从 AS4 处学习到的客户路由。其优先选择客户路由,因此从 AS5 到达 AS1 的路由路径经过 AS4。

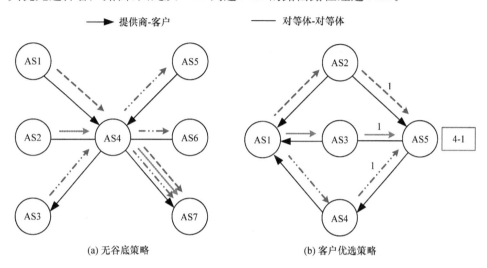

图 4.4　路由策略

根据这种普遍适用的路由策略,前面提到的路由选择函数可定义为。

$$P_i(r,r') = \begin{cases} r, & r.\mathrm{lp} > r'.\mathrm{lp} \quad 或者 \quad r.\mathrm{lp} = r'.\mathrm{lp} \ \& \ |r.\mathrm{ap}| < |r'.\mathrm{ap}| \\ r', & r.\mathrm{lp} < r'.\mathrm{lp} \quad 或者 \quad r.\mathrm{lp} = r'.\mathrm{lp} \ \& \ |r.\mathrm{ap}| \geqslant |r'.\mathrm{ap}| \end{cases}$$

$$(4.3)$$

式中,$r.\mathrm{lp}$ 代表 i 对路由 r 的本地喜好值,由客户宣告的路由信息中该值最高,其次为对等体,最后为提供商;$|r.\mathrm{ap}|$ 代表路由 r 的 AS 路径长度。

图 4.5(a)展示了前缀劫持实施前场景。AS1 向其邻居 AS 宣告 IP 前缀 10.0.0.0/8。经过传播,AS2、AS3、AS4、AS5 和 AS6 将建立到达前缀为 10.0.0.0/8 的目标网络的路由。例如,AS5 同时接收了 AS6 和 AS3 传播的路由消息,选择了从 AS6 学习到的客户路由(6-2-1),因为其具有较高的优先级。AS4 同时接收了 AS3 和 AS5 传播的对等体路由,由于优先级相同,其最终选择了路径长度更短的路由(3-2-1)。图 4.5(b)展示了前缀劫持实施后场景。AS6 中的攻击者宣告了受害者 AS1 的前缀 10.0.0.0/8。这条劫持路由同样在网络中传播,相信了它的 AS 将变为感染者。在此过程中,AS5 接收到的劫持路由与原始路由同为客户路由,优先级相同,但劫持路由的路径长度更短,因此 AS5 选择了劫持路由,成为感染者。相反,AS2 接收的劫持路由为提供商路由,比原始的客户路由优先

级低,因此坚持原路由,没有被感染。由式(4.1)和式(4.2)可得,在这个小型网络中的攻击影响力为 2/6,即 0.33。

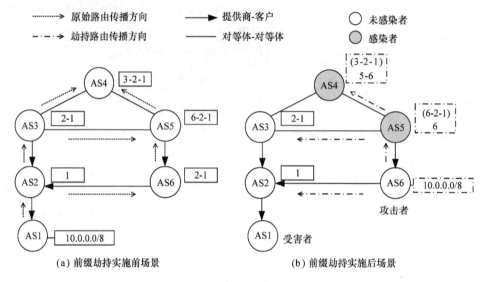

(a) 前缀劫持实施前场景　　　　　　　　　　　(b) 前缀劫持实施后场景

图 4.5　前缀劫持示意图

2. 前缀劫持防御方法

针对前缀劫持路由攻击的防御措施可以划分为三类:攻击前的预防、攻击时的检测和攻击后的反应。

1) 攻击前的预防

对前缀劫持实施预防措施的目的是在攻击发生实际效力之前就对其加以阻止,防止危害的产生。就其使用的方法而言,可分为加密方法和非加密方法。

在加密预防机制中,以 S-BGP(secure BGP)和 soBGP(secure origin BGP)为典型代表。S-BGP 是迄今为止最完整、最具体的 BGP 安全解决方案,它的基本思想是采用集中式的层次信任模型,使用公钥证书和数字签名技术来验证 BGP 路由的正确性(Kent et al.,2000)。soBGP 也采用 PKI 进行认证,但其使用网状信任模型来认证 AS 公钥,而使用集中式的层次模型来验证 IP 前缀所有权。基于加密的预防机制的优点是利用密码学原理确保异常的路由消息不会影响路由选择过程。但是,它们都不易实际部署,因为这些方法不仅需要扩展 BGP、修改路由软件,还需要建立并动态地维护大型的公钥基础设施。

非加密预防机制主要从实际应用的角度预防前缀劫持的发生,目前在互联网上实际使用的方法主要是 BGP 路由过滤方法。该方法通过在路由器上配置异常路由的过滤规则,达到阻止劫持路由进入路由表并继续传播的目的。网络管理人员可利用 BGP 路由器本身提供的过滤机制来实现 BGP 路由过滤。目前,构造 BGP 过滤表的信息主要来源于 AS 间的商业互连关系(Gao,2001)、互联网路由注册数据库①和 Bogon 列表②等。这些信息来源都存在着不完整、不准确、不实时等缺点,使得该机制所提供的安全性弱于加密方法,但由于轻量级的运行负载,其先于密码方法在业界得到实际应用。

Goldberg 等研究人员对使用密码机制进行扩展的安全路由协议和路由过滤机制进行了较全面的分析与比较(Goldberg et al.,2010)。作者认为,虽然安全的路由协议可以减少攻击的影响,但是却不能完全预防利用路由策略进行攻击的情况,建议将安全路由协议和管理路由策略的机制联合使用,用路由过滤消除终端 AS 的攻击影响,用安全路由协议减弱大型 AS 的攻击影响。合理制定、部署前缀劫持的预防机制是未来十分重要的研究方向。

2) 攻击时的检测

更加切合实际的方案是结合检测机制与反应机制,在前缀劫持攻击发生后,迅速检测出攻击类型、攻击源与受害者,再启动必要的反应措施消除影响,使路由系统恢复正常。

检测机制可分为基于控制平面信息(BGP 路由信息)的方法(Lad et al.,2006; Kruegel et al.,2003)和基于数据平面信息(数据流量信息)的方法(Zhang et al., 2008;Motter et al.,2002)。基于控制平面信息的方法根据异常的 BGP Update 报文检测攻击。PHAS 就是通过检测 Route Views 和 RIPE RIS 路由数据库中记录的 MOAS 冲突识别出潜在的攻击事件,再向前缀拥有者告警的检测系统(Lad et al.,2006)。一个有效的检测机制必须向受害者告警以提供有价值的检测信息,如攻击的影响力和攻击者的位置,以便其采取应对措施,PHAS 是考虑了这一要点的为数不多的检测系统。但是,仅仅依靠控制平面的 BGP 路由信息并不能十分准确地检测前缀劫持攻击,因为在一些精心设计的攻击中,攻击者可以伪造合法的路由信息并通过非法的途径吸引数据流量。

可以认为基于控制平面信息的方法是依据攻击的手段进行检测,而基于数据平面信息的方法则是依据攻击的效果来进行检测。Zhang 等研究发现,当某个 AS 宣告的前缀被劫持时,互联网上的大部分网络到该 AS 的网络连通性都会受到影响,也就是说,以该受害者 AS 为中心的互联网连通性视图在前缀劫持发生时会发生很大的变化,而且这种由前缀劫持引起的变化与网络失效导致的变化存在明显的不同。其提出的 iSPY 系统利用了这些特征,通过主动探测的方法来构造以自己为中心、以互联网的若干核心传输 AS 为探测点的互联网连通性视图,并通过对

---

① Bush R. Validation of Received Routes. http://archive.psg.com/001023.nanog/.

② The Team Cymru Bogon Reference Page. http://www.cymru.com/Bogons/index.html.

该视图的分析来判断是否发生了前缀劫持攻击(Zhang et al.,2008)。该机制,然而其使用的主动探测方法仍然会给网络带来额外负担。

3）攻击后的反应

在检测出恶意的前缀劫持攻击后,网络管理者应采取适当的措施应对并解决问题。当前网络管理人员普遍使用的反应措施主要分为两步,首先由前缀的合法拥有者即受害者宣告更长的前缀,利用路由系统中的最长前缀匹配原则吸引属于自己网络的流量,从而暂时缓解攻击造成的破坏性影响;然后再通过与攻击者或其服务提供商协商令其撤销劫持路由,恢复到正常的路由状态。这部分的相关工作主要集中在实际的管理操作中,理论性研究还很少。

4.1.3　域间路由系统在级联故障下的生存性

当前,BGP 的控制报文与正常的数据流量共享带宽和缓冲区等传输资源,这种控制平面与数据平面之间的共存使得 BGP 在网络严重拥塞时出现稳定性问题。在互联网中,流量将会重路由以绕过发生故障的区域,由此可能导致其他正常的网络产生流量过载,从而导致拥塞。由于拥塞而丢失的 BGP 控制报文将使两个 AS 之间的 BGP 链路断连,从而引起新一轮的路由变化,重新动态分布的流量将可能致使其他 BGP 链路断连。与此同时,原先断开的 BGP 链路则会由于拥塞的缓解而重新建立连接。本章称该过程为 BGP 链路在拥塞状态下的虚拟断链和自动恢复过程。发生在互联网中的一个单独的初始故障将有可能引发一系列全球范围的路由振荡,该过程被称为域间路由系统中的级联故障。

在复杂网络领域,关于级联故障的研究比较成熟(王振兴等,2012;王建伟等,2009;王健等,2008;Crucitti et al.,2004;Motter et al.,2002)。Motter 等使用故障发生前后网络最大联通片的相对尺寸作为衡量网络生存性的指标,研究了不同种类的复杂网络在蓄意攻击和随机失效的情况下,网络生存性与链路容量之间的关系。研究对象包括无标度网络、同质网络,以及互联网 AS 级网络和电力网。随机失效即随机选择发生故障的节点,而蓄意攻击则分别模拟了度数最大的节点和负载最大的节点发生故障的情况。研究显示,流量分布极度不均匀的网络,如无标度网络、互联网 AS 级网络和电力网,将很容易产生由关键节点失效引发的级联故障,但其对随机失效的抵御能力较强(Motter et al.,2002)。Crucitti 等对该项研究进行了改进,认为过载的网络节点不应该被移除,而应该在路由选择的过程中被规避。其研究结果与 Motter 的结论相似,即在蓄意攻击的情况下,互联网 AS 级网络和电力网等流量分布差异很大的网络将产生级联故障(Crucitti et al.,2004)。在这些模型中,过载的节点将被移除或避开,它们并不适合刻画在动态拥塞状态下,BGP 链路的虚拟断链和自动恢复特性。

近些年,一种称为"数字大炮"[亦称为协同跨层会话中断攻击(coordinated cross plane session termination)]的攻击方式利用 BGP 的这种特性,通过数据平面的流量来制造控制平面的不稳定性(Schuchard et al.,2010)。在攻击实施时,由僵尸网络发起低速率拒绝服务(low-rate denial of service,LDoS)攻击,在目标链路的数据平面产生大量攻击报文,阻塞控制平面路由信息的传递,从而中断 BGP 会话,造成该链路不可达。数据平面的流量将由其他链路转发,该链路的拥塞情况得到缓解,此时控制平面重新建立连接,LDoS 开始新一轮攻击,BGP 会话再次中断,只要 LDoS 攻击不停止,目标链路的 BGP 会话就会不停地中断、恢复。该攻击造成路由的抖动,给互联网的核心路由器带来了大量的路由更新报文,从而降低了这些路由器的路由选择能力,减弱了域间路由系统的生存性。除了了解这种具体的攻击技术之外,还需要从理论上全面分析造成影响范围差异的各种因素。

4.2　互联网重大事件的域间路由变化特性分析

互联网的路由变化时常发生,它可能由多种原因触发。例如,网络故障、网络拓扑变化、路由攻击等。准确刻画域间路由变化的特征是研究域间路由系统安全性的基础。本节提出一种新的基于 AS 介数的方法,来研究域间路由系统路由变化的特性。

4.2.1　基于 AS 介数的域间路由变化特性刻画方法

刻画域间路由特性是诊断网络故障和对抗网络攻击的首要任务,在此过程中,研究人员通常面临三个关键问题:问题发生在什么时间? 发生在什么地点? 路由是怎样变化的? 为了回答这些问题,本节提出了一项量化路由变化的测量指标——AS 介数,介数是网络科学中用来评估节点重要性的一项基本测量指标,但将其应用于研究路由变化并不多见。提出该指标主要基于两点考虑:首先,不稳定或虚假的路由信息会被一些关键 AS 广泛转发,从而扩大影响;其次,从不同源到不同目的的路径若拥有共同的问题 AS,它们会呈现相似的特征。在目前的相关研究中,面向发送者和面向接收者的评价指标都不能满足这样的度量需求,因此本节提出 AS 介数这个面向中间转发者的度量指标。由于复杂程度有所差异,因此使用统计方法分析目的毗邻的路由变化,使用主成分分析(principal component analysis,PCA)方法分析全网范围的路由变化,从而识别域间路由系统的若干重要特性,包括路由集中变化的时间段、受到严重影响的 AS 及路由变化的相关性等。

1. AS 介数变化

将互联网域间路由系统建模为图 $G=(V,E)$，其中 V 是所有 AS 的集合，E 是所有 AS 链接的集合。如果 v 是 V 中的一个传输 AS，那么其介数 $\mathrm{BC}(v)$ 就定义为

$$\mathrm{BC}(v)=\frac{\sum\limits_{u,w\in V}\sigma_{uw}(v)}{\sum\limits_{u,w\in V}\sigma_{uw}},\quad u\neq w\neq v \tag{4.4}$$

式中，$\sigma_{uw}(v)$ 代表从 u 到 w 的经过 v 的 AS-PATH 数量；σ_{uw} 代表从 u 到 w 的所有 AS-PATH 数量。在网络科学领域，一个节点在任意节点对之间的最短路径上出现的次数越多，介数就越大，表明其重要性越高(Costa et al. ,2007)。相似地，在域间路由系统中，一个 AS 在 AS 路径上出现的次数越多，其介数就越大，互联网上通过该 AS 转发的数据流量就越多。互联网中的末梢 AS 或者终端 AS 只接受和发送自己网络中的数据流量，并不为其他的网络转发流量，因此本节只关注网络中的转发者——传输 AS，将互联网中传输 AS 的集合记为 V_{tran}，传输 AS 的数量远远少于终端 AS 的数量，缩小了介数计算的目标集合。

路由的变化将导致某些 AS 的介数值发生变化，如式(4.5)所示，定义 $\widetilde{\mathrm{BC}}_t(v)$ 为 v 的介数值在时间 t 与时间 $t-1$ 之间的变化。$\widetilde{\mathrm{BC}}_t(v)$ 为正代表额外的 AS-PATH 经过此 AS，$\widetilde{\mathrm{BC}}_t(v)$ 为负代表某些 AS-PATH 离开此 AS，数量则代表路径的多少。

$$\widetilde{\mathrm{BC}}_t(v)=\mathrm{BC}_t(v)-\mathrm{BC}_{t-1}(v) \tag{4.5}$$

度量 V_{tran} 中每个 AS 在时间 T 内的介数变化，将得到一个介数变化矩阵 $\widetilde{\mathrm{BC}}$，矩阵的每一行代表相对应的 AS 的一系列介数变化，即 v_i 的介数值在时间 t_j 和时间 t_{j-1} 之间的变化，$v_i\in V_{\mathrm{tran}}$ 且 $t_j\in T$。BGP 路由表和路由更新报文中的 AS-PATH 域记录了互联网 AS 级的路由路径，因此通过分析 RIPE RIS 和 Route Views 收集的在特定时间段的 BGP 公开路由数据可以计算介数变化矩阵 $\widetilde{\mathrm{BC}}$。

2. 刻画目的毗邻的路由变化特征

许多网络管理和安全任务都需要关注到达某一特定 AS 或拓扑上相邻的 AS 的路由，即目的毗邻的路由。

(1) 路由变化的集中时间：介数变化矩阵具有时间和拓扑两个维度。在时间维度上，$\widetilde{\mathrm{BC}}$ 的每一列代表了在时间槽 t 中所有 AS 介数变化的向量，记作 $\widetilde{\mathrm{BC}}_t=\langle\widetilde{\mathrm{BC}}_t(v_1),\widetilde{\mathrm{BC}}_t(v_2),\cdots,\widetilde{\mathrm{BC}}_t(v_n)\rangle$，$v_i\in V_{\mathrm{tran}}$。计算该向量所有分量绝对值的平均

值,记作 μ_t,计算过程如式(4.6)所示。

$$\mu_t = \frac{\sum\limits_{v_i \in V_{\text{tran}}} |\widetilde{\text{BC}}_t(v_i)|}{n} \tag{4.6}$$

较高的 μ_t 值代表了在 t 时刻有较多的 AS 介数值发生了变化,在一定的时间段中比较所有的 μ_t 即得到路由集中变化的时间,称作域间路由变化的时间特性。

(2) 遭受严重影响的 AS:介数变化矩阵拓扑维度涵盖了所有传输 AS 的变化情况,$\widetilde{\text{BC}}$ 的每一行代表一个特定的 AS 在一系列连续时间内的介数变化,记作 $\widetilde{\text{BC}}(v) = \langle \widetilde{\text{BC}}_{t_1}(v), \widetilde{\text{BC}}_{t_2}(v), \cdots, \widetilde{\text{BC}}_{t_m}(v) \rangle, t_i \in T$。该向量的离散程度反映了该 AS 的稳定状态,因此使用该向量的标准差来度量其稳定性,记作 δ_v,计算过程为

$$\delta_v = \sqrt{\frac{\sum\limits_{t_i \in T} \left[\widetilde{\text{BC}}_{t_i}(v) - \frac{\sum\limits_{t_i \in T} \widetilde{\text{BC}}_{t_i}(v)}{m}\right]^2}{m-1}} \tag{4.7}$$

将 AS 按照其 δ_v 值排序即可得到最不稳定的 AS 集合。

传输 AS 除了受到路由振荡带来的不稳定性的影响外,还可能受到路由持久性改变带来的影响。例如,当大量额外的路由路径转移到某个 AS 上时,AS 的介数将会显著增加,其传输负载也会相应增大,可能造成该 AS 的拥塞。为刻画该类型路由变化的影响,将 $\widetilde{\text{BC}}(v)$ 向量中连续时间段的元素求和,即可得到 v 在该段时间前后出现的介数变化。将其形式化表示为

$$\begin{aligned}
\widetilde{\text{BC}}_{(t_p, t_{p+q})}(v) &= \text{BC}_{t_{p+q}}(v) - \text{BC}_{t_p}(v) \\
&= \text{BC}_{t_{p+q}}(v) - \text{BC}_{t_{p+q-1}}(v) + \text{BC}_{t_{p+q-1}}(v) \\
&\quad - \text{BC}_{t_{p+q-2}}(v) + \cdots + \text{BC}_{t_{p+1}}(v) - \text{BC}_{t_p}(v) \\
&= \sum_{i=p+1}^{p+q} \text{BC}_{t_i}(v)
\end{aligned} \tag{4.8}$$

$\widetilde{\text{BC}}_{(t_p, t_{p+q})}(v)$ 即表示 v 在时间 t_p 和 t_{p+q} 之间的介数变化。一段连续的时间后,若 AS 的介数发生巨大变化,则说明该 AS 上的流量分布发生了巨大变化,即路由系统收敛到一个不同的状态;反之,则表示路由系统经过了不稳定的变化阶段后仍收敛到初始状态。路由的不稳定性与持续性改变对传输 AS 的影响被称为域间路由变化的拓扑特征。

(3) 路由变化相关性:网络中的 AS 之间并不是彼此独立的,许多 AS 的变化具有关联性。同时考虑介数变化矩阵的时间和拓扑维度,能够发现路由变化的关联性,进一步,可识别出路由变化的同步关系和备选关系。相关联的路由变化常常揭示了共同的诱因,识别出这一特征将有利于进一步的诊断与分析。

　　本章使用一种二分层次聚类算法来评估 AS 介数变化模式的相似程度,从而识别出路由变化的关联性(Han et al.,2006)。算法流程如图 4.6 所示,初始数据集合包括所有的向量 $\widetilde{BC}(v)$。忽略 AS 介数变化的方向而仅关注其变化的数值,根据向量之间的绝对街区距离($\sum_{i=1}^{m} ||\widetilde{BC}_{t_i}(v)| - |\widetilde{BC}_{t_i}(v')||$),通过 K 均值聚类算法将其分成两类。假设在域间路由事件中,只有少数的 AS 发生关联变化,所以较小的类包含了紧密相关的 AS。为验证这一假设,本章还将在算法的最后通过这些 AS 之间的拓扑关系确认其关联关系。

　　关联关系进一步可划分为同步关系和备选关系。拥有同步关系的 AS 介数变化数值相似,且方向相同;拥有备选关系的 AS 介数变化数值相似,但方向相反。将具有关联性的 AS 按照街区距离($\sum_{i=1}^{m} |\widetilde{BC}_{t_i}(v) - \widetilde{BC}_{t_i}(v')|$)继续划分为两类:同一聚类内部的 AS 之间为同步关系,因为其介数变化的模式相似,在相同的时间内增加或减少相似的数量;两个聚类之间的 AS 为备选关系,因为在相同的时间里,一个类中的 AS 介数增加而另一个类中的 AS 介数减少,这可能是路由转移到备选路径上造成的。首先被划分出来的 AS 代表了互联网路由变化的主要部分,按照此过程继续划分可得到路由变化的不同等级。

　　接着,还需要验证关联 AS 之间的拓扑关系。一般而言,拥有同步关系的 AS 在拓扑上直接相连,而拥有备选关系的 AS 则共享同一个邻居。拓扑验证还用于检测路由变化的异常情况,当呈现出同步或备选关系的 AS 在拓扑上不相邻时,就预示着网络上可能出现了路由攻击等异常事件,需要进一步深入检测。该情况将在后续的实例分析中有所体现。

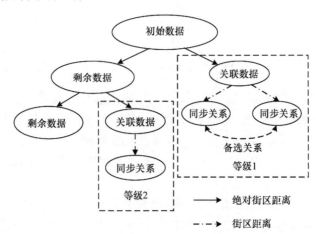

图 4.6　分析路由变化关联性的二分层次聚类算法

3. 刻画全网范围的路由变化特征

为了更全面地了解整个互联网的域间路由状态,本节将分析的目的 IP 地址扩展为全网范围内可路由的 BGP 前缀。但是经过分析发现,针对目的毗邻路由所使用的方法并不适用于全球路由,特别是针对路由变化关联性的分析(Liu et al.,2012)。这是由传输 AS 对于不同的目的地址应用不同的路由策略造成的,因此面向全网范围的目的地址,传输 AS 呈现的关联性很微弱。另外,全球路由的原始数据量十分巨大,AS 之间的关系也错综复杂,需要针对这种情况开发更加高效的方法。

PCA 是一种高效识别数据模式的方法,将大量的数据进行降维,从而突出数据之间的相似点与不同之处。PCA 能够将原始的变量空间转化成一个新的主成分空间,记为 $\{PC_i\}$,$i=1,\cdots,p$,主成分的数量 p 与原始变量的数量相同,包含了原始数据中顺序递减的变化特征。每一个主成分都是所有原始变量的线性组合,且主成分之间两两正交。为了获取原始变量中 θ 的变化量,只需找到最小的 m,使得 $\sum_{i=1}^{m}\lambda_i / \sum_{j=1}^{p}\lambda_j \geqslant \theta$,其中,$\lambda_i$ 是原始变量协方差矩阵按大小排列的第 i 个特征值。在本节所提出的方法中,首先使用 PCA 对大量的原始路由数据进行降维,并通过分析主成分与介数变化向量之间的关系刻画全网范围的域间路由变化特征。

(1) 主要路由模式:应用 PCA 算法后,即可得到代表原始介数变化矩阵中 θ 变化量的 m 个主成分,这些主成分可以看做是互联网中存在的主要路由模式。当拥有大量复杂的全球路由数据时,集中关注其中主要的路由模式是一种合适的降维方法。

(2) 路由模式中的主导 AS:每一个主成分都是所有原始变量的线性组合,在介数变化矩阵中,$PC_i = \sum_{v \in V_{tran}} \alpha_{v,i} \cdot \widetilde{BC}(v)$,其中,$\alpha_{v,i}$ 是主成分 PC_i 中 $\widetilde{BC}(v)$ 的相关系数,代表了 $\widetilde{BC}(v)$ 对 PC_i 的贡献量。将各 AS 所对应的相关系数进行排序,找出每个主成分中相关系数最大的 AS 作为该路由模式中的主导 AS,主导 AS 往往是在某一路由变化模式中受影响最严重的 AS。

(3) 路由变化的传递:主导 AS 是每个路由变化模式的源头,一般是由破坏性事件的直接效应引发的。这种变化将在互联网上一定范围的 AS 之间传播,这些 AS 则受到事件次生效应的影响,称为伴随 AS。主导 AS 与伴随 AS 拥有相似的路由变化模式,这里通过在每一个路由模式中计算主导 AS 与其余 AS 关于 $\widetilde{BC}(v)$ 向量的 Tanimoto 相似度来分析路由变化的传递过程。向量 X 与 Y 的 Tanimoto 相似度定义为

$$T(X,Y) = \frac{XY}{|X|^2 + |Y|^2 - XY} \qquad (4.9)$$

该指标从向量的长度和夹角两个参数度量其相似度。两个向量越相似,它们的 Tanimoto 相似度就越高。按照降序的方式对相似度排序能够推断出在一个特定的路由模式中路由变化的传播顺序。若相似度为正值,说明两个 AS 的介数在相同的时间内同时增加或减少,因此推断它们为同步关系。若相似度为负值,则说明一个 AS 的介数在增加的同时,另一个 AS 的介数在减少,因此推断它们分别处于彼此的备选路径上。

邻接关系的判定对于区分网络故障和路由攻击十分重要,因此在分析路由传播时同样还需要考虑 AS 的拓扑位置。全网范围的拓扑关系较为复杂,本节将拓扑图 G 转换为邻接矩阵 AD 进行分析。对于拥有 N 个节点的无向图,其邻接矩阵为一个 $N \times N$ 的对称矩阵,AD 中的 (i,j) 元素等于 1 代表节点 v_i 和 v_j 之间存在着一条连接边,等于 0 则代表它们不直接相连。路由的变化只在临近的 AS 之间传播,判断两个 AS 是否为同步关系,只需判断它们是否邻接,即 AD 的相应元素是否为 1。另外,处于备选路径上的两个 AS 常常与一个共同的 AS 相连,在这种情况下,将 AD 与其自身相乘后,查看结果矩阵的相应元素是否大于 0 即可。因为 AD×AD 结果矩阵的 (i,j) 元素的计算过程为 $\sum_{x=1}^{N} [\mathrm{AD}(i,x)\mathrm{AD}(x,j)]$,$N = |V|$,其结果正是 v_i 和 v_j 所共享的邻接 AS 的数目。

4.2.2　YouTube 被劫持事件的域间路由变化特性

2008 年 2 月 24 日,应巴基斯坦政府禁止访问 YouTube(AS36561)的要求,巴基斯坦电信(AS17557)向其国内的网络系统宣告 208.65.153.0/24 前缀。这是一条 YouTube 前缀(208.65.152.0/22)的子前缀,由于路由系统中使用最长前缀匹配原则,接受这条路由更新的网络将遵循这条更加具体的路由,从而将目的地为 YouTube 的流量转发给巴基斯坦电信,造成路由黑洞。因此,巴基斯坦国内的网络用户将无法访问 YouTube。在当天的 18:47,巴基斯坦电信由于误操作将该路由信息向外宣告至其服务提供商 PCCW Global(AS3491)。这条错误的路由消息在互联网上传播,引发了子前缀劫持攻击,使得 YouTube 在全网范围内不可访问。YouTube 于当天的 20:07 做出反应,包括宣告更长的前缀、协同 PCCW Global 撤销劫持路由等。

前缀劫持发生后的路由变化情况是高效防御措施制定的最有价值的依据。在该次前缀劫持事件发生后,人们期望得到以下问题的答案:在哪里部署预防措施最高效? 前缀劫持前后路由系统出现了哪些异常? YouTube 采取的反应措施的效果如何? 本节将通过分析域间路由变化特征来逐一解答这些问题。

1. 路由变化特征

该事件只涉及了与 YouTube 网站相关的少数 IP 前缀,因此本节应用目的毗邻路由的刻画方法进行分析。从 Route Views 和 RIPE RIS 中收集 2008 年 2 月 24 日的 BGP 路由表和路由更新报文,并将它们转换成一系列以 10min 为间隔的路由变化序列,提取 AS-PATH 后计算每个传输 AS 的介数变化,形成一个 66 行 144 列的介数变化矩阵。这 66 个 AS 是在该次事件中介数发生变化的传输 AS,介数未变化的 AS 被删除以减小矩阵的规模。

图 4.7 展示了这一天中 μ_t 的变化情况,通过与事件的时间节点进行对比,发现在劫持发生前,关于 YouTube 的路由状态十分稳定。路由改变的聚集时间发生在巴基斯坦电信发起劫持与 YouTube 进行反应之后。因此,整个路由变化过程可划分为两个阶段——p_1 和 p_2。p_1 为劫持阶段,从 18:40 持续到 20:00;p_2 为恢复阶段,从 20:00 持续到 21:20。

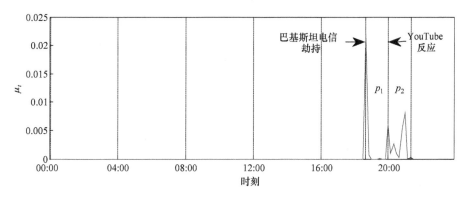

图 4.7　YouTube 劫持事件的路由变化集中时间

图 4.8 为 δ_v 的排序情况,可以看出,最不稳定的 3 个 AS 为 AS3491(PCCW Global),AS174(Cogent)和 AS3549(Global Crossing)。另外,图 4.9 展示了各传输 AS 在 p_1 阶段前后和 p_2 阶段前后的介数变化,即 $\widetilde{\mathrm{BC}}_{p_1}(v)$ 和 $\widetilde{\mathrm{BC}}_{p_2}(v)$。由该结果可知,在劫持阶段,AS3491 的介数值显著增加,而 AS174 的介数值显著减少;在恢复阶段,AS3549 的介数值显著增加,而 AS3491 的介数值显著减少。

在应用了二分层次聚类算法之后,这 3 个 AS 还呈现出路由变化的关联性,如图 4.10(a)所示,在 p_1 阶段,AS3491 和 AS174 的路由变化呈现出备选关系;类似的,在 p_2 阶段,AS3549 和 AS3491 的路由变化呈现出备选关系。然而,通过查看 AS 的拓扑关系发现,这两对 AS 并不处于彼此的备选路径上,该异常现象及 3 个 AS 在劫持和恢复阶段的特殊行为为前缀劫持的防御工作提供了重要线索。

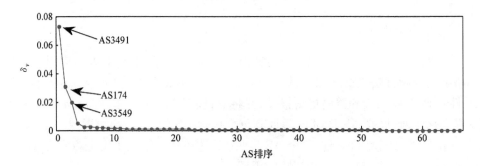

图 4.8　YouTube 劫持事件的路由不稳定性

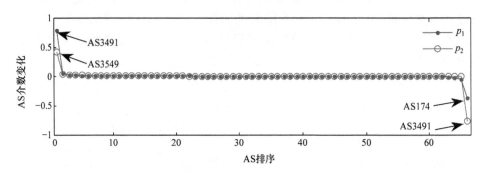

图 4.9　YouTube 劫持事件的 AS 介数变化情况

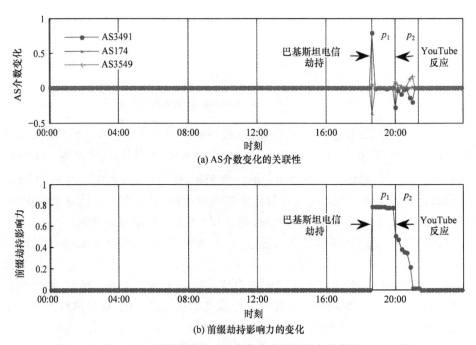

图 4.10　YouTube 劫持事件中 AS 介数变化关联性与劫持影响力的关系

2. 前缀劫持的防御措施

AS3491 是攻击者巴基斯坦电信的直接服务提供商,AS174 和 AS3549 是受害者 YouTube 的直接提供商。如前面所述,定义一次前缀劫持的影响力为被感染的 AS 所占 AS 总数的比例。图 4.10(b)即为 YouTube 前缀劫持事件的影响力变化情况,该数据是通过分析 BGP 路由数据中的 MOAS 冲突得到的。通过比较路由变化和劫持影响力之间的关系,得到关于前缀劫持防御措施的如下启示:

第一,在 p_1 阶段,巴基斯坦电信宣告劫持路由后,AS3491 的介数增加了 0.79,同时,攻击的影响力也上升了 0.79。这意味着在互联网中,所有劫持路由中都包含了 AS3491,攻击者的直接提供商是传播和扩大影响力的关键点。在其上部署如路由过滤器之类的预防措施,能够有效地过滤不属于其客户的非法前缀宣告。因此,本书认为由直接提供商预防其客户发动前缀劫持攻击,比在所有 AS 上部署针对所有攻击者的防御方式更加高效。

第二,在劫持影响力上升的同时,AS174 的介数急剧下降。这是由于攻击者所发布的劫持路由更具吸引力,使得原先经过 AS174 到达 YouTube 的路径转移到了其他 AS 上。受害者直接提供商的这种剧烈变化是其客户被劫持的一条明显的线索。同时,攻击的影响力越大,受害者直接提供商上的路由变化也越大。这对于部署高效的检测机制具有重大意义。根据此线索制定的前缀劫持检测机制只需要部署在互联网的传输 AS 上,相较于终端 AS 数量很少,检测的目标也只限于自己的客户 AS,目标范围较小。

第三,在 p_2 阶段,YouTube 采取了一系列措施来恢复正常的路由。在其宣告了与劫持路由相同的前缀之后,攻击影响力下降了 0.30,因为当路由系统中存在两条相同的路由宣告时,劫持路由仍然能够吸引一部分数据流量。在 YouTube 宣告了比劫持路由更长的前缀后,影响力进一步下降了 0.13。当 AS3491 在劫持路由的 AS-PATH 上添加了巴基斯坦电信的 AS 号后,影响力同样下降了 0.13,这是劫持路由的 AS-PATH 增长后,对流量的吸引力减小造成的。在 AS3491 撤销了劫持路由之后,影响力下降到 0,这一行为彻底消除了这次攻击事件的影响。在此过程中,AS3491 的介数严格地随着攻击影响力的变化而变化,进一步说明了其在前缀劫持预防、检测和反应中的重要地位。攻击结束后,AS 介数的分布发生了变化,YouTube 的另一个直接提供商 AS3549 代替 AS174,吸引了更多的数据流量,成为 YouTube 的主要服务提供商。

4.2.3　AS4761 劫持事件的域间路由变化特性

2011 年 1 月 14 日,互联网上发生了另一起严重的前缀劫持事件,攻击者

AS4761 非法宣告了分属于 800 多个 AS 的 2800 多条前缀信息。劫持路由在 12：19～12：57 时间段内被宣告,并在域间路由系统中传播。该事件是一种特殊的攻击类型,包含了多个拓扑上分散的受害者。

1. 路由变化特征

全网范围的介数变化矩阵包括 398 行 12 列,代表了与该事件相关的 398 个 AS 在当天 12：00～14：00 时间段内的介数变化情况,记录变化的间隔时间为 10min。由于被劫持的前缀数量较多且位置分散,本节应用基于 PCA 的分析方法研究其路由变化特性。介数变化的主成分分布如图 4.11 所示,这里仅列举了 5 个涵盖变化量较多的主成分。若设置阈值 θ 为 80%,则得到 PC_1 为代表全网范围路由变化的主成分,其涵盖了原始路由数据中 87.4% 的变化量,该结果表明在劫持攻击发生后,互联网中存在一个最主要的路由变化模式。

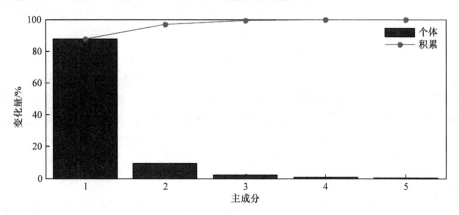

图 4.11　AS4761 劫持事件路由变化主成分

将该主成分中所有 $\widetilde{BC}(v)$ 对应的相关系数 $\alpha_{v,i}$ 进行排序,识别出主要路由模式中的主导 AS,并计算其余 AS 与主导 AS 的 Tanimoto 相似度,当相似度大于阈值时将其视为伴随 AS,从而推断在不同路由模式下 AS 之间的路由变化传播过程。综合考虑伴随 AS 的数量与相似度数值之间的平衡之后,将该事件中 Tanimoto 相似度的阈值设置为 0.2。分析结果如表 4.1 所示,在包含了绝大部分变化量的主要路由模式中,主导 AS 为 AS9505,伴随 AS 分别为 AS6762、AS1239 和 AS7018。其中,AS6762、AS1239 的 Tanimoto 相似度数值为正,代表其与 AS9505 的变化方向一致,而 AS7018 的相似度数值为负,说明其与 AS9505 的变化方向相反。

表 4.1　　AS4761 劫持事件主要路由模式的路由变化传递情况

主导 AS	伴随 AS	Tanimoto 相似度
	AS6762	0.5
AS9505	AS1239	0.34
	AS7018	−0.25

　　根据 AS 的邻接矩阵分析相关 AS 之间的拓扑关系,发现 AS9505 和 AS6762 为攻击者 AS4761 的直接提供商,AS1239 为 AS9505 和 AS6762 的直接提供商, AS7018 与主导 AS 的拓扑距离较远,并不存在备选路径的关系。

　　2. 前缀劫持的防御措施

　　图 4.12 显示了主要路由模式的变化与攻击影响力之间的关系。劫持阶段为 12:10~12:20,在此阶段中劫持影响力大幅增加,AS9505、AS6762 和 AS1239 介数增加,AS7018 介数减少。恢复阶段为 12:20~12:50,此时劫持影响力在逐步下降,AS9505、AS6762 和 AS1239 介数减少,AS7018 介数增加。在这两个阶段中, 变化最剧烈的是主导 AS9505 和与其变化方向相反的 AS7018,下面主要关注这两个 AS 对前缀劫持防御措施的作用与影响。

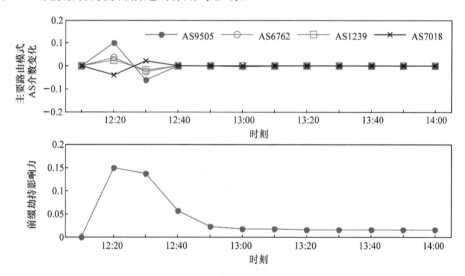

图 4.12　　AS4761 劫持事件 AS 介数变化与劫持影响力的关系

　　对于预防机制而言,主导 AS9505 是攻击者 AS4761 的直接提供商,其介数的变化与劫持影响力的变化同步,是扩大此次前缀劫持影响力的关键点。因此,本节得出与 YouTube 事件中类似的结论,即由直接提供商预防其客户发起的前缀劫持攻击是一种高效的预防机制部署策略。

对于检测机制而言,AS9505 介数的减少和 AS7018 介数的增加是检测到可疑劫持攻击的线索。在本次事件中,大量的受害者分布于互联网上,AS7018 是大多数受害者的公共服务提供商。进一步的分析结果显示,90.3％的受害者是 AS7018 的客户,并且 55.1％是其直接客户。为了在检测准确率和部署效率之间寻求平衡,可以在数量较少的公共提供商上部署检测机制,找到一个介于全网部署和顶级 AS 部署之间的平衡点(顶级 AS 是互联网的主要传输 AS,它们以对等的关系两两互联,处于路由层次的最高级,是所有 AS 的服务提供商)。另外,通过拓扑分析可知,主导 AS9505 与 AS7018 出现相反方向的同步并不是由于备选路径之间的路由变化,该异常现象进一步为检测前缀劫持攻击提供了有力线索。

对于反应机制而言,由 AS9505 撤销劫持路由并由 AS7018 重新宣告更具吸引力的正确路由是恢复路由系统正常状态的高效方法。在此事件中只存在一个攻击者,通过对多受害者场景的分析,可以合理地推想,如果在一次前缀劫持事件中存在多个攻击者,那么它们的公共服务提供商也将是部署预防、检测、反应机制的有利位置。

4.2.4　日本某次地震的域间路由变化特性

2011 年 3 月 11 日 5:46,日本东北部发生了 8.9 级大地震,连接日本和世界其他地区的太平洋海底光缆在地震中遭到损坏,依靠这些基础设施传输数据的互联网通信受到了影响,日本本地和世界其他地区的许多网络管理人员都观测到路由中断或路径质量下降的现象。3 月 11 日到 12 日期间,与本书作者合作的香港理工大学通过其互联网路径测量系统 OneProbe(Luo et al.,2009)观测到从欧洲、美国、澳大利亚和日本到达中国香港教育科研网(The Hong Kong Academic and Research Network,HARNET)的 19 条路径中,有 10 条出现了明显的高丢包率和 RTT 增长的现象。为了诊断路径性能下降的原因,本节通过分析域间路由变化特征,寻求问题的答案:损坏的海底电缆是否影响了这些路径? 互联网是否通过改变路由绕开了这些部分? 路由是如何变化的?

在 Route Views 和 RIPE RIS 中收集 3 月 9 日～12 日的 BGP 路由数据后,同样将它们转换成一系列间隔 10min 的路由变化序列。首先,将研究范围限制在以 HARNET 为目的地址的路由上,使用目的毗邻路由的分析方法,与此特定目的地相关的分析结果为诊断路径质量下降的原因提供依据。之后,将分析范围扩大到全球可路由的 IP 前缀空间,使用 PCA 方法来研究这次大地震后全球的路由行为。

1. 关于 HARNET 的路由变化特征

关于 HARNET 的介数变化矩阵包括 83 行和 576 列,代表 83 个 AS 在 4 天内的介数变化。图 4.13 展示了 μ_t 的变化情况,将前 2 天视为参考阶段,计算其平均

的 μ_t 值作为路由变化的正常阈值,以此为依据计算出地震过后持续时间最长的异常时间槽。由该图可知,不稳定的路由变化从 3 月 11 日的 9:00 持续到 16:00,发生在首次地震的 3h 后。在对该事件的相关研究中,Renesys 公司以故障前缀数量作为度量指标进行了类似分析,推测中国香港受到了地震过后几小时的后续事件的影响[①],该研究结果验证了本节所得出的结论。

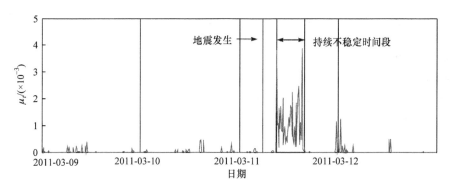

图 4.13　关于 HARNET 的路由变化集中时间

　　图 4.14 显示了 δ_v 的排序情况,使用 K 均值算法将所有 AS 按照 δ_v 值大小划分为两类,从而将最不稳定的 AS 与其他 AS 分离开来。首先分离出的 AS 集合包括 AS10026(PacNet)、AS15412(FLAG)和 AS6939(HURRICANE),它们都是 HARNET 的主要服务提供商,负责为其传输数据流量。此结果表明,经过这 3 个 AS 的路由变化最为频繁。根据中国香港的电缆网络运营商 PacNet 的报道,在大地震过后,其管理的环东亚海底电缆出现了两段损坏,该电缆负责连接日本和亚洲其他国家,推测这就是 AS10026 介数剧烈变化的原因。

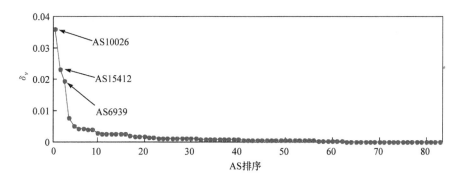

图 4.14　关于 HARNET 的路由不稳定性

---

① Cowie J. Japan Quake. http://www.renesys.com/blog/2011/03/japan-quake.shtml.

　　为检测此电缆损坏引起的不稳定性是否导致了流量分布的巨大变化,本节分析了这 3 个 AS 的 $\widetilde{\mathrm{BC}}_{(t_b,t_e)}(v)$ 值,t_b 和 t_e 是路由持续不稳定时间段的开始和结束时间,将它们与前 2 天中的介数平均值相比,得到变化率分别为 0.32%、0.68% 和 0.75%,这说明到达 HARNET 的路由虽然经过了一段时间的剧烈振荡,但稳定时又基本回到了最初的状态,流量分布没有发生大的变化。

　　使用二分层次聚类算法分析 AS 之间关联性的结果显示,级别 1 中的关联 AS 包含受影响最严重的 3 个 AS,其中,AS10026 和 AS6939 是同步关系,AS15412 与 AS10026 和 AS6939 它们是备选关系。AS10026 的剧烈变化是受到了电缆故障的影响,因此推断 AS6939 受到了此故障产生的次生效应的影响。AS15412 是 AS10026 和 AS6939 的备选路径,接收从它们转移来的数据流量。级别 2 包含 4 个 AS,AS22388 和 AS7660 是 AS11537 和 AS24167 的备选路径。级别 3 包含同步的 3 个 AS:AS2914、AS4788 和 AS6762。图 4.15 为该 3 级关联 AS 的介数变化时间分布图,介数的变化幅度随着级别的增加而减少,由于级别 3 之后的 AS 介数变化过小,因此没有继续进行聚类,而主要关注前 3 级 AS 的变化。

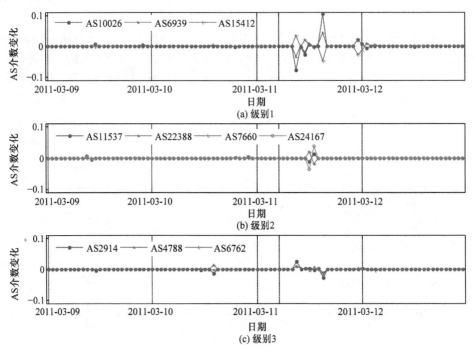

图 4.15　关于 HARNET 的关联 AS 介数变化情况

　　图 4.16 显示了从路由采集点到 HARNET 的路径拓扑,每个端节点都是一个部署了采集器的 AS。AS 的大小是按照其在正常时段介数的对数值来设置的,该数值代表了各 AS 为 HARNET 传输数据的重要性,也可以用来识别 HARNET

的主要服务提供商。AS 之间的拓扑关系验证了之前的分析结果,例如在级别 1 中,AS10026 和 AS6939 是邻居关系,当 AS10026 出现故障发生路由变化时,AS6939 受到路由传播的影响,呈现出了相似的路由变化模式;AS15412 和 AS10026 是 HARNET 的提供商 AS9381 的两个宿主,当一个提供商出现故障时,切换至另一个提供商是一种常见的应急措施。

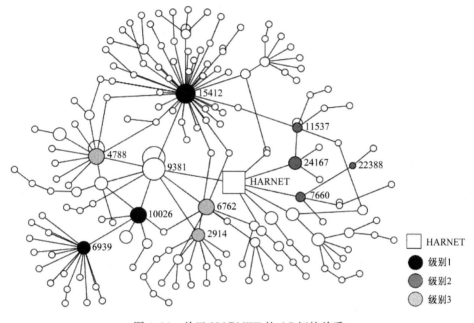

图 4.16　关于 HARNET 的 AS 拓扑关系

　　另外,从图 4.15 中可以看到,相关联的 AS 介数随着时间的推进出现了正负交替变化,表明经过此 AS 的路由发生振荡,本章定义路由振荡为发生改变后又变回原路由的情况,例如 AS-PATH 由 A→B→C 变为 A→D→E→C 再变回 A→B→C。进一步的统计研究表明,从 3 月 9 号到 12 号,共有 10534 条路由发生变化,其中有 7821 条属于路由振荡,7071 次发生在 11 号,有 103 条路由振荡超过 20 次,振荡次数最大值为 73 次,并且 96.9% 的振荡路由都恢复到了原始路径。对于这种情况,推测可能的原因是:电缆的损坏造成了 AS10026 链路容量的下降,从而引起传输流量的拥塞。BGP 的数据平面和控制平面流量共存,严重的流量拥塞会造成路由器之间 BGP 会话的中断,使得数据流量被重路由至备用的路径上。由于流量的转移,原先拥塞的链路得到缓解,BGP 会话得以恢复,原路由又重新启用。如果此循环过程不停重复,那么域间路由系统中就会发生路由振荡的情况(Schuchard et al.,2010)。

2. 全网范围的路由变化特征

全网范围的介数变化矩阵包含 5068 行 576 列。对此矩阵应用基于 PCA 的分析方法,将阈值 θ 设置为 80%,得到 5 个能代表全网范围路由变化的主成分,其分布情况如图 4.17 所示。其中,主成分 1 代表原始路由数据中 62.3% 的变化量,表明在地震过后互联网上存在一个最主要的路由变化模式。

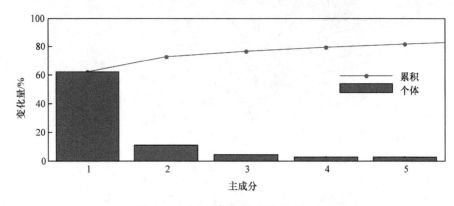

图 4.17　全网范围路由变化的主成分

将这 5 个主成分中所有 $\widetilde{\mathrm{BC}}(v)$ 对应的相关系数 $\alpha_{v,i}$ 进行排序,即可识别出每个主要路由模式中的主导 AS。分析结果如表 4.2 所示,在包含了大部分路由变化量的模式 1 中,主导 AS 仍为 AS10026(PacNet),这说明 PacNet 的区域电缆故障对全网范围的域间路由系统造成了广泛影响。

表 4.2 还展示了在主要路由模式中与主导 AS 的变化相似度大于 0.2 的伴随 AS,揭示了在不同路由模式下 AS 之间的路由变化传播过程。例如,在路由模式 1 中,AS6939 与主导 AS10026 的相似度为 0.55,并且与其邻接,因此 AS6939 与 AS10026 是同步关系,AS6939 受到了 PacNet 电缆故障次生作用的影响,随着 AS10026 的改变而改变。

表 4.2　全网范围主要路由模式的路由变化传递情况

路由模式	主导 AS	伴随 AS	Tanimoto 相似度
1	AS10026	AS6939	0.55
2	AS174	AS3257	−0.27
3	AS2914	Null	0
4	AS38661	AS9457	0.94
5	AS3549	AS3257	0.24

3. 可行的响应措施

根据上述分析,本节认为从世界其他监测点到中国香港的 HARNET 出现的网络链路质量下降现象是由日本东北部地震过后 PacNet 的网络电缆故障引起的。故障导致经过 PacNet 和 HURRICANE 的路由频繁切换至 FLAG,引起了大量的路由振荡,导致了不稳定的域间路由状态。这种不稳定性是由目前 BGP 的路由选择机制引起的,当正在使用的路由不可用时,路由器便会选择一条次优的路由代替,选择的依据主要是基于经济效益与路径性能。然而,当前的路由协议在破坏性事件发生后很难准确而及时地获取路径的服务质量作为协议的参考输入。可行的应对措施主要分为如下两方面。

第一种是通过配置路由策略辅助响应网络故障,这是破坏性事件发生后的一种快速响应措施。该任务的关键之处就是找到网络质量下降的原因。在这次事件中,通过基于 AS 介数的方法得到了路由变化的线索,据此,网络管理人员可以与 PacNet 的上游 AS 协作,将以中国香港为目的的数据流量转移到其他的 AS 进行传输,直到 PacNet 的传输能力恢复到正常水平。

第二种应对措施是改进 BGP 路由协议,这是确保域间路由系统生存性的一项长效机制。在 BGP 运行路由选择算法时,增加实时的网络路径质量和路由变化特征为输入参数,并以获得高水平的路由路径质量为目标选择路由,从而形成一个自适应的反馈回路,在路由系统遭到破坏时,能够智能地选择质量最优的路由路径。协议改进所需的输入数据可以由 OneProbe 等路径测量项目和本节所提出的路由特性刻画方法提供,具体改进方案还需要进一步深入研究。

4.2.5　SEA-ME-WE 4 电缆故障的域间路由变化特性

2010 年 4 月,OneProbe 报道了另一起电缆故障事件,东南亚-中东-西欧 4 号电缆(SEA-ME-WE 4)的地中海段在 2010 年 4 月 14 日发生故障(Chan et al.,2011)。这次事件影响了中国香港到欧洲部分的前向路径质量。除了对其进行 AS 级的路由变化分析外,本节还将进行 IP 级和地理位置级的分析,更细粒度的研究结果能够更好地掌握 AS 内部的路由变化情况和物理拓扑情况。由这次事件的分析结果可知,一条故障电缆能够严重影响到其他正常电缆上承载的路由路径的性能。

1. AS 级路由变化特征

本节使用的数据集选取了 2010 年 4 月 13 日~4 月 16 日,从中国香港到英国 BBC 网站某服务器的 traceroute 路径,和从中国香港到芬兰 NOKIA 网站某服务器的 traceroute 路径。首先,将 IP 地址映射到其所属的 AS 号并进行 AS 级的分析。图 4.18(a)和(b)是从中国香港到英国 BBC 和芬兰 NOKIA 网站某服务器的 RTT 序列,代表了路由路径的质量,(c)和(d)是相应的 AS 级路由变化聚集时间。从该图可知,在 4 月 14 日电缆故障发生后,两条路径的质量都明显下降,但路由并没有发生剧烈变化。4 月 16 日 8:00,到 BBC 的路径上出现了一个路由变化的峰值,在此之后,其路径质量相较于 NOKIA 得到改进。

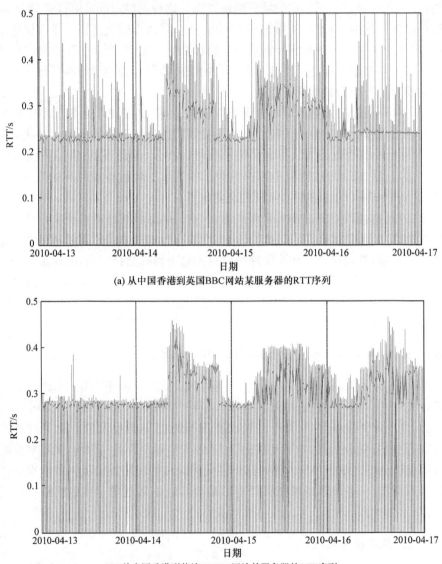

(a) 从中国香港到英国BBC网站某服务器的RTT序列

(b) 从中国香港到芬兰NOKIA网站某服务器的RTT序列

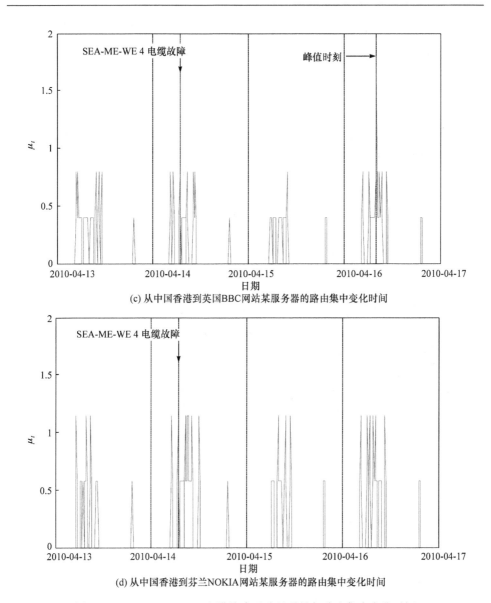

(c) 从中国香港到英国BBC网站某服务器的路由集中变化时间

(d) 从中国香港到芬兰NOKIA网站某服务器的路由集中变化时间

图 4.18　SEA-ME-WE 4 电缆故障后路径质量与路由集中变化时间

　　拓扑分析显示,在峰值时刻,介数变化最为显著的 AS 包括 AS15412(FLAG)
和 AS6453(TATA),它们的介数变化值分别为－0.875 和 1,即 AS15412 的介数
值显著减少,而 AS6453 的介数值显著增加。与日本地震后的路由振荡不同,这些
变化是持久的。总结上述 AS 级的分析结果可以获知:SEA-ME-WE 4 电缆故障
影响了经过 AS15412 的路由路径,造成路径质量下降。当路由从 AS15412 切换
到 AS6453 之后,路径质量得到改善。然而,AS15412 的电缆分布图显示,其并未

使用 SEA-ME-WE 4 电缆为其传输数据,那么该电缆故障怎样影响 AS15412 的路径质量? 路由路径由 AS15412 切换到 AS6453 之后又如何提高呢? 下面一一进行解答

2. IP 级路由变化特征

AS 级的时间和拓扑维度的分析揭示了电缆故障造成影响的时间和位置,将研究范围缩小至两个关键 AS——AS15412 与 AS6453,但粗粒度的分析不足以解释产生影响的原因。因此,需要对 AS15412 和 AS6453 分别进行 IP 级的分析来获取更细粒度的解释。IP 介数变化的定义与 AS 介数变化类似,只需将互联网建模为一个更细粒度的图 $G' = (V', E')$,其中,V' 代表所有 IP 的集合,E' 代表所有 IP 间链接的集合。

本节着重于使用层次聚类算法分析 IP 路径变化的关联性。在该次事件中路由变化是持续性的,因此需要将介数变化的向量转换为 $\langle \widetilde{BC}_{(t_1, t_1)}(v), \widetilde{BC}_{(t_1, t_2)}(v),$ $\cdots, \widetilde{BC}_{(t_1, t_m)}(v) \rangle$,该向量中的每一个分量都代表了相应时刻相应的 IP 相对于开始时刻的介数变化。图 4.19 显示了 AS15412 中 IP 介数变化的前 3 个等级的相关聚类,在每一个聚类中,IP 的变化行为都是同步关系,并且存在 3 个明显的变化阶段。在阶段 e_1,等级 3 聚类的 IP 介数值减少,等级 1 和等级 2 增加;在阶段 e_2,等级 2 减少,等级 1 持续增加;在阶段 e_3,等级 1 也急剧减少。这种变化趋势表明,在 AS15412 内部,路由从等级 3 聚类中 IP 所在的路径转移到等级 2 和等级 1 聚类,之后又从等级 2 中的路径转移到等级 1,最后又全部由 AS15412 转移至 AS6453。

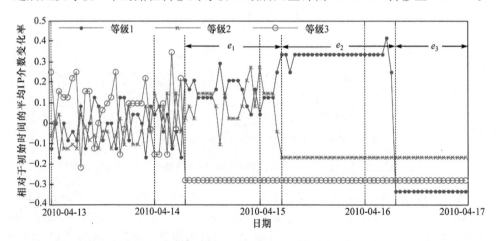

图 4.19　AS15412 中 IP 介数变化情况

3. 地理位置级路由变化特征

由于路由的变化是由电缆故障这一物理失效引起的,因此本节进一步将逻辑拓扑中的 IP 节点映射到其所在的地理位置上,进而与互联网的电缆系统进行比较。通过查询发现,在等级 1 的聚类中,IP 地址都位于亚历山大港;在等级 2 中,IP 地址分属于香港和亚历山大港;在等级 3 中,IP 地址位于孟买和伦敦。结合上述 IP 介数变化分析,推测在 AS15412 中通过亚历山大港和孟买的分路径逐阶段消失。通过分析互联网的海底电缆分布图发现,SEA-ME-WE 4 电缆的损坏位置位于亚历山大港和巴勒莫之间,而这两个地点之间只有两条海底电缆连接,分别是欧亚通信电缆(fiber between Europe and Asia,FEA)和 SEA-ME-WE 4。在 SEA-ME-WE 损坏后,流量都被重路由至 FEA 进行传输,导致了其拥塞。AS15412 的电缆只使用 FEA 电缆传输香港、孟买、亚历山大港和伦敦之间的流量,因此该电缆的拥塞使其各分路径逐渐拥塞消失,导致链路质量下降。

本节使用相同的方法分析了 AS6453 中的 IP 级路由变化及其地理分布特征,发现在路由由 AS15412 切换至该 AS 之后,路径经过了香港、新加坡市、钦奈、孟买、亚历山大港和伦敦,AS6453 使用多条电缆传输这些城市之间的数据流量。例如,在亚历山大港和伦敦之间,除了 FEA,AS6453 还使用了 SEA-ME-WE 3 电缆,为互联网路由系统的底层基础设施提供了多样性,从而在 FEA 电缆出现拥塞后还能够将流量重路由至其他的承载电缆,保证了路径质量。

综上所述,SEA-ME-WE 4 电缆故障导致了其备选电缆 FEA 的拥塞,从而使得依靠 FEA 传输流量的 BBC 路径和 NOKIA 路径都出现了路径质量下降的现象,BBC 路径通过改变路由来旁路拥塞的部分,使得路径质量得到提升,而 NOKIA 路径由于没有做出及时的变化致使路径质量一直较差。根据该诊断结果,网络管理人员可以与 AS15412 的上游 AS 协作,将目标为 NOKIA 的流量转移到其他的多电缆或不拥塞的 AS 上,改善其路径性能。

4.2.6 小结

本节提出了一个基于网络科学的指标——AS 介数,通过 AS 介数变化刻画了域间路由系统的时间、拓扑和关联变化特性,并应用该方法分析了互联网四次重大事件的路由动态性。从分析结果中识别出两次 BGP 前缀劫持攻击和两次网络故障的相似点和不同之处,这些结论有利于改进互联网的故障管理和安全防御措施。

发生在 YouTube 上的前缀劫持攻击只存在一个攻击者和一个受害者,是一次在传统环境中的典型前缀劫持事件。分析结果显示,攻击者和受害者的直接服务提供商是部署高效预防、检测与反应机制的有利位置。AS4761 劫持事件中存在一个攻击者和多个受害者,是前缀劫持攻击在复杂环境中的一个实例,在此情况下,AS 介数的变化反映了大量路由变化在公共服务商处涌现出的共同特征。这两次前缀劫持事件的区别意味着高效的防御措施需要寻找防御效果与部署范围的平衡点。

日本地震后的路由变化行为是持续时间较短的路由振荡,监测到的路径质量下降是由不稳定的路由状态导致的,推测出这一现象是域间路由系统中的一次时间上相关联的级联故障。SEA-ME-WE 4 电缆发生故障之后,持久的 AS 级路由变换改进了路径质量,更细粒度的 IP 级分析显示一条正常的电缆受到了故障电缆重路由次生效应的影响,反映了空间上相关联的区域故障对域间路由系统的影响。

由于网络故障而发生的路由变化多发生在邻接的或地理位置接近的 AS 上,而前缀劫持引发的路由变化多发生在拓扑分散的 AS 上。这两种类型的事件之间的区别是诊断网络故障、检测路由攻击的关键依据,也是制定应对措施的前提条件。

4.3　前缀劫持对路由系统的影响及检测方法

前缀劫持是互联网路由系统生存性的一项严重的安全威胁,虽然经过了十余年的发展,学术界已提出多种针对前缀劫持的检测机制,但检测机制的准确率低和效率低,很少进行大规模部署。针对该问题,本节研究了前缀劫持对域间路由系统的影响,提出了一个基于流量分布变化(load distribution change)的前缀劫持检测系统,命名为 LDC,在前缀拥有者的直接提供商处被动地监测流量分布变化来实施检测,旨在利用数据平面的信息检测控制平面的问题。

4.3.1　前缀劫持对域间路由系统的影响

在基于 AS 介数的域间路由变化特性研究中,对前缀劫持事件的分析结果揭示了两个重要现象:首先,在正常的路由过程中,前缀拥有者的直接提供商具有很高的 AS 介数,为其转发几乎所有的数据流量,是监测其流量变化的最有利位置;其次,如果受害者的前缀被劫持,那么攻击者和受害者的直接提供商的 AS 介数都将发生巨大变化,说明以此劫持前缀为目的的流量分布在受害者和攻击者的直接提供商处都出现异常的改变。该两点结论体现了前缀劫持对域间路由系统的影响,也成为本节提出的检测方法的检测依据。

1. 域间路由系统数据流量分布特征

BGP 是一种基于策略的路由协议,假设互联网上所有的 AS 都遵循"无谷底"和"客户优选"的路由策略,那么某前缀的路由信息将从其宣告者出发,沿着最短客户—提供商路径一直传播至顶级 AS,然后再经过对等体-对等体或提供商-客户路径继续传播,形成一棵以前缀拥有者为根的路由树。在此后的流量传输过程中,以此前缀为目的地的数据流量将根据相同的路由并沿着相反的方向传输,这样,从互联网上不同源发出的流量将在到达目的地前不停地汇聚,前缀拥有者的直接提供商将拥有关于此前缀的最完整流量分布视图。

为了验证这一结论,本节进行了基于互联网经验拓扑数据的大量模拟实验,使用了互联网数据分析中心(The Center for Applied Internet Data Analysis,CAIDA)的 AS Relationships 项目提供的 2011 年 1 月的互联网 AS 关系拓扑数据。本节选择了 100 个 AS 作为实验对象,为了体现代表性,根据 AS 的度数,即 AS 的邻居数,对数据集中所有的 AS 进行采样。为每个 AS 分配一个宣告的 IP 前缀,并模拟实际的 BGP 路由过程,为数据集中的其他 AS 选择到达这些前缀的最优路由。

通过模拟程序,可以获得全网范围内从任意源 AS 到任意目的 AS 之间的最优路径,从而计算出每个传输 AS 的介数。除此之外,源 AS 和目的 AS 的大小也应该作为考虑的因素,因为一般大型的 AS 将产生和接收更多的流量负载。本节使用一个 AS 拥有的 IP 数量来评估其大小,并使用改进的 AS 介数公式来计算传输 AS 上的流量分布:

$$L_p(v) = \frac{\sum_{u \in V} \sigma_{ua}(v) \cdot \varphi(u) \cdot \varphi(p)}{\sum_{u \in V} \sigma_{ua} \cdot \varphi(u) \cdot \varphi(p)}, \quad u \neq a \neq v \tag{4.10}$$

式(4.10)定义了传输 AS v 为前缀 p 所转发流量的计算过程,其中,a 为宣告前缀 p 的 AS,$\sigma_{ua}(v)$ 代表从任意 AS u 到 a 且经过 v 的 AS-PATH 数量,σ_{ua} 代表从 u 到 a 的所有 AS-PATH 数量,$\varphi(u)$ 代表 AS u 中的 IP 数量,$\varphi(p)$ 则代表前缀 p 所涵盖的 IP 数量。在该定义中,假设从任意一个源 IP 到任意一个目的 IP 的数据流量是相等的。

由模拟实验可以看出,在所有的传输 AS 上相对于同一个前缀的流量分布是非常不均匀的。图 4.20 到达一个 IP 前缀的流量分布示例。x 轴代表按流量排序后的 AS,y 轴代表每个 AS 上所承载的目的地为前缀 p 的流量,x 轴与 y 轴都以对数值显示。这种幂律式的分布表明到前缀 p 的流量在少数 AS 上分布很多,但在大多数 AS 上分布都很少,并且分布量最多的 AS 都是前缀拥有者的直接提供商。进一步的统计数据显示,前缀拥有者的直接提供商上的平均流量,即 $L_p(\mathrm{DP}_p)$ 的平均值高达 0.99。其中,p 取遍 100 个实验 AS 所宣告的前缀,DP_p 是 p 的拥有者的直接提供商。该实验结果表明,几乎所有到前缀 p 的流量都要经过 p 的直接提供商,此结论验证了域间路由系统数据流量分布不均的特征,并在网络中找到了监测数据流量变化的最有利的拓扑位置。

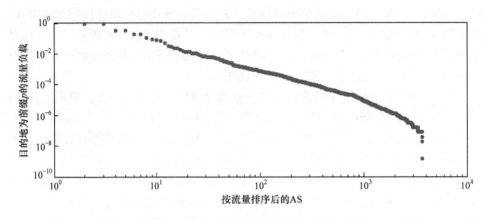

图 4.20　到达一个 IP 前缀的流量分布示例

2. 前缀劫持导致流量分布异常变化

在前缀劫持中,攻击者通过伪造 BGP 路由吸引流向受害者的数据流量。从该攻击的广义上看,达到该目的地有很多途径,这也是准确检测前缀劫持攻击的挑战之一。如图 4.21 所示,攻击者 A 可以发动普通的前缀劫持,非法宣告本属于受害者 V 的前缀。攻击者也可以只宣告受害者的子前缀,即更长的 IP 前缀,这种攻击的变种称为子前缀劫持。另外,攻击者可以宣告一条源于受害者 AS 的更短的路由,从而更具吸引力。总之,控制平面上的攻击行为多种多样且难以预测,但是这些攻击都拥有共同的目的和预期的效果,就是吸引到达受害者的数据流量。因此,在前缀劫持发生后,一部分目的地为受害者网络的流量将被重定向到攻击者,从而使流量的分布发生改变。根据上文的分析,受害者的直接服务提供商将明显地感知流量的异常减少,相似的,攻击者的直接提供商将明显感知到本不属于其客户的流量的异常增加。

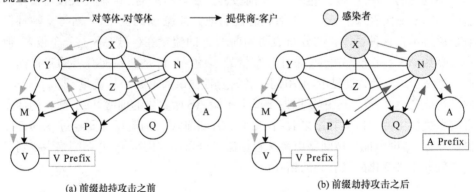

图 4.21　前缀劫持攻击示例

　　为验证此结论,本节同样进行了大量的前缀劫持模拟实验。实验根据 AS 的度数对数据集中的 AS 进行采样,选择了 100 个 AS 作为攻击者,100 个 AS 作为受害者,并将它们两两匹配组成了 10000 次攻击场景。在一个攻击场景中,只存在一个攻击者和一个受害者,并且攻击者宣告和受害者相同的 IP 前缀。在模拟劫持攻击之前,计算攻击者和受害者的直接提供商为劫持前缀传输的流量负载,劫持过程模拟结束后,再计算该流量分布的变化情况。图 4.22 显示了实验结果,两对曲线中的差距分别代表了受害者和攻击者直接提供商所感知的流量分布的异常变化,该异常现象是检测前缀劫持攻击的重要依据。

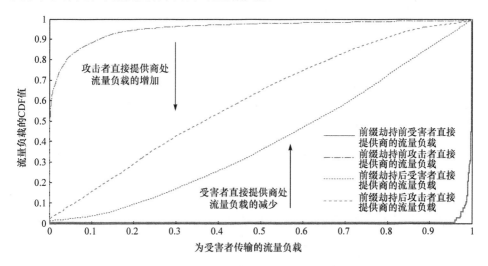

图 4.22　前缀劫持前后直接提供商的流量负载变化

4.3.2　前缀劫持检测系统 LDC 的设计

　　根据上述关于域间路由和前缀劫持的关键认识,本节设计了一种基于数据平面信息检测 BGP 前缀劫持攻击的方案——LDC。该方案更加精确、高效,而且便于检测之后恢复路由。

　1.系统体系结构

　　图 4.23 显示了 LDC 的体系结构,LDC 通过两种工作模式检测前缀劫持攻击:独立模式和协作模式。在独立模式中,系统被动监测目的地为其直接客户的数据流量,并且形成流量的正常模式。一旦检测到某一 IP 前缀流量异常减少,系统就将此现象向前缀的拥有者告警,确认该现象的起因是合法事件(如流量工程或路由策略改变)还是前缀劫持攻击。在协作模式中,LDC 还将监测其他 IP 前缀的流量变化,若检测到流量异常增加,则通知该前缀直接服务商上的 LDC 来共同处理

此事件。通过对增加量的排序,系统可定位攻击者的拓扑位置,协助网络管理人员在最佳的位置实施响应工作。

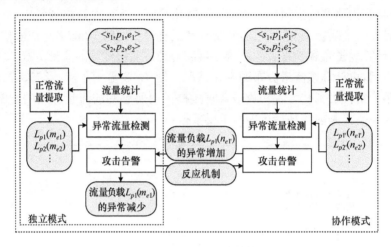

图 4.23　LDC 系统结构

　　LDC 部署在为终端 AS 提供传输服务的传输 AS 上,图 4.24 显示了其部署示例。在部署的初始阶段,LDC 只工作在独立模式下,检测目标为其直接客户的 IP 前缀。这种检测可以视为一种由提供商提供给客户的计费安全服务,从而为 LDC 的部署提供足够的经济驱动力。随着部署规模的逐步扩大,LDC 开始使用协作模式,通过它们之间的信息共享获得安全收益。

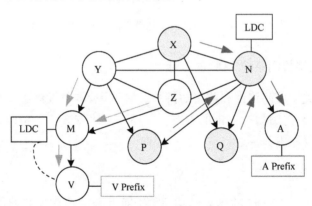

图 4.24　LDC 的部署示例

2. 独立模式

　　在独立模式中,LDC 主要关注其直接客户的 IP 前缀。这些前缀组成集合 P,需要由其拥有者向 LDC 注册。

（1）流量统计模块以监测的流量作为输入，每条输入流都表示为一个三元组 $\langle s_i, p_j, e_k \rangle$，$s_i$ 为源，$p_j \in P$ 为目的地，e_k 为流的输出端口，这里 e_k 可以标识为输出边界路由器的 IP 地址，用来区分流向不同客户的流量。流量统计模块将计算在特定的时间槽内，目的地为 p_j 的流量负载，即 $L_{p_j}(m_{e_k})$，m 代表部署 LDC 的 AS。

（2）正常流量提取模块将一段时间内统计的流量数据作为输入，通过运行非监督聚类算法获得关于每个前缀的正常流量模式。该正常模式由随时间不断变化的一系列值进行刻画。相关研究表明，互联网的流量负载在一天的不同时刻差别很大，而每天的变化模式具有相似性（Laoutaris et al.，2011）。因此，时间因素也是准确提取正常流量的关键因素。

（3）异常流量检测模块根据已提取的正常流量模式来检测流量负载的异常减少。该检测过程涉及异常阈值的设定，在后续章节中将综合考虑检测的误检率和漏检率，通过大量的实验来设定。

（4）攻击告警模块在检测到可疑攻击后将通知 IP 前缀的拥有者。通过向前缀的宣告者求证异常情况的合法性十分重要，能够降低误检率。另外，该告警还能够通知受害者攻击的影响力与破坏程度，为其做出合适的应对措施以提供帮助。考虑到系统的轻量级部署，LDC 通过现有的路由系统发送攻击告警信息，因此就面临着一个在受害者前缀被劫持后仍要向受害者发送信息的传输困境（王致林等，2011）。根据上文分析可以发现：若原始路由是由客户宣告的，则最不容易被劫持路由感染，并且 AS-PATH 越短越不容易被感染。也就是说，受害者的直接提供商是最不容易受到感染的 AS，因此在前缀劫持发生的情况下，受害者与其直接提供商之间仍能够保持正常通信，该结论在模拟实验中也得到了验证。

3. 协作模式

在协作模式中，LDC 组成联盟并监测向联盟中任意 LDC 注册过的 IP 前缀。这些前缀组成集合 P'。除此之外，系统还必须维护 IP 前缀和其监护 LDC 的对应列表。协作模式主要用于定位攻击者，并协助受害者消除劫持攻击的影响，恢复路由系统的正常状态。

（1）流量统计模块和正常流量提取模块的任务和独立模式相似，形成正常流量负载模式 $L_{p'_j}(n_{e'_k})$，p'_j 是 P' 中的成员，n 是部署了 LDC 的 AS。

（2）异常流量检测模块不仅仅检测其直接客户流量的异常减少，还要检测其他前缀流量的异常增加。检测到异常增加的流量说明攻击者正处于附近。

（3）攻击告警模块负责根据前缀和监护 LDC 的对应列表联系受害者的监护 LDC，告知其攻击的检测位置及影响力，以便受害者推测攻击者的位置并采取适当的应对措施。收到警报的监护 LDC 对异常增加的流量值进行排序，流量值最大的报告者为攻击者的直接提供商。为避免前缀劫持后的通信困境，LDC 与受害者之间的通信由受害者的监护 LDC 转发。

4.3.3　模拟实验的检测效果

在本节中,通过模拟实验构造了大量的 BGP 前缀劫持和 AS 失效事件,并部署 LDC 进行检测,评估流量变化阈值和前缀注册策略对系统漏检率与误检率的影响,随后进一步验证了 LDC 在协作模式下对攻击者定位及与受害者通信的能力。

1. 模拟方案

使用与 4.3.1 节中相同的互联网拓扑数据集,对所有 AS 的度数进行采样,选取了 100 个受害者和 100 个攻击者,组成了 10000 次的 BGP 前缀劫持攻击场景,每个劫持场景中包括一个攻击者与一个受害者,用于评估 LDC 未能成功检测出攻击场景的概率,即漏检率。互联网中存在着大量多宿主现象,因此系统设置了两种前缀注册策略:①AS 将其前缀向一个主要直接提供商上的 LDC 注册;②AS 将其前缀向所有直接提供商上的 LDC 注册。下面分别评估在这两种策略下系统的检测阈值与漏检率之间的关系。

接下来通过模拟大量的 AS 失效事件,评估在此情况下 LDC 误判为前缀劫持攻击的概率,即误检率。本节选择 100 个候选 AS 并部署 LDC 在其直接提供商处以监测流量负载的变化,再选择 100 个失效 AS 来模拟网络故障对流量负载产生的改变,在组成的 10000 个失效场景中,每个场景包括一个监测 AS 和一个失效 AS,同样在两种前缀注册情景下,评估 LDC 的检测阈值和误检率之间的关系。

为评估系统在协作模式下对攻击者的定位能力,为每次攻击场景中异常增加的流量值进行排序,并比较流量值最大的报告者的拓扑位置与攻击者之间的关系。若全网的所有传输 AS 都已部署 LDC,则流量值最大的报告者应最靠近攻击者,绝大多数情况下应为攻击者的直接提供商。

另外,为验证在前缀劫持攻击下,系统告警模块是否能够正常通信,需要分析每次前缀劫持攻击中受害者直接提供商的感染情况(若未感染,则说明无论处于独立模式还是协作模式,LDC 与受害者之间都能够正常通信),以便确认攻击并采取反应措施。

2. 结果分析

图 4.25 显示了在两种前缀注册策略下,检测阈值的设置和 LDC 漏检率之间的关系,图 4.26 显示了检测阈值的设置和 LDC 误检率之间的关系。结果显示,向所有直接提供商注册前缀使得检测更加准确,特别是在误检率上,两种注册策略的

差异较大,但向所有直接提供商注册前缀将耗费更多的运营成本和维护成本。LDC 使用的检测阈值将同时影响检测的漏检率和误检率,为了找寻平衡点,本节将两个图的结果进行了比较,在更优的注册策略下,选择 0.0001 作为检测的阈值,能够得到 2.14% 的漏检率和 1.98% 的误检率。进一步研究发现,阈值的选择与攻击的影响力具有密切联系,而攻击的影响力又与攻击者和受害者的拓扑位置相关(Lad et al. ,2007),因此阈值的选择最好考虑 LDC 的拓扑位置。

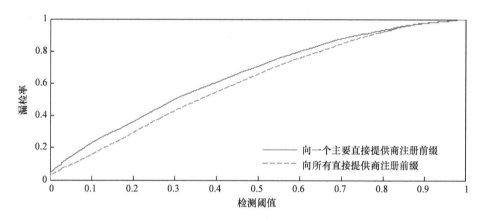

图 4.25　LDC 的检测阈值与漏检率之间的关系

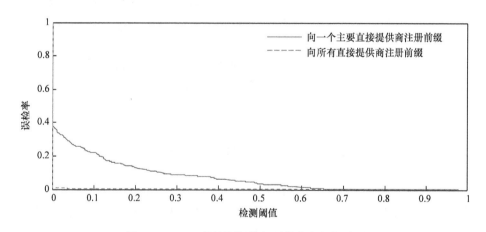

图 4.26　LDC 的检测阈值与误检率之间的关系

　　假设全网的所有传输 AS 都已部署 LDC,开启协作模式后,系统可根据监测到的异常增加的流量定位攻击者的位置,流量值最大的报告者即为攻击者的直接服务提供商。经统计,在 10000 次前缀劫持的模拟事件中,96.7% 都能够成功定位,不能定位事件的绝大多数的攻击者为顶级 AS,没有直接提供商。另外,在 10000 次劫持事件中,受害者的直接提供商都未被感染,因此可以在独立模式中与受害者正常通信,或在协作模式中转发协作 LDC 与受害者之间的通信消息。攻击者的直接提供商正是撤销劫持路由、消除攻击影响的最佳位置,因此在定位完成后,受害者即可与攻击者的直接提供商协作做出反应,尽快恢复路由系统的正常运行。

4.3.4　小结

本节基于前缀劫持后域间路由系统流量分布的异常变化,提出了一个在前缀拥有者的直接提供商处监测流量变化来检测 BGP 前缀劫持的系统——LDC,旨在利用数据平面的信息检测控制平面的问题。通过大规模的前缀劫持攻击和 AS 失效事件的模拟实验,评估了 LDC 在不同部署情况下的准确率,并得到了一些检测准确性和检测阈值、注册策略及工作模式之间关系的有价值信息。

与以往的前缀劫持检测机制相比,本节提出的方法具有以下三点优势。

(1) 检测更准确:LDC 是一种基于数据平面的检测方法。前缀劫持是通过操控控制平面信息,达到重定向数据平面流量的攻击,因此基于攻击效果的检测机制要更加准确。另外,LDC 部署在前缀拥有者的直接提供商处,具备流量监测的最佳视图,可提高检测的准确度。

(2) 部署更高效:LDC 是一种轻量级的检测机制,通过被动地监测流量,检测可疑的攻击。其只需部署在互联网的传输 AS 上,传输 AS 的数量要比终端 AS 少很多。另外,LDC 可以增量式地部署,随着部署规模的扩大,检测的准确度将会增加。

(3) 具备向受害者告警能力:LDC 能够通过与受害者通信,从而确认可疑的攻击,并告知受害者攻击的影响力。在协作模式下,系统能够定位攻击者从而为后续的反应机制提供必要的信息。

4.4　级联故障对域间路由系统生存性的影响

在域间路由系统中,一个初始故障可能会导致一系列的级联故障,本节将考虑域间路由系统虚拟断链和自动恢复的特性,研究互联网在何种情况下会出现大范围的级联故障。

4.4.1　域间路由系统的级联故障模型

1. 背景介绍

BGP 对报文传输的稳定性具有很高的要求,因此选择了 TCP 作为承载协议,使用端口号 179。TCP 提供了稳定可靠的传输,因此 BGP 不需要专门的机制来处理复杂的报文分片、重传、确认等细节。BGP 路由器之间的消息报文分为以下四类。

(1) Open：与 BGP 邻居路由器协商建立会话。

(2) Keepalive：确认邻居双方的连接是否正常，定时发送。

(3) Update：携带了路由更新信息。

(4) Notification：在连接发生问题时产生，中断 BGP 连接。

图 4.27 所示为两个 BGP 路由器之间的正常消息交互过程。首先，路由器 R_1 和 R_2 通过 TCP 三次握手建立连接；然后 R_1 向 R_2 发送 Open 消息协商建立 BGP 会话，若 R_2 同意则回复 Open 消息并进行步骤 3，若出现问题则发送 Notification 消息中断连接；在双方协商成功的情况下 R_1 和 R_2 通过发送 Keepalive 消息宣告自己状态正常，最终建立会话；若网络路由发生变化则由 Update 消息携带路由更新信息进行传输。Keepalive 消息是根据 Keepalive 定时器定期发送的，是 BGP 会

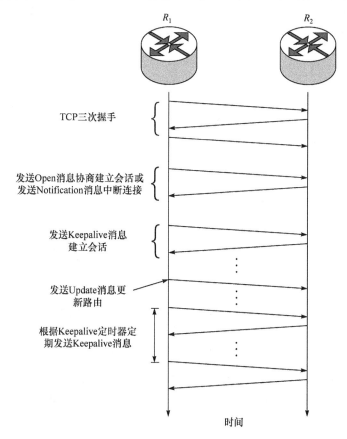

图 4.27　BGP 路由器消息交互过程

话的"心跳报文",用以保持会话,缺省设置为 60s。若会话的一方长时间未收到对方发送的 Keepalive 报文,超过了 Holdtime 定时器规定的时间,则认为对方路由器或网络链路出现问题,于是中断 BGP 会话,Holdtime 定时器一般设置为 180s,是 Keepalive 定时器的 3 倍。

　　BGP 路由器控制报文的传输与数据流量的传输共享,如带宽或缓冲区等网络传输资源,没有设置隔离的通道,即 BGP 的控制平面与数据平面是耦合的。在这种情况下,当网络发生拥塞时,路由协议的控制报文将同数据报文一道被丢弃。该过程如图 4.28 所示,如果 Keepalive 报文由于网络拥塞而不能到达邻居路由器,那么在 Holdtime 定时器超时后,双方的 BGP 会话将会中断,R_1 和 R_2 路由器将不再直接相连。此时域间路由系统的路由视图将发生变化,该变化由 R_1 和 R_2 产生并向外传播,引起局部或全球的路由改变,数据流量将不再由 R_1 和 R_2 之间的链路传输。该会话中断并不是由物理链路故障造成的,因此将其称为虚拟断链。然而,流量的重新路由又将缓解 R_1 与 R_2 之间的拥塞,该链路上的 BGP 会话将会恢复,这里称为自动恢复。域间路由系统的这两个特征将可能引起互联网上的级联故障效应。

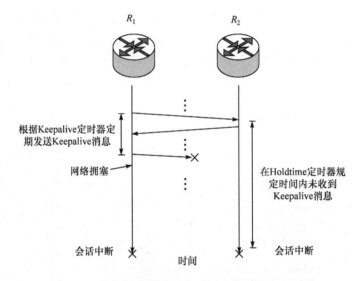

图 4.28　网络拥塞情况下 BGP 路由器消息交互过程

　　图 4.29 所示的例子展示了域间路由系统的级联故障过程。在这个简单的 AS 拓扑中,从 S 到 D 的初始路径是 S→A→B→D。AB 之间的链路出现初始故障后,路由器重新计算路由旁路该故障,将初始路径上承载的数据流量转移至备选路径 1,即 S→A→C→B→D。但是,流量的重新分布超过了 AC 链路的容量,与电力网不同的是,互联网上的过载现象并不导致该链路的永久失效,而是导致了 AC 之间

的拥塞,并造成大量的报文丢失。严重的拥塞使得 BGP 路由器之间的 Keepalive 消息丢失,从而引起会话中断。该变化触发路由系统开始重新计算 S、D 之间的次优路由——备选路径 2,即 S→A→E→F→B→D。此时,流量不经过 AC 链接传输,该链接上的拥塞得到缓解,A 和 C 之间的 BGP 会话恢复,首选的备选路径 1 再次可用,流量被重定向到 AC 链路,继而开始了新一轮的拥塞。在该拓扑中,一个初始的链路故障造成了一系列时间上相关联的路由振荡,这里称为域间路由系统的级联故障。

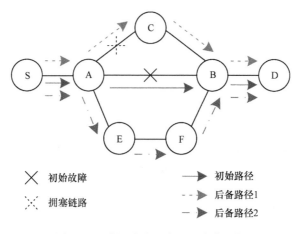

图 4.29　域间路由系统级联故障示例

2. 模型描述

如果网络拓扑的规模像互联网一样庞大,那么路由变化的动态性将更加复杂。一个单独的初始故障将有可能导致大量的虚拟断连和自动恢复的链路,从而导致域间路由系统的不稳定。为了更好地理解与分析该过程,本节提出了域间路由系统的级联故障模型。如图 4.30 所示,该模型由拓扑构建、域间路由和链路状态评估三部分组成,它们之间相互联系,并随着时间的推进不断循环,每一层循环就代表了级联故障的一级,其具体工作过程如下。

(1) 拓扑构建:负责从真实拓扑、初始故障和拥塞链路中构建出虚拟拓扑。将真实拓扑建模为一个带标注的无向图 $G=(V,E)$,V 代表域间路由系统中所有的 AS,E 代表标注有 AS 关系的 AS 链接,AS 关系包括提供商-客户、客户-提供商和对等体-对等体三种。初始故障为最开始断连的 AS 链路,记作 $e^{ini} \in E$。拥塞链路为在时刻 t 时由于流量过载而断连的 AS 链路,记为 $E^{con}(t) \subseteq E$。因此,虚拟拓扑 $G'(t)=(V,E'(t))$ 为在时刻 t 时,部分链路失效的情况下,能够交换路由信息的 AS 和 AS 链路的集合,即 $E'(t)=E\backslash\{e^{ini}\}\backslash E^{con}(t)$。需要注意的是,$e^{ini}$ 的失效是永

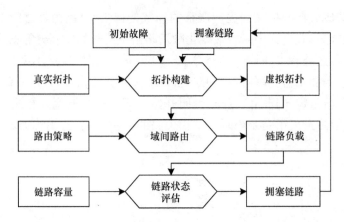

图 4.30　域间路由系统级联故障模型

久的,而 $E^{con}(t)$ 中链路的失效是暂时的,称为虚拟断链,它将在不同的时间随着链路的状态而改变。

(2) 域间路由:模拟互联网的域间路由过程,得到每条 AS 链路的负载情况。在 CAFEIN 中,假设所有 AS 都遵循客户优选和无谷底的路由策略,在此基础上模拟任意源-目的对之间的路由选择过程,并根据源-目的对之间的路由路径计算每条链路的流量负载:

$$L_e = \frac{\sum_{u,w\in V} \sigma_{uw}(e) \cdot \varphi(u) \cdot \varphi(w)}{\sum_{u,w\in V} \sigma_{uw} \cdot \varphi(u) \cdot \varphi(w)}, \quad u \neq w \tag{4.11}$$

式中,$\sigma_{uw}(e)$ 表示 u 和 w 之间经过链路 e 的 AS 路径数量;σ_{uw} 表示 u 和 w 之间的 AS 路径数量;$\varphi(u)$ 和 $\varphi(w)$ 分别表示 u 和 w 拥有的 IP 数量。根据此定义,可以计算出任意 AS 链路在任意时刻的流量负载,记为 $L_{e_i}(t)$。

(3) 链路状态评估:负责评估一条 AS 链路是否拥塞,其拥塞状况取决于链路容量与链路负载的大小关系。一条链路的容量是其能够处理的最大负载,假设链路 e 的容量 C_e 与其初始的负载 $L_e(0)$ 成正比,即

$$C_e = (1+\alpha)L_e(0) \tag{4.12}$$

式中,$\alpha \geq 0$ 为网络链路的容忍因子(Motter et al.,2002),若链路上的负载高于其容量,则链路出现拥塞状况,链路两端的 BGP 路由器发送的 Keepalive 消息将随数据报文一起丢失,造成 BGP 会话的断连,因此将拥塞的链路看做网络中虚拟断连的链路。同时,若拥塞链路上的负载低于其容量,则该链路将自动恢复并能够重新交换路由消息。当前的负载和容量的对比将决定下一时刻的 AS 链路状态,即 $\forall e_i \in E^{con}(t+1), L_{e_i}(t) > C_{e_i}$。

4.4.2　基于级联故障模型的生存性评估实验

基于级联故障模型,本节使用模拟实验评估域间路由系统的生存性。互联网的拓扑和 AS 之间的关系由 2012 年 6 月 CAIDA 的 AS Relationships 数据集提供,每个 AS 的 IP 前缀和 IP 数量由 Route Views 和 RIPE RIS 收集的路由表计算获得。

1.　生存性测量指标

(1) 连通率:流量过载可能造成大量的链路虚拟断链,导致实际连通的虚拟拓扑与真实的互联网拓扑存在很大的差别。在不完全的拓扑中,路由系统能否为任意的源-目的对找到可用的路由呢? 为评估路由系统的这项能力,定义如下连通率测量指标:

$$R(t) = \frac{\sum\limits_{u,w \in V} \chi_{uw}(t)}{N(N-1)} \tag{4.13}$$

如果在时刻 t 存在一条从 u 到 w 的路径,那么 $\chi_{uw}(t)$ 等于 1,否则等于 0。N 是互联网中所有 AS 的数量,即 $N=|V|$。域间路由系统的高连通度意味着高生存性。

(2) 重路由消息数:路由系统最核心的任务就是进行路由决策。若需要重新计算的路由路径过多,则会有大量的 BGP 路由消息产生、发送。路由器 CPU 的计算负载会急剧增加,可能超出处理器的计算容量,从而减弱系统的路由能力。因此,这里通过测量核心 AS 接收的重路由消息数来评估级联故障对互联网中重要 AS 的影响。核心 AS 即为互联网中负责数据转发的枢纽 AS,通过式(4.14)计算每个传输 AS $v(v \in V_{\text{tran}})$ 为其他 AS 转发的流量负载,并选取数值最高的若干成员组成核心 AS 集合,记为 V_c。式(4.14)中各元素的含义与式(4.11)中一致。

$$L_v = \frac{\sum\limits_{u,w \in V} \sigma_{uw}(v) \cdot \varphi(u) \cdot \varphi(w)}{\sum\limits_{u,w \in V} \sigma_{uw} \cdot \varphi(u) \cdot \varphi(w)}, \quad u \neq w \neq v \tag{4.14}$$

核心 AS $u(u \in V_c)$ 接收到的重路由消息数定义为

$$RM_u(t) = \sum\limits_{w \in V} \delta_{uw}(t-1,t) \cdot \rho(w) \tag{4.15}$$

式中,$\delta_{uw}(t-1,t)$ 代表了在 $t-1$ 和 t 时刻,从 u 到 w 的路径是否相同,若不相同则其值等于 1,若相同则其值等于 0。在 CAFEIN 中,路径的重新路由只由虚拟拓扑的变化引发。$\rho(w)$ 是 w 中的 IP 前缀数量,在 BGP 中,路由消息以 IP 前缀为单位产生,一个 AS 的前缀数量越多,以其为目的地的路径发生重路由时产生的路由消息也越多。核心 AS 的重路由消息数(分布情况揭示了级联故障对不同 AS 的不同影响。总体来说,路由消息数量越多表示路由系统的生存性越低。

2. 生存性影响因素实验及分析结果

图 4.31 和图 4.32 是在不同初始故障和不同链路容量的情况下连通率的变化。每条曲线的第一个时间节点都表示在初始故障下的网络连通率,紧接着是 20 次级联故障下的连通率。由这两个图可知,无论是何种初始故障,当容忍因子小于等于 0.1 时,连通率的级联故障效应将被放大。当容忍因子大于 0.2 时,级联效应局限于一个很小的范围。另外,正如预期的那样,在相同的容忍因子下,蓄意攻击的影响力比随机失效要高。

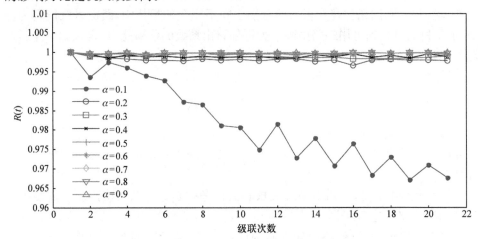

图 4.31　蓄意攻击下连通度与容忍因子之间的关系

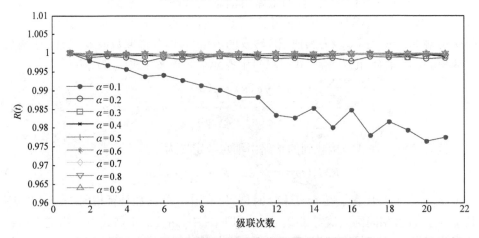

图 4.32　随机失效下连通度与容忍因子之间的关系

图 4.33 和图 4.34 是在不同情况下每一时间点的平均重路由消息数。$\mathrm{RM}(t)$ 的计算方法为 $(\sum_{v \in V} \mathrm{RM}_v(t)) / |V_c|$。该指标的数值变化进一步验证了上述结果,

即域间路由系统的级联故障将在容忍因子小于 0.1 时涌现,并且负载很高的链路发生故障后将会给路由系统带来大量的额外负担。

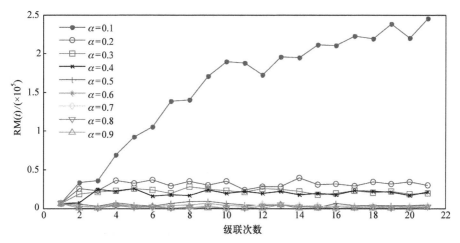

图 4.33 蓄意攻击下重路由消息数与容忍因子之间的关系

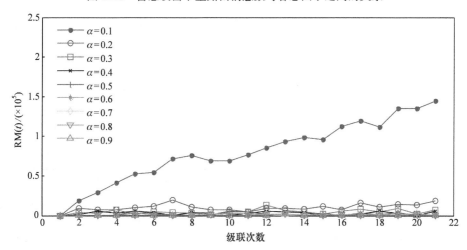

图 4.34 随机失效下重路由消息数与容忍因子之间的关系

图 4.35 和图 4.36 显示了核心 AS 接收到的重路由消息数目的分布情况,核心 AS 集合由流量负载排名前 1% 的 79 个 AS 组成。实验着重比较由初始故障和由级联故障产生的路由消息数量。因此,仅给出 α 为 0.1、0.5 和 0.9 三种情况,分别代表低、中、高三种容忍度的链路类型。在初始故障中,RM_v 代表初始时间的重路由消息数量,在级联故障阶段,RM_v 的计算方法为 $(\sum_{t \in T} RM_v(t))/|T|$,即取 20 次级联失效中的平均消息数量。从分布情况来看,大多数核心 AS 都需要在级联故障阶段处理数量急剧增加的路由更新消息。

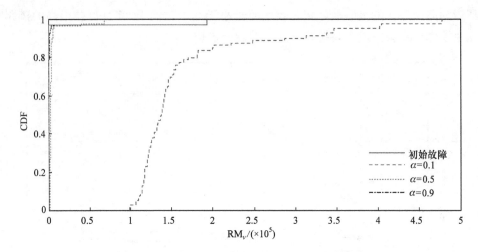

图 4.35　蓄意攻击下重路由消息数量的分布情况

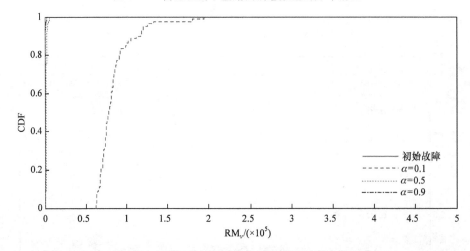

图 4.36　随机失效下重路由消息数量的分布情况

　　进一步统计分析表明,在蓄意攻击的场景下,$\alpha=0.1$ 时,97.5%的核心 AS 在级联故障阶段处理的平均路由消息数量是初始故障阶段的 397 倍以上;$\alpha=0.5$ 时,97.5%的核心 AS 在级联故障阶段处理的平均路由消息数量是初始故障阶段的 4.8 倍以上;$\alpha=0.9$ 时,93.7%的核心 AS 在级联故障阶段处理的平均路由消息数量是初始故障阶段的 1.8 倍以上。在随机失效的场景下,α 设置为 0.1、0.5 和 0.9 时,核心 AS 在初始故障阶段处理的路由消息数量皆为 0,即失效链路本身没有引起核心 AS 的路由表变化,而由其引发的级联失效给路由系统带来了大量的路由改变。

4.4.3 小结

本节首次提出了域间路由系统的级联故障模型,定义了两个度量域间路由系统生存性的指标,并评估了在不同情况下路由系统的生存性。从模拟结果中得到以下结论:第一,由于 BGP 数据平面和控制平面共存,域间路由系统会受到由链路故障引发的级联故障的影响,给核心 AS 带来了大量的额外负担,减弱了其选择路由的能力;第二,级联效应将在链路的容忍因子小于等于 0.1 时被放大;第三,蓄意攻击比随机失效的影响力大,但由于域间路由系统中独特的自动恢复机制,其差异并没有复杂网络的相关研究中得出的结果那样显著。

参 考 文 献

李庆强,魏振钢,孙笑非,等. 2008. 基于半监督分类的 BGP 异常检测[J]. 计算机应用,28:83-85.

刘宇靖. 互联网域间路由系统生存性研究[D]. 长沙:国防科学技术大学,2013.

王建伟,荣莉莉. 2009. 基于负荷局域择优重新分配原则的复杂网络上的相继故障[J]. 物理学报,58(6):3714-3721.

王健,刘衍珩,朱建启. 2008. 一种简单的 Internet 级联故障模型[J]. 上海理工大学学报,30(3):215-220.

王振兴,郭毅,张连城,等. 2012. 域间路由系统相继故障问题分析[J]. 信息工程大学学报,13(1):115-119.

王致林,朱培栋,陈侃,等. 2011. BGP 前缀劫持下的通信研究与实现[J]. 小型微型计算机系统,1:75-79.

Costa L d F, Rodrigues F A, Travieso G, et al. 2007. Characterization of complex networks: A survey of measurements[J]. Advances in Physics,56(1):167-242.

Crucitti P, Latora V, Marchiori M. 2004. Model for cascading failures in complex networks[J]. Physical Review E,69(1):045104.

Denning D E. 1987. An intrusion-detection model[J]. IEEE Transaction son Software Engineering,13(2):222-232.

Dou D, Li J, Qin H, et al. 2007. Understanding and utilizing the hierarchy of abnormal BGP events [C]//Proceedings of the 7th SIAM International Conference on Data Mining, Minneapolis, 467-472.

Gao L. 2001. On inferring autonomous system relationships in the Internet[J]. IEEE/ACM Transactions on Networking,9(6):733-745.

Gill P, Schapira M, Goldberg S. 2014. A survey of interdomain routing policies[J]. ACM SIGCOMM Computer,44(1):28-34.

Goldberg S, Schapira M, Hummon P, et al. 2010. How secure are secure interdomain routing protocols? [C]//ACM SIGCOMM, New Delhi,87-98.

Griffin T G, Premore B J. 2001. An experimental analysis of BGP convergence time[C]//Proceedings of the 9th International Conference on Network Protocols, Riverside, 53-61.

Han J, Kamber M. 2006. Data Mining: Concepts and Techniques[M]. San Francisco: Morgan Kaufmann Publishers.

Hiran R, Carlsson N, Gill P. 2013. Characterizing large-scale routing anomalies: A case study of the China telecom incident[C]//Proceedings of Passive and Active Measurement Conference, Berlin, 2013.

Kent S, Lynn C, Mikkelson J, et al. 2000. Secure border gateway protocol(S-BGP)-real world performance and deployment issues[C]//Proceedings of Symposium on Network and Distributed Systems Security, San Diego, 1-14.

Khare V, Ju Q, et al. 2012. Concurrent prefix hijacks: Occurrence and impacts[C]//Proceedings of IMC, Boston, 2012.

Kruegel C, Mutz D, Robertson W, et al. 2003. Topology-based detection of anomalous BGP messages[C]//Proceedings of the 6th International Symposium on Recent Advances in Intrusion Detection, Pittsburgh, 17-35.

Lad M, Massey D, Pei D, et al. 2006. PHAS: A prefix hijack alert system[C]//Proceedings of the 15th USENIX Security Symposium, Vancouver, 153-166.

Lad M, Oliveira R, Zhang B, et al. 2007. Understanding resiliency of internet topology against prefix hijack attacks[C]//Proceedings of the 37th Annual IEEE/IFIP International Conference on Dependable Systems and Networks, Edinburgh, 368-377.

Laoutaris N, Sirivianos M, Yang X, et al. 2011. Inter-datacenter bulk transfers with netStitcher[C]//Proceedings of ACM SIGCOMM, Toronto, 265-276.

Li J, Brooks S. 2011. I-seismograph: Observing and measuring Internet earthquakes[C]//Proceedings of IEEE INFOCOM, Shanghai, 2624-2632.

Li J, Dou D, Wu Z, et al. 2005. An Internet routing forensics framework for discovering rules of abnormal BGP events[J]. ACM SIGCOMM Computer Communication Review, 35(5):57-66.

Li J, Guidero M, Wu Z, et al. 2007. BGP routing dynamics revisited[J]. ACM SIGCOMM Computer Communication Review, 37(2):5-16.

Liu Y, Luo X, Chang R K C, et al. 2012. Characterizing inter-domain rerouting after Japan earthquake[C]//Proceedings of the 11th International IFIP TC 6 Networking Conference, 124-135.

Luckie M, Huffaker B, Dhamdhere A, et al. 2013. AS relationships, customer cones, and validation[C]//Proceedings of IMC 2013, Barcelona, 243-256.

Luo X, Chan E W W, Chang R K C. 2009. Design and implementation of TCP data probes for reliable and metric-rich network path monitoring[C]//Proceedings of the USENIX Annual Technical Conference, San Diego, 4-14.

Mahajan R, Wetherall D, Anderson T. 2002. Understanding BGP misconfiguration[C]//Proceedings of the 2002 Conference on Applications, Technologies, Architectures, and Protocols for Computer Communications, 3-16.

Motter A E, Lai Y C. 2002. Cascade-based attacks on complex networks[J]. Physical Review E,

66(6):065102.

Nordström O,Dovrolis C. 2004. Beware of BGP attacks[J]. ACM SIGCOMM Computer Communication Review,34(2):1-8.

Orsini C,King A,et al. 2016. BGPStream:A software framework for live and historical BGP data analysis[C]//Proceedings of IMC 2016,Pittsburgh,3-16.

Roughan M,Li J,Bush R,et al. 2006. Is BGP update storm a sign of trouble:Observing the Internet control and data planes during Internet worms[C]//Proceedings of SPECTS'06,Calgary, 1-8.

Schuchard M,Mohaisen A,Kune D F,et al. 2010. Losing control of the Internet:Using the data plane to attack the control plane[C]//Proceedings of CCS'10,Chicago,726-728.

Taka M,Tomoya Y. 2007. Inter-domain routing security:BGP route hijacking[C]//Proceedings of APRICOT,BaLi.

Wang F,Gao L. 2007. On inferring and characterizing internet routing policies[J]. Journal of Communications and Networks,9(4):350-355.

Zhang B,Liu R,Massey D,et al. 2005a. Collecting the Internet A S-level topology[J]. Computer Communication Review,35(1):53-61.

Zhang J,Rexford J,Feigenbaum J. 2005b. Learning-based anomaly detection in BGP updates [C]//Proceedings of the 2005 ACM SIGCOMM Workshop on Mining Network Data,Philadelphia,219-220.

Zhang K,Yen A,Wu S F,et al. 2004. On detection of anomalous routing dynamics in BGP[C]// Proceedings of Networking,Athens,3042:259-270.

Zhang Z,Zhang Y,Hu Y C,et al. 2008. ISPY:Detecting IP prefix hijacking on my own[J]//ACM SIGCOMM Computer Communication Review,38(4):327-338.

第5章　新一代互联网 TCP 加速技术

随着网络技术的快速发展,网络带宽不断得到提升,如何使网络传输更加高效一直是新一代互联网研究的热点。目前 TCP 使用的传输控制机制是针对低速网络设计的,在新一代互联网(有时也称为高速网络)中,网络速度已经比 TCP 最初应用时提升了近万倍,这使得新一代互联网面临许多挑战,TCP 加速的需求日益迫切。

在高速网络 TCP 加速技术的研究中,至少需要解决以下问题:如何充分利用路由器信息为端系统提供流量控制服务,实现端系统与路由器的协同控制;如何更好地实现流间带宽共享的公平性;如何避免反向数据流量对正向数据流量应答的干扰;如何利用高速发展的硬件技术,提高端系统 TCP 的处理性能等。

5.1　新一代互联网 TCP 处理面临的问题

5.1.1　TCP 发展过程与设计目标

认识来源于实践,而认识的最终目标也正是服务于实践。只有了解 TCP 的发展历史及相应的设计目标,才能对 TCP 具有较为全面的认识,从而更好地研究 TCP 加速技术,满足越来越高的应用需求。

1. TCP 发展过程

TCP 最初只是作为 NSF 网络(NSFNET)的程序规范,即 RFC793,这也是最早的、较为完整的 TCP 规范。该规范简单描述了如何进行主机到主机的可靠传输,并描述了 TCP 执行的功能、相应的实现程序及程序接口。TCP 在设计之初就被赋予了很高的使命,期望成为报文交换计算机网络和这些网络互联系统中的高可靠性传输协议。

需要明确的是,网络中的可靠传输包括两方面:首先是数据的正确,由于以前的传输介质质量很差,因此在传输层及以下各层协议中都需要进行校验和计算;其次是数据的完整保序,该特性需要 TCP 执行复杂的操作来实现,现在强调 TCP 的可靠传输时主要指后者。

2. TCP 设计目标

人们对知识的认识总是受限于当时的科技水平和相应的外部应用环境,TCP 的设计自然也不例外。在 TCP 设计之初,网络技术刚刚起步,相应的硬件设施只能达到很低的水平,应用需求也十分简单(仅仅是确保数据的可靠稳定传输),诸多因素导致 TCP 的设计从一开始就先天不足。在设计 TCP 时,人们对网络,尤其是对大型互联网络缺乏本质的认识,从而遗漏了许多 TCP 应该具备的重要特征。例如,现在人们熟知的拥塞控制,在最初协议设计中就没能体现。

TCP 最初的设计目标只是在进程间提供可靠、安全的逻辑链路,并在此基础之上提供可靠的传输服务。需要强调的是,TCP 对网络并不做任何假设,它的主要功能就是提供可靠的逻辑链路。为了能够在不可靠的网络上进行可靠的通信,协议必须提供如下功能。

1) 保证基本的数据传输

TCP 组合一定数量的字节数据,形成在网络上传输的报文,在用户之间的两个方向上传输连续字节流。

2) 确保数据传输的可靠性

网络的不可靠性可能会导致报文丢失。同时,TCP 建立的逻辑链路很可能会与多条物理链路对应,在网络传输过程中可能导致报文乱序。因此,TCP 必须要确保丢失报文能够重传,乱序报文能够恢复顺序,这些特性都将通过序列号机制得到保证。TCP 给每个传输的字节流分配一个序列号,并要求 TCP 的接收方发送确认报文。如果发送方在一定的时间间隔内没有收到确认消息,报文将会重传。在接收方,序列号用来确定每一个字节的正确顺序。

3) 提供基本的流量控制

TCP 通过在每个应答报文中嵌入窗口字段来指示能够接收的序列号范围,为接收方提供简单的流控机制,控制发送方能够发送的最大数据量。

4) 维护通信状态的集合

为了确保前述目标能够实现,TCP 必须要维护某些状态信息的集合。这些信息包括端口、序列号及窗口大小等,这个集合称为连接状态。当进程之间需要通信时,TCP 首先需要建立连接,初始化状态信息,然后才能进行数据传输。

5) 实现并行多路传输技术

为了确保端系统上的多个进程能够同时使用 TCP 通信,TCP 提供地址和端口机制,形成 Socket。一对 Socket 标识一个具体连接。

6) 提供优先级和安全性

TCP 用户可以指示通信的安全性和优先级。如果不需要这些特性,那么协议将采用缺省值。TCP 使用 IP 首部的服务类型和安全选项为每个连接提供优先级和安全性。

　　由 TCP 最初的设计目标可以看出，协议设计充分考虑了可靠传输，提供了序列号、流控、应答及超时重传等若干支撑机制。但是，由于对网络缺乏了解，如何处理网络的变化状况并没有在设计中体现，从而导致 TCP 在高速网络环境下面临着许多挑战。

5.1.2　TCP 在新一代网络中面临的挑战

　　目前，端系统通常都配备了千兆以太网接口，或者万兆以太网接口，具有大容量内存，并且能够在内存和网络接口之间以每秒千兆字节以上的速率传输数据。同时，目前的 IP 网络主要都是利用光纤、高性能交换机和路由器构建而成，可以提供高达 10Gbit/s 以上的传输能力。在硬件设备飞速发展的今天，需要解决的问题是：如果端系统和网络都能够支持每秒千兆字节以上的传输能力，那么端到端的 TCP 性能是否也能达到这个级别，获得与每秒百兆字节速度下相同的使用效率。如果不能达到，那么高速网络环境中设计高性能 TCP 的原则是什么。

　　针对这一问题，许多研究已经给出了答案：不能达到。

　　首先，传统 TCP 的拥塞控制机制在高速网络中表现较差，报文丢失的影响十分明显，主要是由于它使用了基于"和式增加，积式减少"（additive increase multiplicative decrease，AIMD）的拥塞控制机制。一个报文的丢失在高速网络中会导致很严重的后果：当检测出一个报文丢失后，TCP 连接就会将带宽减半，然后需要等待几秒钟、几分钟甚至几个小时来恢复所有的可用带宽。另外，慢启动也会造成 TCP 在高速网络中性能降低，相对而言，它的影响要比拥塞避免小。

　　其次，传统 TCP 总是把报文丢失解释为拥塞，而假定链路错误造成的报文丢失可以忽略。但是在高速网络中，这种假设很难再成立。当数据传输速率较高时，链路错误不能忽略。由链路错误引起报文丢失和由网络拥塞引起报文丢失的可能性是相同的，不能笼统地将报文丢失都归咎于网络拥塞。因此，当一个 TCP 报文丢失后认为就是出现了网络拥塞是不妥的，拥塞的发生需要两个连续的报文丢失来判断。

　　最后，由于使用 AIMD 算法，传统 TCP 不能使用高速网络环境下链路的所有容量，而高速远距离的网络造价较高，因此对容量的浪费不可忽视。

5.1.3　高速网络 TCP 设计原则

　　目前 TCP 面临的主要问题是：基于窗口的拥塞控制机制能否继续在高速网络环境中保持高效，同时这种控制机制能否继续适应环境的不断变化。为了解决这一问题,在设计高速网络中 TCP 时需要遵循以下原则(Geoff et al.,2005)。

首先,TCP 必须在确保网络总体性能和公平性方面相当有效,因为每个端系统都在使用某种形式的 TCP,它们必须具有类似的响应特性。如果不同的端系统在选择 TCP 时使用截然不同的控制方式,那么网络会陷入混乱,可能会产生严重的网络拥塞并造成资源使用效率极低。

其次,传输协议不需要解决介质相关的问题。最通用的传输协议不应当依赖于特定介质的特征,而是应当使用来自底层协议的响应,正确发挥传输系统的作用。

再次,传输协议需要保持出色的一致性,能够在原先设计时没有考虑到的环境中使用。在网络发展若干年之后,应该对网络的未来具有更清晰的认识。因此,任何方案都应当审慎地设计,以便适应各种不同的使用条件。

最后,传输协议需要在竞争中保持公平的健壮性。

5.1.4　TCP 性能优化问题

为了读者对 TCP 加速技术的研究有更深刻的认识,本节首先分析 TCP 的传输控制机制。自设计之初,TCP 就被定位为端系统的控制协议,属于传输层协议。在整个网络协议簇中,传输层处于应用层与网络层之间,如图 5.1 所示。

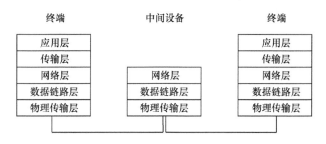

图 5.1　传输层在网络协议簇中的位置

协议层之间通过封装与解封各自的报文首部执行相应的功能。TCP 报文被封装在 IP 报文中,如图 5.2 所示。

以太网帧	IP首部	TCP首部	TCP数据	CRC

图 5.2　TCP 报文的封装

CRC 表示循环冗余校验(cyclic redundancy check)

从横向来看,各层协议具有对等性。TCP 发送方与 TCP 接收方将根据封装在报文中的 TCP 首部信息实现数据的可靠传输。

TCP 报文首部的结构如图 5.3 所示。

0				15	16		31
16 位源端口					16位目的端口		
32位序列号							
32位确认号							
4位TCP偏移量	保留	6位标志			16位窗口		
16位校验和					16位紧急偏移		
选项							
数据							

图 5.3　TCP 首部

将 TCP 的数据流字节用序列号进行对应,是 TCP 能够实现许多优越性的重要技术基础。TCP 为应用层提供全双工服务,这意味着数据能在两个方向上独立传输,因此 TCP 连接的每一方必须保持每个方向上的传输数据序列号。TCP 头部中的其他字段作为序列号机制强有力的辅助,与其一起构成整个 TCP 传输控制机制的基础。

1. 滑动窗口机制

TCP 的特点之一是提供体积可变的滑动窗口机制,支持端到端的流量控制。TCP 的窗口以字节为单位进行调整,以适应接收方的处理能力。具体处理过程如下:首先,在 TCP 连接阶段,双方协商窗口尺寸,同时接收方预留数据缓冲区;其次,发送方根据协商的结果,发送符合窗口尺寸的数据字节流,并等待对方的确认;最后,发送方根据确认信息,改变窗口的尺寸。图 5.4 用可视化的方法,描述了滑动窗口协议,其中接收方通告的窗口通过应答报文告知发送方,该窗口通知发送方截至收到应答报文时,最多能向接收方发送的数据总量。

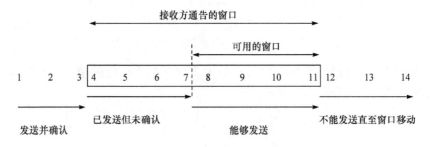

图 5.4　TCP 滑动窗口协议

滑动窗口包含两部分空间:一部分用以存储已经发送但还未收到对方确认的数据,这些数据必须保留在发送队列中,以便在丢失时重新发送;另一部分用以存储能够发送但还未发送的数据。当接收方确认数据后,这个滑动窗口不时向右移动,窗口边沿的相对运动增大或减小了窗口尺寸,如图 5.5 所示。

图 5.5 TCP 窗口边沿的移动

TCP 发送方根据接收的确认信息调整窗口：当数据被发送并被确认时，窗口将进行合拢操作；当接收方读取已经确认的数据并释放相应的 TCP 缓冲时，窗口将张开以允许发送更多的数据；而收缩窗口的操作基本上很少出现。滑动窗口的左边沿受接收方确认序号的控制，因此不可能出现左移的情况，若接收到一个指示窗口左边沿左移的应答，则被认为是一个重复的应答，从而丢弃。若两个边沿重合，则称为零窗口，此时发送方不能发送任何数据。基于序列号机制的滑动窗口，保证了数据传输的可靠性，并提供了部分流量控制。

接收方提供的窗口大小是由接收进程控制，这将影响 TCP 的性能。通常 TCP 的默认接收缓冲大小不同，早期操作系统版本，例如 BSD 4.2 版本的默认值为 2KByte，而 BSD 4.3 版本的默认值为 8KByte。文献（Mogul，1993）给出了在改变接收缓冲大小的情况下，位于以太网上两个工作站之间进行文件传输时的一些结果。该结果表明，对以太网而言，默认的 4KByte 并不是最理想的大小，将缓冲增加到 16KByte 可以增加约 40% 的吞吐量。文献（Papadopoulos et al.，1993）也给出了类似的结果。

TCP 的窗口机制是构建 TCP 传输控制机制的最核心内容。TCP 改进的关键就是如何实现有效的窗口调整机制，文献（Xu et al.，2004；Jin et al.，2004；Kelly，2003；Floyd，2003；Katabi et al.，2002）对此进行了深入研究。

2. 基于接收窗口的流控机制

虽然基于 TCP 的窗口机制可以提供一定的流量控制，但是这种流量控制有其固有的缺陷。TCP 的接收窗口信息由接收方主动通告，信息的生成是在接收方，只是反映了接收方的接收能力，给出了发送方在收到这个指示时能够发送数据量的上限，并不代表网络的任何状况。因此，基于接收窗口的流量控制是一种局部控制机制，其参与者仅仅是发送方和接收方，只考虑了接收方的接收能力，而没有考虑到网络的传输能力。

从 TCP 所处的层次结构可以看出，人们刻意将其与 IP 分开，是为了将传输控制功能完全交给端系统，而将数据的简单转发交给网络。从 TCP 的最初设计来看，窗口流量控制信息的产生与消费均在端系统进行，因此网络设备也不可能参与端系统的控制过程，体现了功能的严格划分。但是，任何事物均有两面性。虽然从体系结构上看,网络协议因为这种划分而变得更加清晰,设计实现相对容易,但是也正是这种划分,使得 TCP 的窗口流控具有一定的盲目性,并不具备拥塞控制的功能。当数据从高速网络进入低速网络时,可能会发生拥塞,或者当多个输入流到达路由器,而路由器的输出带宽小于这些输入流的速率总和时也会发生拥塞。图 5.6 显示了从高速网络向低速网络发送数据引起拥塞的情况。

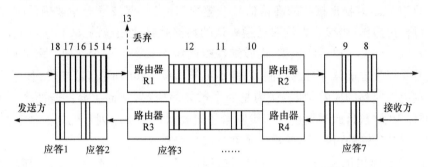

图 5.6　从高速网络向低速网络发送数据引起的拥塞

路由器 R1 属于瓶颈,是拥塞发生的地方。它从左侧高速网络接收数据,并向右侧低速网络转发。当路由器 R2 从低速网络接收到报文后,将报文发送到右侧高速网络,这些报文的间隔时间一致,由低速网络决定。同理,返回应答之间的间隔也由反向链路上的低速路径决定。

3. TCP 拥塞控制机制

在互联网中,TCP 的拥塞控制机制是网络稳定工作的重要保证。正因为拥塞控制与网络之间具有密切关系,所以 TCP 的拥塞控制很难抛开网络的反馈而独自运行。目前,几乎所有关于拥塞控制机制的研究都需要路由器提供支持。如图 5.7 所示,TCP 与路由器构成反馈控制系统。

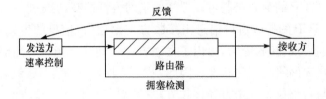

图 5.7　TCP 与路由器构成的反馈控制系统

路由器一般通过缓冲队列的管理进行拥塞的检测与控制。传统队列管理采用的尾部丢弃(drop tail)方法具有排外和满队列两个缺点。因此,IETF 提出采用主动队列管理(active queue management,AQM)(Braden et al.,1998)来解决上述问题。AQM 算法在网络中间节点上执行,检测网络可能发生的拥塞,并以隐式或显式的方法通知发送方,发送方则调节发送速率以响应网络节点的通告,从而避免严重拥塞的发生。随机早检测(random early detection,RED)(Floyd et al.,1993)是 IETF 推荐的 AQM 算法。该算法设计简洁,得到了较为广泛的实际应用网络使用测试。然而诸多实验表明,RED 也存在如下一些问题:在给定流量条件下队长稳态误差大,带来很大的延时抖动;不同流量条件下平均队长变化较大,有可能造成大量报文丢失;参数难以调节、鲁棒性差等。为了克服 RED 算法存在的困难,研究人员提出了一些改进算法,如稳定 RED(stabilized RED)(Ott et al.,1999)、自配置 RED(self-configuring RED)(Feng et al.,1999a)、BLUE(Feng et al.,1999b)、自适应 RED(adaptive RED)(Floyd et al.,2001)。

自从 Floyd 提出 RED 方法以来,AQM 引起了人们的广泛关注,已有多种相关算法被提出。除上述提及的几种算法以外,比较有代表性的还有随机指数标记(random exponential marking,REM)(Athuraliya et al.,2001)、比例-积分控制器(Hollot et al.,2001)、自适应比例-积分控制器(卢锡城等,2005)、比例-积分-微分控制器(杨吉英等,2006)、自适应虚拟队列(adaptive virtual queue,AVQ)(Kunniyur et al.,2001)等。其中,AVQ 需要与显式拥塞通告(explicit congestion notification,ECN)(Floyd,1994)方式相结合。PAQM(predictability AQM)(Gao et al.,2002)基于流量速率估计值对 RED 的参数进行调节,但算法的多步预测可能带来较大的误差。变结构拥塞控制协议(variable-structure congestion control protocol,VCP)同样采用链路负载作为路由器的拥塞指示(Xia et al.,2005)。尽管 ECN 被认为可以提高大多数 AQM 算法的性能(Le et al.,2003),但目前还没有在网络中广泛部署(Kuzmanovic,2005)。部分研究还将拥塞控制机制与路由信息结合起来,以获取更详细的路径信息(He et al.,2006;Kelly et al.,2005;Bertsekas et al.,1984;Gallager et al.,1977)。

通常采用两种方法检测拥塞情况:基于队列长度和基于流量到达速率。基于队列长度的 AQM 算法一般用平均队列长度表示拥塞程度,这种方法的缺点在于拥塞状态和队长变化之间存在一定的延时,可能导致控制不及时而产生较大的抖动;基于速率的方法用以判断拥塞的主要根据是报文到达瓶颈链路的速率,因而可以有效地缓和检测延时及其带来的负面影响。后续内容中有关拥塞控制的研究主要都使用这两种方法。

但是,拥塞控制不仅仅是确保网络不发生拥塞,同时它必须能有效控制节点的发送行为,最大化 TCP 的性能,获取最大的网络利用率。因此,TCP 能够保持自同步成为 TCP 稳定传输的重要目标。

4. TCP 传输的自同步特性

应答机制构成了 TCP 自同步的基础:在稳定传输阶段,每接收到一个应答,发送方将发送一个新的数据报文。如图 5.8 所示,应答回到发送方的间隔与发送报文之间的间隔一致,发送方与接收方之间的链路被填满。此时,不论通告的窗口是多少,链路都不能容纳更多的数据。每当接收方在一个时间单位内从网络上移去一个报文时,发送方就会再发送一个报文到网络。但是,不管有多少报文填充这个链路,反向路径上总是具有相同数目的应答,这也是连接的理想状况。实际上,反向路径上的队列行为也会影响应答的速率,从而影响发送方的速率。

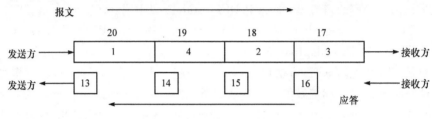

图 5.8　基于自同步特性的稳定传输

TCP 自同步代表了连接的理想状况,但是,网络是一个复合体,任何链路在任意时刻都很难为一条连接单独拥有。因此,令一条 TCP 连接完全占用链路容量不切实际。

回顾自同步的定义不难发现,自同步最关键的前提是传输的稳定性,从另一个角度看,只要 TCP 在某种机制的控制下,能够维持发送周期内传输速率的均匀性,TCP 一样具备自同步特性,与链路容量无关。这正是设计拥塞控制机制所追求的目标,即如何才能使 TCP 快速而公平地达到自同步。

理解了 TCP 传输控制机制后,下面分析究竟什么才是 TCP 性能提升的瓶颈,同时又有哪些方法能够有效实现 TCP 加速。

5.1.5　TCP 加速技术研究概况

TCP 产生以来,人们对它的研究从未停止。随着网络技术的不断发展,网络应用的性能需求也随之表现为高吞吐量、高带宽、低延迟、低主机开销和低存储开销等特点(Jeffrey et al. ,2001)。当千兆速率以上的网络出现后,网络的协议处理逐渐占用了越来越多的 CPU 资源。因此,TCP 的加速技术始终是人们研究的热点,在高速网络环境中尤其如此。

下面详细介绍 TCP 加速技术的研究成果,阐述系统 TCP 处理的主要开销,并给出以往研究中关于 TCP 性能的理论分析与实验验证,重点对 TCP 加速的实现技术与手段进行深入探讨。这些技术手段大致分为三类:TCP 处理机制的优化、TCP 实现方式的改进及 TCP 具体结构的完善。

1. TCP 处理机制的优化

高速网络中的 TCP 性能通常受限于发送主机与接收主机,而不是网络硬件或协议本身的实现(Jeffrey et al.,2001)。TCP 处理的主要开销分为中断操作、数据复制和协议处理三部分。

1) 中断操作

磁盘传输延时可以进行比较精确的估计。与磁盘输入输出不同,由于网络传输延时的不确定性,系统与网络接口控制器(network interface controller,NIC)之间一般采用异步中断的通信方式(Shubhendu et al.,1997)。

网络驱动程序每次和内核交互一个报文,这样的处理使得驱动程序不需要关心协议的具体实现,而协议也不需要关心数据的物理传输,但是产生了较多的中断开销(Rubini et al.,2001)。由于是在内核执行,因此中断处理代码必须尽可能少(Daniel et al.,2001)。当数据到达 NIC、硬件中断内核时,内核只是将数据简单移出 NIC,而后迅速恢复以前的运行状态,其余的操作将在软中断中处理。但是,将中断处理分段进行,必然会引入更大的开销。

将中断处理分段进行,可以防止硬件中断占用过多的 CPU 时间,将更多的操作留到 CPU 空闲时处理。但是,频繁的上下文切换及相应的软中断控制增加了额外的开销。标准 NIC 为每一个到达的报文产生一个中断信号,触发系统运行设备驱动程序进行报文的接收操作。当网络带宽较小时,这种设计对系统的影响并不明显。当网络带宽达到千兆或者更高时,频繁的中断操作将严重影响系统的整体性能。

2) 数据复制

在传统的数据复制中,收发双方各须经历四个步骤。接收方的四个步骤为:

(1) 将数据从 NIC 存储器复制到内核空间。若 NIC 没有提供直接内存访问(direct memory access,DMA)方式,则复制操作由 CPU 执行,数据将两次经过存储总线。

(2) 对数据进行校验和计算,此操作涉及所有的传输数据,数据将再次经过存储总线。

(3) 将数据从内核复制到用户空间,此操作必须由 CPU 执行,数据跨越内核与用户空间,经过两次存储总线。

(4) 应用从用户空间获取数据。与接收方相对应,发送方也需要类似的四个步骤。显然,在整个网络数据接收或发送过程中,数据最多会经过 6 次存储总线,即存储总线需要提供 6 倍于网络数据流的带宽。

如此复杂的复制操作源自 TCP 可靠保序的性质,该特性使 TCP 向上层应用提供透明的可靠传输。为了保证报文传输可靠有序,TCP 需要提供重传机制,在出错或超时的情况下重新传输,而重传报文只能保持在内核空间。应用将数据传输给内核之后,则认为报文已经正确发送,立即返回,并释放或重复使用用户空间的缓冲。在接收方,TCP收到的可能是错误或乱序的数据,必须等待发送方的重传或者在本地重新排序,然后通知应用,等待应用接收。

3) 协议处理

协议处理主要分为链接管理、数据传输、定时器管理和错误与拥塞控制四部分(Stevens,1993),其处理开销主要包括:①应用数据被分割成最适合发送的数据块;②每次发送数据后,启动重传定时器;③收到数据后将发送延时确认;④对所有数据进行校验和计算;⑤如果报文乱序,那么对乱序报文重新排序;⑥检测并丢弃重复报文;⑦提供流量控制,防止拥塞。

在具体实现TCP协议时,其开销主要分为三部分(Jeffrey et al.,2001):①报文相关的开销,包括协议处理开销及报文所产生的中断开销;②数据相关的开销,包括数据复制及校验和计算开销;③操作系统相关的开销,包括上下文切换及存储管理开销。实验数据表明,在传统的TCP处理中,700Mbit/s的TCP流量就可以将500MHz的Alpha CPU处理能力消耗完。

2. TCP实现方式的改进

为了分析TCP的性能,人们建立了许多TCP模型,从理论上进行论证,并通过实验对模型进行调整,使模型与实际更为接近,同时利用实验结果对TCP性能进行定量分析。

1) 性能评价标准

人们一般从吞吐量、CPU使用率和延时三个方面评价TCP的处理性能。系统处理能够完成的带宽是性能评价最基本的标准。传统的协议处理中,CPU使用开销基本上是1Hz/1bit,对于接近10Gbit/s或者更高的网络带宽,CPU显然不堪重负。因此,CPU的使用率将是评价协议处理性能的一个重要标准。面对越来越快的网络速度,经过系统IO总线和存储总线的事务越来越频繁,造成的延时严重影响了性能,因此延时降低将对性能的提升起着重要作用。

上述三个标准从不同的角度评价协议处理性能,吞吐量与CPU使用率主要是针对系统处理,属于整体性能指标,而延时主要针对具体的应用数据流,属于局部范围的性能评价标准。有时需要在这些标准之间进行一定的权衡,例如,当利用流水线技术增加TCP的整体处理带宽时,流水段之间的交互必然会影响单个数据流的延时。

2) 性能分析模型假定

分析模型的基本假定一般有以下两点(Padhye et al.,1998)。

(1) 发送方采用AIMD算法进行拥塞控制。模型主要针对TCP性能,忽略了调度或缓冲带来的延时,同时,发送方将始终在拥塞窗口所允许的范围内以最快的速度持续发送最大限度的报文。

（2）针对 TCP 性能进行测试的模型基本上都采用往返时间作为度量。在不同的往返过程中，丢失行为互不影响；但是在同一个往返过程中，一旦出现丢失行为，将造成后续所有报文的丢失。同时，假定报文丢失概率与窗口的大小无关。在传输过程中应答的丢失对窗口造成的影响很小，因此假定报文丢失都发生在有效数据传输时。

3）性能分析模型

Padhye 等提出了一个基于 TCP Reno 的稳定状态模型（Padhye et al. ,1998），将吞吐量表示成丢失率的函数，重点考虑超时情况下引起丢失的协议行为，并证明模型在不同丢失概率范围内均有效。通过分析发现，超时对 TCP 性能具有非常大的影响，而模型能够很好地反映这种影响，特别适合丢失率较高的情况。分析还对 TCP 带宽的表达式进行了简化，可作为模型在大多数情况下的近似结果。

Cardwell 等针对 TCP 建立链接与 TCP 慢启动提出了新的模型（Cardwell et al. ,2000），对稳定状态模型进行了扩展，同时分析了没有报文丢失下的延时。通过模拟发现，链接建立模型能够比较精确地预测延时，同时，扩展的数据传输模型能够很好地描述在不同丢失情况下不同长度报文流的特性。

为了预测延时与吞吐量，Zheng 对随机 TCP 模型进行扩展，为拥塞窗口具有不连续变化特性的慢启动阶段构建新的模型，同时将它与稳定状态的 TCP 模型结合起来，以获取更好的性能预测（Zheng,2002）。通过分析，其得出了发送速率与吞吐量相对于丢失率与往返时间的函数关系。模拟结果表明，模型能够比较精确地预测大容量数据传输及短期 TCP 链接的性能。

传统流量控制机制中，拥塞发生前数据传输速率以线性方式增长，Altman 等对此作了改进，重点考虑了报文丢失的突发性（Altman et al. ,2000）。模型假定突发丢失时为 Bad 状态，丢失很少时为 Good 状态，信道在两个状态上持续的时间呈几何或指数分布，并且允许在两个状态下都丢失报文，同时用马尔可夫链过程对突发性的丢失行为进行分析。结果指出，在一定的丢失率下，若丢失总是出现在突发性传输时，则性能可以得到很大改善。

Mitzenmacher 等研究了在 TCP 传输时间的累积分布下，不同丢失模型所产生的影响（Mitzenmacher et al. ,2001）。模拟结果表明，当丢失模型的选择对实际分布函数具有显著影响时，在不同的模型中，函数的表达形式也将具有很大的差异性。由于在所有的丢失模型中，传输时间与超时的数量具有近似的线性关系，而超时分布呈现为不同参数的常态分布，因此修正过程具有一定的有效性。文献（Mitzenmacher et al. ,2001）还对传输时间的分布与丢失应答之间的关系进行了研究，模拟显示，应答丢失仍然会在很大程度上降低传输的速度。

为了弥补 PRAM 模型（Fortune et al. ,1978）与 BSP 模型（Valiant,1990）的不足，进一步研究并行计算互连网络中的算法，Culler 等提出了基于点到点互连通信网络的模型 LogP(Culler et al.,1993)。Keeton 等进一步将 LogP 模型应用到具有较低延时的局域网中,指出开销、延时、网络拓扑、通信模式、报文大小、竞争和拥塞都是评价局域网条件下 TCP 性能的重要因素(Keeton et al.,1995)。

Shivam 等建立了 LAWS 模型(Shivam et al.,2003),为协议卸载的实验结果提供了进行合理解释的基础,其中 L 是 CPU 处理速度与 NIC 处理速度的比值,A 是每单元网络带宽所花费的应用处理开销与参考主机处理每单元网络带宽数据所需的通信开销的比值,W 是主机处理的饱和带宽与网络峰值带宽的比值,S 是通过复制避免技术不能消除的开销占所有开销的比例。分析结果指出,对高速网络中通信占主导的应用来说,协议卸载性能可以获得 0.5~2 倍的增益。

4) 分析结果

Keeton 等对几个商业性局域网的往返延时与传输吞吐量进行测试(Keeton et al.,1995)。结果表明,相对于主机系统的处理开销,网络的传输交换开销几乎可以忽略不计。同时,当网络带宽增加时,软件的处理开销也会增加,这会严重影响主机系统的应用性能,因此只有降低主机处理开销,才能实现 TCP 性能与网络带宽的同比增长。

Clark 等通过计算执行过程中的指令数进行性能分析(Clark et al.,1989)。为了避免 TCP 处理受到操作系统的干扰,Clark 等修改了相应代码。实验对处理路径作了一定的限制,重点分析正常路径,将一些异常处理排除在外。结果表明,代码的执行并不是影响性能的关键因素,数据传输才是主要因素,其次是与操作系统相关的其他操作,包括中断处理及缓冲的分配与释放。Stephen 的分析结果表明,性能瓶颈不在于 TCP 协议本身,协议的具体实现、运行时缺失的资源、数据传输及不完善的硬件设计才是性能提升的主要障碍(Stephen,1995)。

然而,在低速的环境下却并非如此(Guo et al.,2000)。由于协议处理的过程中加入了协议调度、存储管理、中断管理等操作系统的干预,协议的执行很难用精确的数学公式描述。实验在内核代码中加入了 10 多个探测点,在 100Mbit/s 的环境下进行测试。结果表明,此时 TCP 处理的主要开销表现在协议本身,而内核的存储器复制、校验和计算及系统调用三者在发送时仅占总开销的 22%,三者在接收时仅占总开销的 16.7%。

NIC 是整个协议处理的重要部分,实现高性能 NIC 的关键因素可归纳为两类(Shubhendu et al.,1997)。

(1) 数据传输:单个报文长度的增加可以使传输更加有效,节省控制开销;处理器在数据传输过程中的参与程度对性能具有直接的影响;报文传输过程中,源存储器和目的存储器的物理技术及数据是否直接从源存储器传输到目的存储器会严重影响性能。

（2）缓冲：系统需要大容量的缓冲来匹配应用程序、处理器与 NIC 之间的速度；NIC 缓冲不足会经常迫使处理器频繁查询 NIC 状态，将报文从 NIC 存储器移出来；运行多道程序时，NIC 必须为每一个程序分割一块缓冲；此外，不可靠的网络需要 NIC 执行一些流量控制操作，为了避免阻塞网络，很多 NIC 都需要使用大容量缓冲。

3. TCP 具体结构的完善

Buzzard 等指出，在网络底层提供有序、容错的报文传输，并避免死锁出现的前提下，可以通过 TCP 处理机制的优化措施来减少主机开销，以获取更高的处理带宽（Buzzard et al. ,1996）。

1）校验和计算

校验和计算本身并不复杂，但由于计算操作涉及所有的传输数据，计算开销相对来说就显得很大。Borman 等对原始的校验和计算进行了四方面优化，包括延迟进位、循环展开、结合校验和的复制操作、递增的校验和更新优化（Borman et al. ,1988）。后两种优化在某些系统中没有实现。文献（Rijsinghani,1994）和（Mallory et al. ,1990）进一步作了改进，允许改变部分数据，并在不重新检查所有字节的情况下更新校验和。Kleinpaste 等通过修改数据复制的操作语义优化处理，将数据与控制信息分开传输，对校验和计算作相应的改进（Kleinpaste et al. ,1995）。协议数据头部的校验和由主机软件计算，并将结果通知给硬件，而用户数据的校验和则由硬件计算。

上述研究对校验和计算作了很好的优化，但是对万兆以太网等高速网络来说，开销仍然太大。Henriksson 等设计了 TUCFP（TCP/UDP checksum calculation functional page）芯片，可以并行处理 32 位校验和数据（Henriksson et al. ,2002b），该芯片可以较容易地与通用处理器集成。

2）协议处理加速

针对 TCP 的性能，每年都有若干专家提出许多方法进行加速优化，但都有一个最基本原则，即对大概率事件进行优化处理。TCP 中一个比较典型的实现就是采用高速缓存实现协议控制块（protocol control block, PCB）。实验表明（Stevens et al. ,1995），高速缓存命中率可达 80%。

Jacobson 提出的首部预测也颇具代表性（Jacobson,1988），它基于两种常见现象：①发送数据时，TCP 连接等待接收的下一个报文是对已经发送数据的应答；②接收数据时，TCP 连接等待接收的下一个报文是顺序到达的报文。通过实验可得出以下结果：①当网络跨越局域网传输时，利用首部预测处理的报文可占 97% 以上；②当跨越广域网传输时，比例有所降低，在 83%~99%。

3）拥塞控制

TCP 是一种可靠的传输协议，因此拥塞控制在 TCP 处理中相当重要。尽量减少或者避免拥塞会对协议处理产生加速作用。许多学者对这个问题进行了深入研究，主要涉及以下方面：TCP 传输的关键路径分析（Barford et al.，2001）、TCP 窗口的精确采样分析（Goel et al.，2002）、非连续网络拥塞控制系统的模型与优化（Xiong et al.，2004）、长期与短期 TCP 流响应时间的可预测性（Avrachenkov et al.，2004）、报文传输错误与拥塞丢失下的 TCP 吞吐量分析（Baccelli et al.，2004）、大容量缓冲对 TCP 排队行为的影响（Sun et al.，2004）等。

为了弥补现有 TCP 管理信息库（management information base，MIB）的不足，更好地发挥 TCP 性能，并对形成 TCP 拥塞瓶颈的成因有准确、实时的描述，人们开发了 Web100。在修改后的 TCP MIB 信息中，用户进程可以针对具体的 TCP 流对许多变量进行调整，如动态调整 TCP 缓冲的大小。允许用户进程调节 TCP 参数具有以下优势：①降低了改动 TCP 核心代码的风险；②简化了算法的测量，能够在资源需求与限制上进行更好的平衡；③可以在用户空间实施约束自动调节的复杂策略。

4. TCP 实现优化

TCP 在实现过程中，所采取的不同方式对 TCP 的性能具有很大影响，因此对实现方式进行优化一直是 TCP 加速技术研究的重点。

1）减少复制

网络速度越快，引发的数据传输量自然越多，相应的复制操作开销就越大，这使得存储器带宽日益成为约束性能的瓶颈。因此，必须寻找有效方法避免多次复制操作。

（1）应用程序直接访问 NIC：操作系统将 NIC 的存储空间预先映射到用户或者内核空间，应用程序直接访问 NIC 存储空间（Chu，1996）。网络输入的数据一直保留在 NIC 存储器内，直到应用程序对报文进行访问，数据才会越过存储总线。这种技术要求 NIC 具有足够的智能，将数据正确引导到 NIC 上相应的用户映射区域。为了同时支持多个应用程序，NIC 需要具有足够的存储空间缓存数据。传统的系统调用也要做相应的修改。

（2）内核与 NIC 共享存储区域：为了减少 NIC 的复杂性，可以由内核管理 NIC 存储区域，使用 DMA 或者可编程 IO（programmable IO，PIO）在 NIC 存储器与应用缓冲之间移动数据。这种设计方法在 Socket 层上保持了原来的操作语义，原先的应用可以不用经过任何修改而直接运行。Dalton 等在实验中使用了该技术（Dalton et al.，1993）。

（3）应用与内核共享存储区域：系统在用户空间与内核空间里分别定义了一些具有共享语义的 API,使用 DMA 在 NIC 与共享存储区域里移动数据,Druschel 等使用这种技术实现了快速缓冲（Druschel et al. ,1993）。这种技术的明显缺点是应用缺乏兼容性,所有的应用必须使用改进后的 API。另外,对共享存储区域的分配与管理也需要应用程序、协议软件与 NIC 三者密切协作。

（4）基于写入时复制（copy-on-write,COW）技术的内核到用户空间的页映射：可以利用已经装载到内存管理单元（memory management unit,MMU）的信息直接提供用户空间到内核的映射机制,从而避免复制操作（Chu,1996）。所有的缓冲都在用户空间里,NIC 存储器与主机之间通过 DMA 相连。这种方法可以减少复制开销,而且发送方利用 COW 技术还保留了传统的复制语义。实验结果表明,这种技术使得协议处理很少接触传输数据,引起的高速缓存（Cache）失效要少得多,性能有了明显提升。

（5）控制与数据分离：通过对原来的协议处理过程进行修改,可以支持新的复制操作语义（Kleinpaste et al. ,1995）,即协议在处理过程中携带的只是协议数据及用户数据的索引,而真正的用户数据一直放在外部空间,如用户空间或 NIC 存储空间,只有当数据最终传输时,才进行复制操作。

（6）基于发送方的存储管理：网络拥塞或者接收方缓冲溢出会造成报文丢失。Buzzard 等提出一种机制,可以避免由接收方缓冲溢出而造成报文丢失（Buzzard et al. ,1996）。该机制采用基于发送方的存储管理,由发送方在发送数据之前决定数据在接收方的最终位置。

（7）提前置入缓冲：对于传统的 TCP 发送处理,在传输方改进比较容易,NIC 可以直接访问用户空间传输应用数据。但是,对于接收方,由于数据到达的延时与传输顺序不确定,内核必须对进入的数据进行缓存,应用在得到内核通知后才分配相应的空间准备接收。可以采用提前置入缓冲的方法对 TCP 的处理进行加速（Rodrigues et al. ,1997）。

（8）远程直接内存存取（remote direct memory access,RDMA）：RDMA 在报文中携带数据的目的地存储位置信息,在接收端由 NIC 直接将数据放置到用户空间,以避免数据的多次复制（Culley et al. ,2003）。由于复制操作与操作系统的存储管理密切关联,因此任何减少复制的措施都会增加存储管理开销。由于 RDMA 协议利用报文传输地址信息,操作系统不需要进行复杂的地址映射管理,同时在应用接口层保持了原来的复制语义。当 RDMA 协议与具有 TCP 卸载引擎（TCP offload engine,TOE）的 NIC 结合起来时,可以实施快速的协议处理。在近些年研究中,RDMA 已经成为通过减少复制加速 TCP 的主要技术。

2）减少中断

如何减少中断的次数一直是人们研究的热点，其主要集中在以下方面。

（1）将异步触发变为轮询：Rangarajan 等在 TCP 处理的卸载实验中，将 TCP 的功能完全独立出来，用一台设备作为 TCP 服务器进行专门处理（Rangarajan et al.，2002）。由于 TCP 服务器只专注于 TCP/IP 的处理，因此中断处理相对比较容易，可以用轮询替换。上层协议的处理将使轮询时间的间隔不可预知，因此必须仔细控制轮询的频率，过于频繁将导致总线拥塞，速度过慢将导致系统不能及时处理所有的事件。

（2）中断合并：为了消除与报文相关的开销，可以采用中断合并技术（Chase et al.，2001）。报文到达 NIC 时，NIC 只是将报文暂时缓存，并不立即向主机发出中断。当报文达到一定数量或 NIC 缓存使用率达到一定阈值时，NIC 才向主机发出中断。主机在一次中断中对所有报文进行处理，从而减小中断开销。但是，集中处理带来了单个报文延迟时间不确定的问题，从而造成单个报文端到端的延时不确定。同时，在中断处理中一次性处理多个报文也使应用程序的调度优先级变相降低。

（3）增加单个报文的长度：减少中断数量有一个比较简单有效的方法，就是增加单个报文的数据传输长度。Juan 对数据传输过程中浪费掉的中断数目进行了研究（Juan，2003）。如果上层协议数据以小于最大传输单位（maximum transfer unit，MTU）的长度进行分段，那么传输报文时将会使产生的中断数目增加。

（4）报文过滤：对于某些局域网内部产生的广播报文及某些 UDP 报文，应该由 NIC 直接处理，实现对上层协议的报文过滤，这样可以有效减少主机的中断数目（Juan，2003）。显然，这种方法对 NIC 的智能程度要求较高。

中断是硬件与软件进行数据交互的有效方式，减小中断开销的唯一方法就是减少中断数目。增加单个报文的长度是一种简单可行的方法，它对原来的中断处理行为没有任何影响，但是需要上层协议的支持。硬件技术的飞速发展，使得利用智能 NIC 对某些报文进行自主处理以减少中断数目的技术越来越受到重视。

3）Cache 优化

延时是协议处理性能的关键指标，可以通过修改编译器来增加指令 Cache 的效率，在对指令不做任何修改的情况下，减少每一条指令的执行开销（Mosberger et al.，1996）。

（1）集中处理高频度代码：在原来的执行代码中，每一条指令的处理频度不可能相同，有些代码（如错误处理或初始化代码）执行的概率相对较小。可以在编译器中加一些选项，通过 C 的预编译处理，将执行频度较小的代码集中在程序或函数的尾部。这种技术能够有效地减少跳转，进而降低指令 Cache 的失效率。

（2）延时克隆：延时克隆尽量将代码克隆的时机推迟，将多个程序段频繁执行的代码克隆到一起，减少许多调用与跳转，进一步减少指令 Cache 的失效，例如，在 TCP 处理中，等到 TCP 链接完成之后再克隆，能够获取更多的信息，同时将许多状态信息变成常量。同时，如果调用指令与被调用函数相距很近，可以将跳转指令转变成与 PC 相关的分支指令，避免装载一些无用指令，减少指令 Cache 的失效。

（3）路径内联：将需要经常处理的函数内联到处理代码中。这样的操作可以消除大量的调用开销，并且可以使编译器能够获得更多的上下文，对代码进行更为充分的优化。实验测试了大量乒乓报文，结果表明这种方法能够很好地改善端到端的延时。

4）延时隐藏

延时隐藏可以通过硬件流水与软件多线程技术实现。

（1）硬件流水。

Yocum 等采用截断式 DMA 的策略对报文进行流水化传输（Yocum et al.，1997）。原来的 DMA 传输总是采用存储转发策略，只有报文完全进入主存或 NIC 存储器，才初始化相应的 DMA 进行传输。在截断式策略中，只要满足两个条件就可以进行传输：①DMA 引擎空闲；②进入 DMA 缓冲的数据达到某个阈值。

为了进一步提高性能，可以在硬件中设置并行协议引擎（parallel protocol engine，PPE）（Kaiserswerth，1993）。实验对 ISO 8802—2.2 的逻辑链路控制（logic link control，LLC）处理进行了测量，结果显示，PPE 可以较明显地提高性能，但由于多个引擎间的负载均衡开销，性能无法与流量的增长呈线性关系。

Nordqvist 等提出采用功能界面（functional pages，FP）机制在片上系统（system on chip，SOC）上对数据进行流水处理［其中 FP 是一些数据处理加速器，主要包括 CRC 单元、提取和比较（eXtract and compare，XAC）单元及加法器］，并利用微控制器对 FP 进行编程控制（Nordqvist et al.，2002）。

（2）多线程技术。

通常多个 TCP 流之间表现出较弱的相关性，因此可以采用多线程技术对不同的 TCP 流进行处理。多线程技术可以使存储访问的延时在 TCP 流的重叠处理中很好地隐藏。

5. TCP 处理结构的优化

可以对 TCP 的处理结构进行优化，主要包括在用户空间实现传输协议、TCP 协议卸载及使用 RDMA 协议。

1）用户级传输协议设计

传统的协议处理是在内核空间进行，多次复制与多次切换会造成很大的开销，

因此许多研究开始尝试将协议处理放置在用户空间,主要进行如下操作:

(1) 提升处理路径。

Mapp 等实现了用户空间传输协议 A1(Mapp et al. ,1994)。有别于 TCP 的字节流,A1 主要基于块传输,采用有选择性的重传数据策略,进行显式的 RTT 测量,其流量控制是端到端的,并支持组播。结果表明,相对于传统的 TCP 实现,A1 的吞吐量可以获得明显的提升。

Thekkath 等在应用与内核之间设置了若干模块以实现用户级传输协议(Thekkath et al. ,1993)。主要模块有:①协议库,包含典型的协议处理实现,如重传、校验和计算、流量控制等;②注册服务器,它是一个运行在特权级别的进程,代表应用对端系统通信细节进行处理;③网络接口,为应用提供安全有效的数据传输。结果表明,内核中各种减少开销的措施,同样适用于用户空间,并且更容易维护与调试。

Edwards 等在内核单复制的基础上,实现了用户级的 TCP(Edwards et al. ,1995)。结果表明:只要底层提供合适的接口,就可以在用户空间实现一个性能可以接受的传输协议;虽然可以将协议的部分实现转移到用户空间,但是一些复杂的操作,如协议数据分离及缓冲管理等操作还是需要留在内核空间执行。

(2) 分离处理路径。

为了将处理从内核的关键路径中剥离,Shivam 等实现了 EMP 系统(Shivam et al. ,2001)。系统将描述符管理、虚拟存储管理和 NIC 初始化等操作转移到用户空间,并在 NIC 上实现少量描述符高速缓冲及部分协议处理。实验进行了大量乒乓报文测试,结果表明,在延时与带宽方面,EMP 的性能比传统 TCP 均有明显提升。

2) TCP 卸载引擎

硬件具有执行速度快的优点,因此可以采用硬件实现协议处理,以获得最大的性能提升,这就是 TCP 卸载引擎(TCP offload engine,TOE)(Yeh et al. ,2002)。具体实现 TOE 时,可以使用可编程器件或通用处理器以充分获取灵活性,或者使用专用集成电路(application specific integrated circuit,ASIC)设计,获取更高的性能。

Henriksson 等提出了一种新型体系结构,为报文处理设计了协议处理器,将某些处理独立出来,并在上面运行实时操作系统(Henriksson et al. ,2002a)。模拟分析发现,如果采用先进的互补式金属氧化物半导体(complementany metal-oxide-semiconductor,CMOS)工艺,那么可以线性处理 10Gbit/s 的数据流。

Ang 实现了一个 TOE 系统(Ang,2001)。在 NIC 上,用 i960 作为控制处理器,NIC 带有容量为 16MByte、时钟频率为 66MHz 的同步动态随机存取内存(synchronous dynamic random-access memory,SDRAM)。i960 与 MAC 芯片间的 PCI 总线为 32 位,时钟频率为 66MHz,而 i960 与主机间通过时钟频率为

33MHz 的 32 位 PCI 总线相连。主机上运行 RTX 实时操作系统,在传输路径与接收路径上均做了优化,避免多次复制。结果表明,主机 CPU 的占用率在传输大容量报文时明显降低。实验同时表明,协议处理开销比预期设想的要高很多,每个到达的报文将花费上万个系统时钟周期。同时结果还指出,硬件设计与缓存管理是影响性能的主要瓶颈。

与此同时,TOE 具有以下缺点(Mogul,2003):①在 NIC 上实现传输层协议处理远比只在 NIC 上实现数据链路层协议的处理复杂;②协议卸载后,硬件与主机之间接口设计相当困难;③TOE 可以将数据直接放在存储器中,但是需要上层协议的协同处理;④TOE 必须为每一个 TCP 链接维护状态,同时与主机保持一致;⑤软件的不成熟可以依靠打补丁来改进,而硬件更新难度较大;⑥由于 TCP 的复杂性,TOE 设计难度很大,设计错误很难定位;⑦TOE 的协议管理接口与原来的接口不兼容,导致操作系统很难实现与主机 TCP 相同的可见性状态管理。虽然这些问题最终都能克服,但是它们确实弱化了协议卸载的优势。

3) 远程直接内存存取技术

为了更好地实现零拷贝 TCP 协议栈,同时避免向 NIC 中加入各种不同的应用协议,人们提出将 RDMA 作为一种通用的方法。RDMA 在传输中包含一个唯一的 46 位 ID,用来标识应用缓冲区,或者在 TCP 数据流中定义封装 RDMA 信息的格式,避免对 TCP 本身作修改。

RDMA 同样具有以下缺点(Mogul,2003):RDMA 采用显式的性能优化,必须考虑具体操作系统结构;RDMA 引入了许多与缓冲管理等相关的问题,如何解决这些问题还缺乏成熟的方案;操作系统与 RDMA 之间的接口及应用程序与 RD-MA 之间的接口设计也十分困难;在安全方面,以前总是假设系统处于封闭的安全网络中,但是基于 IP 的 RDMA 应用往往将系统公开面对整个网络。

Romanow 等提出 RDMA 协议的功能实现框架远程数据直接配置(remote direct data placement,RDDP)(Romanow et al.,2003)。RDMA 协议放置于 TCP 之上,通过类似于信令的消息,与远程对等端协商源和目的缓冲的地址信息。对等端发送数据之前,在每一个数据报文中添加目的缓冲的基地址与相应的偏移量。当数据到达目的端时,由 NIC 根据报文中的地址与偏移量直接将数据移动入相应的缓冲。TCP 是可靠保序的字节流传输协议,基于 TCP 的 RDMA 性能必然会受到 TCP 的影响,因此 Erdogan 等提出另一种基于 IP 的 RDMA 实现框架(Erdogan et al.,2003)。

5.1.6　TCP 加速主要研究方向

1. 基于路由器辅助的 TCP 加速技术

TCP 的传输最终需要网络完成,网络的实时状况对 TCP 实施高效的传输至关重要。但是,相当一部分拥塞控制机制都是基于端系统控制,根据报文的丢失率或延时信息进行主动调整,并将自己的探测结果作为网络的反馈。研究结果表明,这种探测调整具有很大盲目性,原因在于端系统总是依据自己的观察去猜测网络的变化,并根据这种猜测进行速率的调整。这种猜测使端系统所想象的网络状况与真实网络状况之间的差距被放大,从而极大地影响 TCP 性能的提升,而且容易造成网络拥塞。路由器作为主要的网络设备,直接决定网络的使用状况,对网络状况的了解有着天然的优越性。借助于路由器,TCP 加速技术可以为报文标记当前网络的状况信息,并将接收方的应答反馈给发送方,从而使发送方对发送速率的调整有更为准确的依据。

最初的一些研究通过路由器提供简单的标志位,指示路由器是否拥塞,但是这种方法过于简单,不能准确描述网络资源的实际状况,导致资源利用率偏低。后续研究继续加大路由器的反馈力度,通过路由器进行大量计算,获取许多网络相关的信息,如空闲带宽等,并试图将其均匀分配至每个连接。但是这种方法所需计算量较大,并且可能需要添加新协议,导致部署困难。

尽管目前基于路由器辅助的方法还有诸多缺陷,但是路由器始终是最能提供精确描述网络信息的主要设备,基于路由器提供辅助功能可以使端系统更加清楚网络的运行状况,成为实现 TCP 加速的重要手段。为了能够让路由器辅助在TCP 加速过程中充分发挥相应的作用,需要解决两个问题:首先,究竟使用什么参数作为拥塞控制的反馈信号,并且以何种方式提供反馈才能在有效与简单之间作出很好的权衡;其次,如何在众多路由器之间实施有效的协调,从而高效快速地定位负责反馈的路由器实施反馈功能。

本章仔细分析网络资源在 TCP 传输性能中的重要性,并设计基于路由器的显式比例带宽分配方法,使瓶颈路由器成为实际的控制中心,实行快速高效的反馈,有效提升 TCP 性能。

2. TCP 硬件加速技术

前面的研究总是基于如下假设:TCP 传输的瓶颈在网络,如网络会发生拥塞,网络的混合流量会导致延时的增加等,而端系统始终都有足够多的数据需要发送,并且能够以尽可能快的速率发送,即端系统不可能会影响 TCP 传输的性能。但是现在这个假设需要修改:网络技术飞速发展,10Gbit/s 或更高速的网络已经进入人们的视野,端系统已经成为 TCP 性能的瓶颈。现在需要解决的问题是:如何才能加速端系统协议的处理。

近年来,硬件技术发展迅速,加上硬件具有执行速度快、并行程度高的优点,所以采用硬件加速协议处理获取更大的性能提升已成为研究热点。但是,TCP 协议处理特别复杂,因此通过硬件系统加速 TCP 难度相当大。同时,软件处理流程与硬件处理机制具有明显的不同,软件利用处理器的灵活性,处理流程之间的耦合程度高;硬件具有强大的并行处理能力,处理流程之间的耦合程度低。这种特性进一步增加了硬件加速系统的设计难度。

5.2　路由器辅助的拥塞控制机制

通过对 TCP 性能关键瓶颈的分析可知,路由器辅助已经成为实现 TCP 加速的重要手段。利用路由器辅助进行拥塞控制的研究相当多,大多较为简单,仅仅提供几位标志来指示网络是否发生拥塞,如 ECN,难以真实反映带宽的使用状况;或者为端系统提供较为复杂的计算,试图使端系统得到非常详细的带宽信息,最终导致不能得到大规模的部署,尤其是在高速网络环境中。

为了弥补这些控制机制的不足,本章提出一种新颖的路由器辅助方法,即显式比例带宽分配方法。

5.2.1　拥塞控制的挑战

从逻辑上看,TCP 的控制与网络没有任何关系,只是负责数据的可靠传输,而网络仅仅作为传输的手段,提供底层的支撑框架,对 TCP 而言具有透明性。但是,有一个功能将两者紧紧联系在一起,这就是拥塞控制。可以说,拥塞控制的研究影响了未来网络的发展方向,同时也决定了 TCP 未来的趋势。这也正是近年来有关拥塞控制的研究经久不衰的原因。为了能够更好地研究拥塞控制机制,必须充分了解 TCP 与网络的关系。

从宏观角度看 TCP 与网络就会发现,其实这就是一个分布式系统,这个分布式系统的特点正是研究拥塞控制机制的关键。

1. TCP 控制的分布式特征

下面回顾一下分布式系统的定义。从狭义上说,分布式系统是独立计算机的集合体,这个集合体在用户看来等效于一台计算机;从广义上说,只要能将某个任务进行划分,并将其子任务分配到多个单元上执行的系统就是分布式系统。因此,网络上的 TCP 实体构成了广义上的分布式系统,其任务就是如何在众多的端系统之间进行拥塞控制的协调,以更好地利用网络为传输层提供服务。该分布式系统具有如下特征。

(1) 分布数量众多:每个连接到互联网的端系统都将成为这个分布式系统的节点。迄今为止,互联网可以算是全球最大的分布式系统。

(2) 网络系统复杂:传统的分布式系统中用于通信的互连网络通常都具有高效、可靠、同构的特点。互联网则不然,众多不同架构、具有不同底层支撑技术的网络令基于 TCP 的分布式系统通信变得非常复杂。

(3) 缺乏中心协调:大多数传统的分布式系统具有任务分配机构,能够在整个分布式系统内部进行有效的协调。但是,基于 TCP 的分布式系统没有控制中心,无法对端系统进行协调,所有端系统都基于 TCP 拥塞控制机制运行。

所有这些特点都表明,在基于 TCP 的分布式系统中进行有效的控制,达到公平高效使用网络的目标相当困难。尤其是缺乏中心协调,更是成为 TCP 进行有效拥塞控制的瓶颈。尽管目前人们已经提出了一些基于路由器提供部分辅助信息帮助 TCP 进行拥塞控制决策的方法,但是问题始终得不到根本解决。如果强行将路由器作为集中控制中心,那么复杂状态的管理、开销巨大的计算都将削弱路由器的基本功能,无法实现高效的报文转发,尤其是在高速网络中,这种缺陷体现得更加明显。

因此,要想在基于 TCP 的分布式系统上提供类似传统分布式系统那样的集中式控制,无异于天方夜谭。即便理论上可行,实现起来也必定困难重重,更何况如今的网络速度已经达到 10Gbit/s 或更高的水平,不可能在网络中到处部署能够处理如此高速的系统充当集中控制中心。

2. 分布式拥塞控制的难点

既然不能在基于 TCP 的分布式系统中提供集中管理,那么能不能提供其他的方式,使其能够在 TCP 与网络之间进行有效的协调,达到类似于集中控制的效果。

集中控制最突出的优点在于它具有一个中央控制中心,能够了解到每一个节点的详细状况,从而将任务进行非常合理的安排,进行高效的调度,使整体任务在全局达到最优。因此,集中控制减少了节点的盲目性。

目前的状况是:TCP 总是不能及时有效地获得网络资源使用情况,总是以探测为主,基于探测结果进行控制。所有 TCP 之间缺少沟通,不能相互通信,因此造成 TCP 控制具有严重的盲目性。

以 TCP Reno 为例,它使用报文丢失作为网络产生拥塞的指示。实际上,网络的拥塞正是来自于 TCP Reno 本身。TCP Reno 使用 AIMD 作为自身的拥塞控制机制,为了能够充分利用网络资源,TCP Reno 必须不断地增大窗口,提高发送速率以探测网络。最终,网络产生拥塞,而 TCP Reno 也因为报文的丢失得到反馈,然后将窗口减半,消除拥塞。

因此,要想在基于 TCP 的分布式系统中提供类似于集中控制的效果,必须注意以下两点。

(1) 网络设备必须能简单高效地提供反映网络资源使用情况的反馈信息。

(2) TCP 与网络设备之间必须具有高效的协调手段。

基于以上两点,本章提出基于路由器提供辅助信息的带宽比例分配方法。

5.2.2 路由器辅助的显式比例带宽分配方法

如前所述,路由器成为集中控制中心能够有效协调所有的 TCP 流,问题是相应的实现开销太大。如果为所有经过路由器的 TCP 流提供这种功能,那么路由器除了需要保存所有相关流的状态信息,还要对每个进入的报文进行分类查找,从而更新流的状态,这将成为路由器巨大的负担,尤其是在高速网络环境下,复杂的处理将会耗尽路由器绝大部分处理能力。现实问题就是:有没有一种既能够提供简单信息,又接近于集中控制的方法。答案是肯定的,汇报资源的比例可以巧妙地实现这一目的。在介绍带宽比例分配方法之前,首先分析一下缓冲的振荡特性对 TCP 传输性能造成的影响,这将为本章的方法论证奠定基础。

1. 缓冲振荡对 TCP 传输性能的影响

1) 缓冲振荡特性

路由器使用队列对输入的报文进行缓存,同时查找转发表,最后根据查找的转发结果修改报文首部,将报文从输出接口发送出去。当输入的速率总和超过路由器的转发速率时,缓冲队列长度将会增加,若这种情况持续很长时间,则队列会越来越长,最终导致路由器丢弃报文,以缩短队列长度。

实际上,当 TCP 流的速率超过输出带宽时,必然导致队列长度增加。但是,当 TCP 流因检测到报文丢失而将窗口减半,从而降低发送速率时,输出链路的速率依然保持不变,这是累积在缓冲队列里的报文起到的作用。如果 TCP 流能在缓冲队列的报文耗尽之前将速率恢复到带宽的水平,那么输出链路的速率将一直维持在完全利用带宽的水平上,即 TCP 的性能不会受到任何损坏。

这里举个简单的实例来阐述这个问题。

首先,如果传输采用低速网络,如 T1 线路,可用的路径带宽为 1.544Mbit/s,并在发送速率为 2Mbit/s 时发生拥塞丢包,那么 TCP 会将速率减少一半,即 1Mbit/s;然后,利用拥塞避免将发送速率逐步恢复到 2Mbit/s。假设报文大小为 1500Byte,往返延时为 70ms,则拥塞避免需要将拥塞窗口从 6 个报文扩展到 12 个,这个过程耗时需 0.42s。因此,只要网络能够在几秒的时间间隔内,确保不会丢弃该连接的报文,该连接就能始终以最大速率平稳运行。

现在将链路变为 10Gbit/s。估计中间设备的可用缓冲容量,假定在队列达到饱和之前,网络路径上的可用队列容量为 256MByte,则工作在拥塞避免阶段的 TCP 将会在达到最高传输速率(即 10Gbit/s)之后约 41s 发生丢包,约为 590 个往返延时。

如图 5.9 所示,TCP 的拥塞避免过程会在 5Gbit/s 和 10Gbit/s 之间重复出现,导致 TCP 连接产生锯齿式振荡。单个锯齿振荡周期长为 2062s。这意味着网络必须在几十分钟内(相当于传输数十亿个报文)不能丢弃报文,显然,要用数据填满这条链路是一项困难的、艰巨的任务。因此,TCP 连接无法充分利用全部的网络带宽,因为在这些情况下的平均数据传输速率为 7.55Gbit/s,而不是 10Gbit/s。

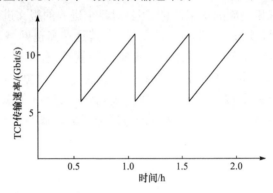

图 5.9　TCP 在 10Gbit/s 链路中的性能

综上可得出以下结论:在高速网络中,缓冲的振荡确实会影响性能,并且随着带宽的增加,影响也随之加剧。

2)显式比例带宽分配

如前所述,如果能够始终保持缓冲队列的非空,那么将使路由器的输出端口始终处于饱和状态,使链路的利用率达到 100%,始终以链路带宽的速率传输报文。同时,如果能够将缓冲队列的长度稳定在一个范围内,那么将会获得稳定的传输过程。

既然缓冲队列如此重要,那么没有理由不使用它作为网络状况的衡量标准。事实上,当所有 TCP 流都处于稳定传输阶段,并且都能公平共享路由器的带宽资源时,路由器的缓冲队列应该是稳定的。下面分析当有 TCP 流加入或者退出时缓冲会发生哪些变化。

假设已经有若干条 TCP 流处于稳定传输阶段,这些 TCP 流公平共享路由器的带宽,即路由器的聚合输入速率总和等于路由器的输出带宽。此时,路由器的缓冲队列保持在稳定水平。当有另外一个 TCP 流加入时,必然导致 TCP 的聚合速率总和超过路由器的输出带宽,此时,缓存队列长度必然增加。那么,通过路由器的辅助,原先的 TCP 流得知需要贡献一部分带宽,将根据缓冲队列的变化适当降低发送速率。由于原先的 TCP 流均降低了发送速率,因此这些 TCP 流的聚合速率已经小于路由器的输出带宽,而这些贡献出来的带宽将分配给新加入的 TCP流。经过一段时间,所有 TCP 流将再次达到稳定状态。需要注意的是,在一个较短的时间间隔里,包括新加入 TCP 流在内的所有 TCP 流的聚合速率总和将会超过路由器的输出带宽,以保证最终当缓冲队列恢复稳定时,缓冲队列长度能够回到原先的水平。

当有 TCP 流退出时,由于剩余 TCP 流的聚合速率小于路由器带宽,缓冲队列长度必然开始减小。通过路由器的辅助,这些 TCP 流立刻会得到通知,然后根据缓冲队列减小的比例,调整自己的发送速率,最终使剩余 TCP 流的聚合速率等于路由器的输出带宽,达到稳定状态。同样需要注意的是,在一个较短的时间间隔里,剩余 TCP 流的聚合速率总和需要略大于路由器的输出带宽,以使队列长度回到原先的水平。

需要强调的是,这里所说的缓冲队列进入稳定状态是指缓冲队列的长度被限制在某一个较小的变化范围之内,而不是理论上的稳定不变。

TCP 流必须得到路由器的相关指示,才能调整发送速率。但是,在路由器检测到缓冲变化并将其通知到发送方时,这期间又经历了一段时间。因此,这时发送方所接收到的关于网络状况的通知已经不是当前的网络状况。总之,反馈的延迟将会导致振荡出现。当 TCP 流得知缓冲队列略微增加时,会将发送速率进行小幅度下调,此时,所有 TCP 流的聚合速率将会低于路由器输出带宽;一小段时间之后,缓冲队列将会回到原先的水平,并继续减小,而得知此状况的 TCP 流又将发送速率进行小幅度的增加。周而复始,路由器的缓冲队列将在稳定点处产生小幅度振荡。

实际上振荡并不会产生太大影响,只要缓冲队列始终具有报文,路由器就能始终满速率发送;只要缓冲队列没有填满,路由器就不会产生丢包。关键问题是,如何设计 TCP 的控制机制,才能使路由器的缓冲队列具有稳定点;同时,如何才能使路由器的缓冲队列在稳定传输时只是产生小幅度振荡。

为了能够将路由器的缓冲使用状况及时反馈给发送方,新机制在 IP 首部添加了新的选项,即 IP 负载选项,如图 5.10 所示。实际上,接收方在得到路由器的指示之后,应该通过 TCP 选项反馈给发送方,但为了便于讨论与实现,仍然选择将反馈通过 IP 选项传递到发送方。

下面阐述 IP 负载选项的 6 个区域。

(1) TCP 发送速率:即当前 TCP 流的发送速率。此区域由发送方在发送时填写,用来为路由器提供自己的发送速率,减少路由器的计算开销。此区域在报文整个传输过程中不再改变。

(2) 类型:IP 负载选项将数据报文分为启动阶段报文、稳定阶段报文及应答报文三类。发送方收到路由器的指示信息后,进行判断,根据结果对数据报文进行标记。应答类型只能被接收方标记,用来通知路由器这只是反馈信息。

(3) 周期指示:发送方定期获取路由器负载状况的变化,更新自身的缓冲变化

图 5.10　IP 负载选项

参数,并根据参数逐步调整发送速率。每次获取路由器的负载指示后,发送方将周期指示加 1。

(4) 往返延时:发送方在此区域填入自己的往返延时,作为路由器计算定期收集缓冲状况周期的依据。

(5) 最大 TCP 发送速率:路由器将根据 TCP 流汇报的发送速率,记录最大发送速率,反馈给发送方。路由器仅对稳定阶段的发送速率感兴趣,比较并进行记录,反馈的最大 TCP 发送速率仅对启动阶段的 TCP 流有效。

(6) 负载因子:记录路由器缓冲的空闲比例。路由器定期收集缓冲的使用状况,并将空闲缓冲所占比例填入负载因子区域,通过接收方反馈给发送方。

2. 显式比例带宽反馈机制

下面阐述显式带宽比例反馈机制。整个传输系统分为三部分:发送方、路由器和接收方。下面将分别对这三部分进行详细阐述。

1) 发送方

发送方将传输阶段分为启动阶段与稳定阶段,关于启动阶段的讨论将放在后面单独说明。进入稳定阶段后,TCP 流在发送报文时,首先根据自己的窗口值与测量所得的往返延时计算自己的发送速率,填入 IP 负载选项的 TCP 发送速率选项,并将选项的类型置为 2,即稳定阶段报文,同时将测量的往返延时及周期指示填入选项,最后将负载因子区域设为无效值 2(因负载因子为空闲缓冲占所有缓冲的比例,故取值范围在 0 和 1 之间),表示报文还没有经过一个路由器,同时清空最大 TCP 发送速率与负载因子区域,然后发送。

在接收到应答报文后,TCP 将根据负载因子对速率进行调节。此时,路由器给所有稳定阶段的 TCP 流的指示(即负载因子)均一致。所有 TCP 流的发送方将根据指示按比例改变自己的发送速率。

在发送方,TCP 定期获取路由器负载状况的变化,更新自身的缓冲变化参数,而周期取自己的往返延时。

$$\phi \leftarrow w\beta - \beta\gamma \cdot \mathrm{sgn}(\beta)$$
$$w^* \leftarrow w$$
(5.1)

式中,β 为负载因子,即空闲缓冲比例;γ 为窗口抑制参数;w^* 为更新缓冲变化参数时的拥塞窗口值。注意,负载因子可以为负。使用窗口抑制参数的原因在于,反馈会延迟一段时间,这段延迟将会使后续的调整结果产生偏差,窗口抑制参数将使这种偏差尽可能小。抑制幅度与负载因子成正比,速率调整的幅度越大,抑制的效果也会越明显。

每收到一个应答,发送方都会根据缓冲变化参数对窗口进行调整。

$$w \leftarrow \min\left\{2w, w + \frac{\phi}{w^*}\right\}$$
(5.2)

即将缓冲变化在一个往返延时内均匀累加到窗口,避免窗口的突然变化导致缓冲出现振荡。

TCP 流本来就在公平地共享路由器的输出带宽,因此当所有 TCP 流均匀增加了 β 倍之后,这些 TCP 流所产生的速率总和也会增加 β 倍。显然,这种增加并不改变 TCP 流的公平性。

在发送方,将保持一个记录,即最新周期指示,每次更新完成之后,发送方将最新指示加 1。

需要说明的是,这里的启动阶段并不是 TCP 流的启动阶段。除 TCP 流启动之外,当 TCP 流遭遇报文丢弃时,发送方也会重新进入启动阶段。

2) 路由器

路由器为每一个缓冲队列维护两个基本变量:负载因子参数及 TCP 最大发送速率参数。路由器将定期收集缓冲状况,更新负载因子参数;同时比较每一个 TCP 流的发送速率,定期更新 TCP 最大发送速率。为了不产生较大的计算量,周期取为所有 TCP 流中的最小往返延时。

在每个周期开始时,路由器首先清空两个变量:①查看缓冲使用状况;②更新负载因子。如果接收到稳定阶段的报文,那么路由器将 TCP 发送速率与 TCP 最大发送速率进行比较,取最大值,并更新 TCP 最大发送速率记录,同时将负载因子填入选项。

如果 TCP 流都处于稳定阶段,那么从理论上来说,所有 TCP 流的发送速率都应该一致。但是,稳定阶段 TCP 流的发送速率相互之间可能产生较小的差别。从实现上看,应该让路由器求取所有稳定阶段 TCP 流发送速率的加权平均值,作为处于启动阶段 TCP 流发送速率的参考,但是为了不增加路由器的计算开销,同时能够简单实现,这里还是采取了直接求取最大值的操作。实际上,所有稳定阶段

TCP 流的发送速率差别很小,因此路由器求取最大值的效果与求取加权平均的效果差别不大。

对于应答类型的报文,路由器不做任何处理,只是进行普通转发。

对于启动阶段的报文,路由器并不提取 TCP 发送速率,只是将 TCP 最大速率与负载因子填入 IP 负载选项。

3) 接收方

接收方只是进行简单的反馈。将接收到的 IP 负载选项内容全部填入应答的 IP 负载选项,同时将类型更改为应答。

3. 路由器协调

通过分析发现,在整个反馈机制中,路由器作为集中控制中心确实起到了公平分配带宽的作用。现在,将焦点转向路由器,为了有效实施路由器辅助的显式比例反馈,必须弄清如下问题:①究竟选择链路上的哪个路由器提供反馈信息;②链路上的多个路由器又将如何进行相互协调,从而推选出反馈路由器。

对于问题①,答案很明显,必须选择 TCP 流的瓶颈路由器提供反馈信息,但问题是究竟为通过路由器的部分 TCP 流还是所有 TCP 流提供反馈? 该进行怎样的选择? 在回答这个问题之前,先来证明如下定理:

定理 5.1　假设经过任意路由器的任意 TCP 流均公平共享带宽,那么存在如下结论:如果某个路由器成为某条连接的瓶颈链路,那么它也是通过这个路由器的所有 TCP 流的瓶颈链路。

证明:设 TCP 流 f_i 经过若干路由器,分别为 $R_1, R_2, \cdots, R_N$,相应的瓶颈路由器为 R_a,其中 $1 \leqslant a \leqslant N$。同时,TCP 流 f_j 与 f_i 共享路由器 R_a 的带宽。

假设 TCP 流 f_j 的瓶颈路由器不是 R_a,而是 R_b,即 f_j 受限于路由器为 R_b 的资源,而路由器 R_a 还是具有空闲资源可供 f_j 使用的。既然有空闲资源,那么 R_a 就不可能成为瓶颈路由器,这与路由器 R_a 是 f_i 的瓶颈路由器矛盾。得证。

定理 5.1 对本章提出的带宽比例分配方法至关重要,它从理论上说明这样一个道理:如果路由器 R 要为经过它的某一条 TCP 流提供反馈,那么它就能够而且必须为所有经过路由器的 TCP 流提供反馈。

现在来分析问题②。

其实,通过负载因子可以很容易知道,谁才是瓶颈路由器。如图 5.11 所示,路由器将收到报文的负载因子与自己的负载因子进行比较,如果前者大于自己的负载因子,那么表明自身才是相对意义上的瓶颈路由器,更新 IP 负载选项的内容;如果前者小于自己的负载因子,表明自己并非瓶颈路由器,那么不对 IP 负载选项进行任何操作。最终到达接收方时,IP 负载因子选项所记录的就是瓶颈路由器提供的反馈信息。

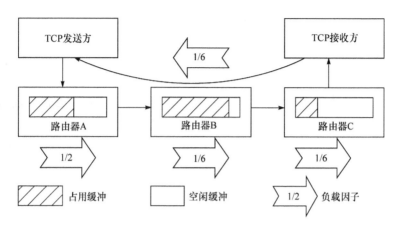

图 5.11　路由器之间的协调

4. 初始窗口调整

前面讨论了稳定阶段的报文如何调整自己的发送速率,现在来考虑发送方如何根据路由器的反馈调整启动阶段的发送速率。

当发送方接收到应答时,将提取其中的 TCP 最大发送速率,并与自身的发送速率进行比较。如果 TCP 最大发送速率为 0,那么表明此时网络上没有稳定阶段的流,此时 TCP 流将执行经典的慢启动,当然这种情况较少,不是本章考虑的重点。如果 TCP 最大发送速率非 0,那么求取自身发送速率与最大发送速率之间的差值,并进行相应的累加。

发送方通过 TCP 流的最大发送速率与自身的发送速率求取差异:

$$\phi' \leftarrow \frac{T_{\max} - T}{\gamma'} D$$
$$w' \leftarrow w \tag{5.3}$$

式中,$T_{\max}$ 为最大发送速率;T 为自身发送速率;w' 为更新缓冲变化参数时的拥塞窗口值;D 为往返延时;γ' 为固定启动控制参数,一般取值为 3,即发送方将在每个周期内累加 1/3 的速率差异,这是为了避免窗口增加太快引起振荡。同样,差异有可能为负。

每当收到应答报文时,都可以根据求得的窗口差异值进行增加:

$$w \leftarrow \min\left\{2w, w + \frac{\phi'}{w}\right\} \tag{5.4}$$

即发送速率将在一个周期内均匀增加。

当 TCP 最大发送速率与自身速率之间的差异缩小到一定范围之内,发送方将进入稳定阶段。

需要说明的是,启动阶段的调整也是定期进行。

5. 实验与结果分析

1) 仿真实验配置

本章利用 NS2 验证基于路由器辅助的显式比例带宽分配方法的性能,拓扑结构如图 5.12 所示。

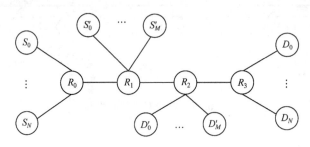

图 5.12　仿真拓扑结构

仿真时间将持续 100s。路由器的缓冲队列长度均设为 640 个报文,同时路由器采用队尾丢弃的策略。路由器 R_1 与路由器 R_2 之间的带宽设为 20Mbit/s,为瓶颈链路,其他路由器之间的链路带宽为 30Mbit/s。TCP 的最大窗口设为 64 个报文,所有报文的长度均为 1000Byte。实验分两次进行,首先测试 TCP Reno 性能,其次测试 EPBA TCP 的性能。每次实验时,从 0s 开始产生 10 条 TCP 流,路径经过的路由器始于 R_0,结束于 R_3。实验将在第 35s 再次加入同类型的 10 条 TCP 流,并在第 70s 结束,路径经过路由器 R_1 与 R_2。为了便于观察结果,将只显示其中一条原始 TCP 流及一条添加 TCP 流的变化情况。

2) 实验结果与分析

首先比较 TCP Reno 与 EPBA TCP 对拥塞窗口的影响,如图 5.13 所示。

实验结果充分验证了 EPBA 算法的优越性。通过路由器的显式比例反馈,发送方能够使用带宽的比例指示迅速调整拥塞窗口,使窗口能够始终稳定在某一水平上。TCP Reno 使用 AIMD 算法进行拥塞控制,导致拥塞窗口发生振荡。

当再次加入 10 条同类型的 TCP 流时,EPBA TCP 能够快速公平地共享带宽,原始流与添加流的窗口差别很小。同时,所有 EPBA TCP 流均能保持恒定的拥塞窗口,实现稳定的传输,TCP Reno 则依然处于振荡状态。

在启动阶段时,EPBA 将会根据反馈的 TCP 最大发送速率来调整窗口,以便能够快速达到公平共享带宽的目的。EPBA 调节的力度取决于初始阶段窗口增加的力度,即启动控制参数。因此,启动控制参数的正确选取将有助于改善 EPBA 启动时的性能。实验中,将启动控制参数设为固定值 3,在初始窗口快速变化的同时路由器缓冲队列因溢出而丢弃报文,因此在 EPBA 启动时均出现了较短时间的

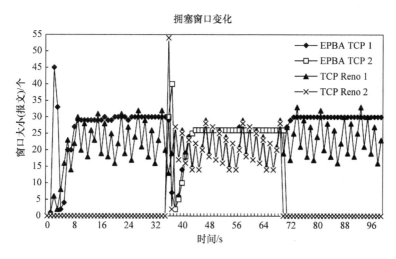

图 5.13　EPBA 对拥塞窗口的影响

大幅度振荡。

拥塞窗口处于稳定状态,使得吞吐量也长期处于稳定阶段。如图 5.14 所示,在 EPBA 的调节下,吞吐量在经过短暂的振荡之后,迅速转入稳定阶段。

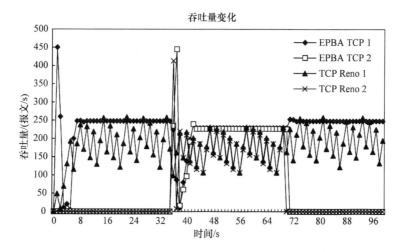

图 5.14　EPBA 对吞吐量的影响

EPBA 令 TCP 稳定传输,自然有效提升了 TCP 性能。如图 5.15 所示,在整个传输过程中,EPBA TCP 性能相对于 TCP Reno 提升了 10% 以上。如果能够改善启动阶段 EPBA 的振荡性,减少因突发而产生报文丢失的情况,同时将实验时间延长,那么会得到更大的性能提升。

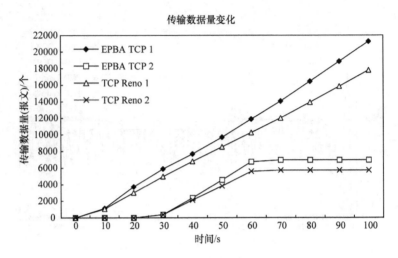

图 5.15　EPBA 对传输数据量的影响

　　基于路由器辅助的显式比例带宽分配方法在端系统与路由器之间建立了有效的反馈与协调机制,通过比例反馈使分布式调整变为集中式控制,使端系统能够迅速明确地调整发送速率,克服速率控制的盲目性,最终使端系统获得较好的稳定传输,该方法充分利用了网络资源,从而使 TCP 传输性能得到很大的改善。

5.3　TCP 硬件加速技术

　　当人们竭尽全力修改 TCP、增强路由器辅助功能、努力在它们之间构建快速高效的协调机制、期望通过深入研究网络优化 TCP 传输性能时,却忽略了一个重要的变化:在网络带宽日新月异的今天,端系统逐渐成为 TCP 传输的瓶颈,对TCP 性能提升的影响也越来越强烈。

　　近年来,硬件技术发展迅速,加上硬件具有执行速度快、并行程度高的优点,采用硬件加速协议处理获取更大的性能提升成为研究热点。本节首先介绍 TCP 硬件加速技术的研究背景,然后仔细分析 TCP 的卸载技术,最后详细论述 TCP 硬件加速系统的设计与实现,并对其中的部分关键技术进行深入研究。

5.3.1　TCP 硬件加速背景

1. 高速网络应用需求

　　在大规模并行计算和机群等高性能计算系统中,处理器之间或计算节点之间的快速互连网络的重要程度并不亚于处理器本身。高性能计算机系统采用的互连技术有专用和商用两类,商用互连有以太网、Quadrics(Petrini et al.,2002)、Myri-net(Hsieh et al.,2000)、InfiniBand[1] 等,专用互连有 SP Switch、Crossbar、Cray Interconnect 等。第 28 次世界最快超级计算机排行榜于 2006 年 11 月 14 日在美国佛罗里达州坦帕市召开的高性能计算和网络国际会议上正式对外发布[2]。根据发布数据,以太网因为拥有很好的兼容性继续成为首选互连技术,如图 5.16 所示。

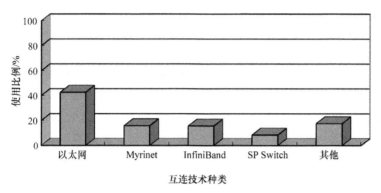

图 5.16　TOP500 互连技术使用比例

以太网的发展速度远远高于存储器带宽和 CPU 的发展速度,导致在目前的主机系统中,存储器访问和 CPU 对网络协议的处理成为系统主要瓶颈。两者之间的差距目前仍在扩大,如图 5.17 所示。

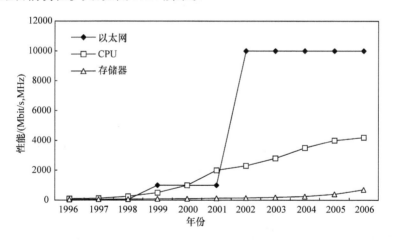

图 5.17　以太网发展与存储器、CPU 发展的差距

---

① InfiniBand:The next step in high performance computing. Voltaire Inc.

② Top500 supercomputer list. http://www.top500.org.

随着网络吞吐量的不断加大,系统在处理网络协议上的开销也越来越大,对 1Gbit/s 的网络数据进行协议处理,约需要 1GHz 的 CPU 处理能力。因此,网络带宽的增加对 CPU 造成了沉重的负担,从而使关键应用难以保证服务质量。为了给 CPU 减负,TOE 应运而生,即把部分网络协议卸载到硬件实现,减轻主机开销。TOE 的实现有多种技术方案:可以使用网络处理器(network processor,NP)、特定的芯片或者是两者的接合。目前,市场上大多数产品都是把 TCP 和 IP 的主要部分卸载到硬件中予以实现,而 UDP 等其他协议则继续由原来的软件协议栈进行处理。

TOE 硬件的设计与实现对于提高系统网络性能具有重要作用,尤其对于 10G 以太网,TOE 硬件设计必须具有高带宽和低延迟的特点,并且具有很好的扩展性,对于少量连接和大量报文的收发必须具有相同的性能。TOE 硬件设计可以分成如下两类:一类是基于 SOC 实现,具有多个精简指令集计算(reduced instruction set computing,RISC)的处理器和协处理器;另一类使用基于流水线的超长指令字的处理器实现。前者具有扩展性不足的缺点,当连接数目小于一定阈值时,系统处理报文的速度不能达到线速,另外不同微处理器之间访问片外存储器时,还有可能存在竞争而导致访问瓶颈。

2. 操作系统对 TOE 的支持

目前所有的操作系统对 TOE 技术都没有提供内在的支持接口和 API 定义,因此实现 TOE 主要是通过修改 Linux 内核协议栈。目前 TOE 的实现方式主要有三种:高性能 Socket 接口标准(Kim et al. ,2001;Shah et al. ,1999)、TCP 协议栈屏蔽(Feng et al. ,2005)和 TCP 协议栈置换。

1) 高性能 Socket 接口标准

高性能 Socket 接口标准的工业实现标准为套接字直接协议(Sockets Direct Protocol,SDP),目前 Infiniband 和 Myrinet 都使用该标准制定其应用协议。该协议定义了一个新的协议族:AF_INET_OFFLOAD,主要用于协议卸载,为了对原有网络应用兼容,需要对系统内核添加补丁,修改 Socket 创建流程,而其他部分则基本保持原来网络系统的独立性。

由于需要提供 Socket 层的接口调用,因此系统还要实现 bind、listen、connect、accept 等系统调用。此外,对原网络协议栈中的报文存储与管理等相关内容也要进行相应修改。

2) TCP 协议栈屏蔽

这种实现方式将 TCP 连接管理卸载到硬件中,因此在软件协议栈中不包括软件对连接进行管理的部分。该方案没有另外实现自己的协议栈,而是采用在原协议栈基础上采用打补丁的方法实现卸载和非卸载报文流程的分支处理。另外,这种实现方式需要利用一些其他模块来进行相关的配合操作。

卸载开关负责确定是否要对一个连接进行卸载,管理员可以制定策略来决定卸载操作。TOE 模块处于 TOE 协议栈的顶层,负责维护所有卸载连接的状态信息。针对原 TCP 协议栈中的一些系统调用不能适应 TOE 卸载要求的情况,TOE 模块定义了自己的传输层 API,用来和下层的模块进行数据收发。

3) TCP 协议栈置换

协议栈置换是在原网络协议栈的 INET Socket 层之上,加入 TOE Socket 层接管协议栈和 BSD Socket 层之间的通信,并且在 TOE Socket 层之下又实现了一个完整的 TOE INET Socket——具有 TCP 卸载功能的 TCP/IP 协议栈,同时添加了一个伪网络设备核心层。

3. TOE 相关产品介绍

目前,关于 TOE 的主要产品包括 Chelsio 的 10G 以太网 TOE[1]、Adaptec 的 TOE 及 Alacritech 的 SEN2100 加速卡等。

Chelsio 的硬件引擎实现了包括连接管理和数据处理在内的所有 TCP 协议栈功能,实现了完整的协议栈卸载,其性能比软件实现的 TCP 协议栈快 4～7 倍。由于其在硬件中管理连接状态,这样就减少了和上层软件协议栈的交互。该硬件引擎可以同时管理 64K 个连接,并且每秒可以进行 200K 个连接的建立和拆除。用户可以针对每个 TCP 连接进行相关参数的设置。此外,其卸载引擎可以识别上层应用的某些协议,因此可以在卸载引擎中,对包括上层协议的一些处理进行卸载,如 iSCSI(Internet SCSI)协议。

Adaptec 的 TOE 产品由硬件处理网络数据传输,软件负责 TCP 连接管理等状态复杂的操作。它基于 Linux 系统实现了双协议栈方案,为 TOE 开发的协议栈不影响原有协议栈的运行。其采用硬件实现发送与接收并行的 TCP 数据处理通道,包括乱序报文处理、重传控制、TCP 分段和重组,达到全双工线速。性能达到 1Gbit/s 半双工、2Gbit/s 全双工。

Alacritech 的 SEN2100 TOE 可以支持 Windows 平台。它基于 PCI-X 总线,可以支持链路的聚合和故障切换;支持 Windows Server 2003、Windows XP 和 Windows 2000;同时可以对 iSCSI 进行加速。从功能上分析,其并没有对所有的 TCP/IP 进行卸载。SEN2100 TOE 的具体卸载功能包括支持 TCP 和 IP 的校验和、TCP 的分片和重组、应答处理、慢启动处理等。

---

① Ethernet Storage White Papers. http://www.adaptec.com/en-US/products/host_tech/.

5.3.2 TCP 卸载

本节首先分析 TCP 的性能瓶颈,然后简单分析协议卸载对 TCP 性能产生的影响。

1. TCP 性能瓶颈

TCP 在端系统中的处理路径如图 5.18 所示。

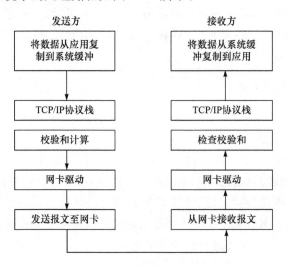

图 5.18　TCP 处理路径

现在来分析协议处理的瓶颈究竟在哪里。

设网络带宽为 $B_{network}$,则单位时间内报文数目为 $y=B_{network}/L_{packet}$,其中,L_{packet} 为报文平均长度。设 O_{cpu} 为 CPU 处理网络流量开销,此开销将包含协议开销 O_p 与中断开销两部分 O_{int}:

$$O_{cpu}=O_p+O_{int} \tag{5.5}$$

式中,协议开销只与报文数目相关:

$$O_p=\phi_p y=\phi_p \frac{B_{network}}{L_{packet}} \tag{5.6}$$

式中,ϕ_p 为单个报文的协议处理。中断开销包含数据传输与中断处理:

$$O_{int}=\left(\alpha_d+\frac{\beta_{int}}{\eta_{int}}\right)\frac{B_{network}}{L_{packet}} \tag{5.7}$$

式中,α_d 为数据传输开销,若采用 DMA 传输,则 α_d 为相应的启动开销;β_{int} 为硬中断开销;η_{int} 为中断合并常量,称为中断阈值,即合并若干报文后才发出接收中断,以减少中断开销。

综合式(5.5)～式(5.7)可得 CPU 开销与其所能处理带宽之间的比值,即费效比 γ 为

$$\gamma=\frac{O_{\mathrm{cpu}}}{B_{\mathrm{network}}}=\frac{1}{L_{\mathrm{packet}}}\left(\phi_{\mathrm{p}}+\alpha_{\mathrm{d}}+\frac{\beta_{\mathrm{int}}}{\eta_{\mathrm{int}}}\right) \qquad (5.8)$$

为了使 γ 尽可能小,可以采取以下方法:①增大报文长度;②减小协议处理时间;③使用 DMA 机制减少传输开销;④实现中断合并策略以减少中断开销。硬件实现 TCP 将能在这些方面得到显著改善。

需要说明的是,式(5.8)并未提及存储带宽。实际上,存储带宽需要 N 倍于网络带宽,其中 N 为复制关联常量,与系统所采取的复制策略有关。若按照普通的处理协议,则存储带宽需为网络带宽的 6 倍。即便采用 0 复制技术,网络数据最少也需经过 2 次存储总线,即 $N \geqslant 2$。

2. 协议卸载性能分析

从直观感觉上,协议卸载将会有效提升 TCP 性能。为了对协议卸载有一个初步认识,首先对协议卸载的性能做简单分析。

假设为处理单位带宽的网络数据,CPU 处理协议的开销为 O,当 TCP 没有卸载时,对应于应用的处理开销与协议所需的处理开销之间的比值为 β,并令 p 代表在协议开销 O 中能够卸载到硬件的比例。

下面分析应该如何确定卸载比例。

假设已经将协议开销 O 的部分卸载到了硬件,如果要处理单位带宽的网络数据,那么将会需要 CPU 花费 $(1-p)O$ 的能力去处理仍然没有卸载的协议操作。此时,可以通过协议卸载节省 pO 的开销。

将这些节省的开销用于应用处理,则应用处理所拥有的处理能力将是原来的 $(1-p+\beta)/(1+\gamma)$ 倍。

这里称卸载后应用能够处理的带宽与卸载前能够处理的带宽之间的差值为卸载带来的性能提升。用此性能提升除以卸载前能够处理的带宽,所得结果为性能提升百分比。

因此,卸载后的性能提升百分比为 $p/(1+\beta-p)$。

根据这个结果,可以初步得出卸载后性能的变化情况。如图 5.19 所示。

当比值 γ 小于 p 时,系统性能受限于网络带宽,因此性能提升为 β。从图中可以看出,当应用处理与协议处理相当时,通过卸载可以获得最大的性能提升。

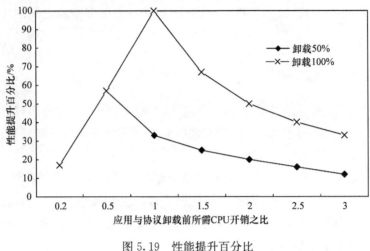

图 5.19　性能提升百分比

5.3.3　TCP 硬件加速引擎设计与实现

为了对硬件实现 TCP 具有更深刻的认识,首先回顾一下 TCP 的状态图,如图 5.20 所示。

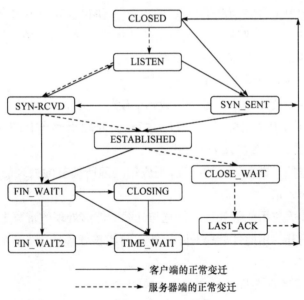

图 5.20　TCP 状态图

CLOSED-关闭;LISTEN-监听;SYN-同步序列编号(synchronize sequence numbers);SYN_RCVD-收到 SYN;SYN_SENT-发送 SYN;ESTABLISHED-建立(连接);FIN_WAIT1-等待对方 FIN 报文;FIN_WAIT2-等待对方 FIN 报文(此时,连接已关闭一半);TIME_WAIT-等待超时;CLOSE_WAIT-等待关闭;LAST_ACK-等待最后 ACK 确认

1. 硬件加速引擎设计原则

硬件具有软件不具备的特殊优势,除了体现在执行速度快方面,更为重要的是,它能提供软件很难达到的完全并行性,从而大幅提升系统性能。

但是从 TCP 执行的状态图中不难发现,TCP 为建链与断链操作设置了相当多的状态。这些状态对性能的影响不大,尤其是在高速网络环境下长时间传输大容量数据。

针对硬件特性及系统设计的主要目标,即最大化 TCP 传输性能,这里将设计原则归纳如下。

(1) 将 TCP 的建链与断链操作保留在系统协议栈,而将数据传输卸载到硬件实现。后者相对而言便于用硬件实现加速,更为重要的是,后者与 TCP 的传输性能密切相关。虽然 TCP 的建链也会影响 TCP 性能,但是一旦传输时间足够长,建链造成的影响就可以忽略不计。这是系统设计的首要原则,文献(Kim et al. ,2006)在实现加速原型时也采用了类似的方式。

(2) 硬件部件实行流水操作,充分利用硬件执行的并行特性。

(3) 以控制流驱动的方式进行操作,避免出现集中控制管理部件。

(4) 对关键控制参数实行分布式组织,尽量避免执行部件的访问冲突。

(5) 使用缓冲松散硬件执行部件的耦合度。

由于 TCP 是针对 CPU 处理开发的软件代码,因此许多相关操作的耦合性都很强,直接搬到硬件几乎不能实现。为了充分利用硬件的并行特性,需要对 TCP 进行重新构建。为了能够满足关键参数的分布式组织,需要仔细分析 TCP 传输控制参数,并将 TCP 实现代码重新划分成关联程度很小的多个子集。

2. 硬件加速引擎结构设计

硬件加速引擎的功能分布如图 5.21 所示。

在此结构中,PCIE 接口提供主机与硬件系统的通信总线。TOE 引擎是设计的重点,它包含协议卸载涉及的所有处理。

硬件加速引擎的总体结构如图 5.22 所示,主要包含如下四部分。

(1) 高速网络处理接口。

(2) 协议处理引擎。

(3) 描述符管理系统。

(4) 存储接口部件。

为了充分有效地利用硬件的并行优势,TCP 协议处理引擎采用分布式控制策略,通过 TCP 控制变量的解偶分析,将 TCP 连接的主要控制参数分解成接收与发送两部分。下面详细描述硬件加速引擎的每个部分。

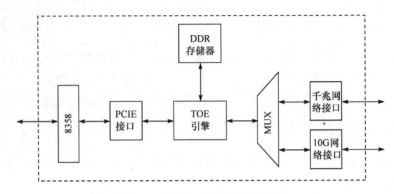

图 5.21　硬件加速引擎的功能分布

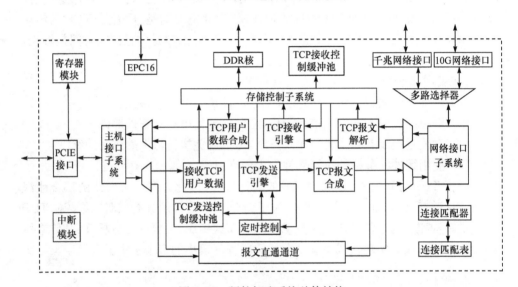

图 5.22　硬件加速系统总体结构

（1）高速网络处理接口。高速网络处理接口包含接收和发送两部分，如图 5.23 所示。接收部分将从千兆网络接口或者 10G 网络接口接收原始报文，并对报文进行初步解析：①对报文进行校验和验证；②对报文各个部分的长度进行初步判断。判断报文的一些基本字段，根据报文的控制数据生成相关控制信息，利用这些信息在 Hash 表里进行匹配查找，若匹配成功，则将获得连接控制块的索引，并将控制信息及报文传递到协议处理引擎，若匹配失败，则将原始报文通过直通通道传到主机。发送部分将从报文直通通道或者协议引擎接收报文，根据指示将报文发送到网络接口或者重新发送到协议处理引擎。

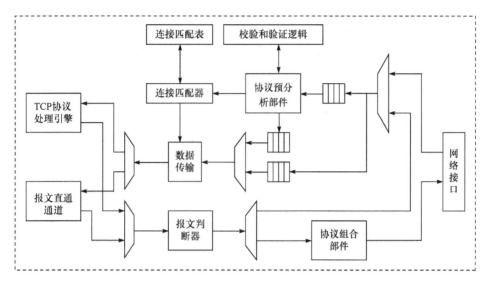

图 5.23　高速网络处理接口

（2）协议处理引擎。协议处理引擎分为接收与发送两部分,如图 5.24 所示。接收部分从网络接口子系统接收控制信息与 TCP 报文数据,根据控制信息得到连接控制块索引,依据此索引在控制缓冲池中查找相应连接的接收控制变量集合,并从报文中提取 TCP 字段信息,进行乱序处理,根据得到的可靠保序数据生成相应的控制信息,通过存储子系统获取对应的数据并传递给主机。发送部分包含三个处理要素:首先从主机接收用户数据,依次以块为单位存储在发送缓冲区中,构成发送队列,在适当条件下根据控制信息生成相应的报文;其次从 TCP 接收部分中获取对端的处理信息,获取应答序列号更新本地的发送队列,获取 TCP 窗口字段用来计算对端的接收窗口大小,获取本地的可靠保序序列号生成相应的应答序列号,获取本地的剩余窗口空间构造发送报文的窗口字段等;最后,响应定时器消息,进行报文的重传与探测控制。

（3）描述符管理系统。描述符管理系统分为描述符管理与数据传输两部分,如图 5.25 所示。描述符管理从主机接收已经准备好的接收描述符信息,在数据传输部件上传完接收数据之后更新主机接收描述符的相关区域信息,同时在接收到发送描述符信息之后,通知数据传输部件从主机获取相应的数据。数据传输部分首先向描述符管理部件申请描述符,然后根据描述符控制信息进行数据的传输。

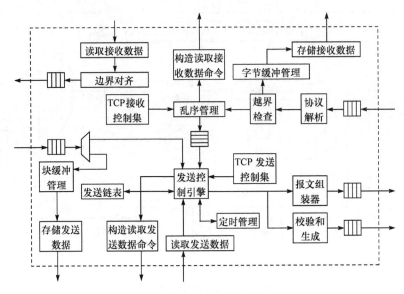

图 5.24　协议处理引擎

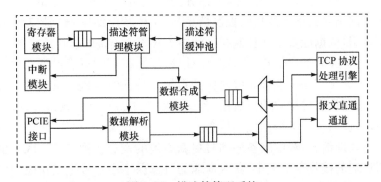

图 5.25　描述符管理系统

（4）存储接口部件。存储接口部件负责数据的存储与读取，如图 5.26 所示，根据 TCP 处理的接收部分或者发送部分给出的指示进行逻辑地址到物理地址的转换，将数据存储在相应位置或者将其读出。与此同时，存储子系统还为其他并行工作的各个部分提供耦合通道。

3. 面向硬件优化的乱序报文重组方法

TCP 是向用户提供可靠保序数据的传输层协议，而网络处于尽力而为的 IP 层，对数据是否能够从发送方到达接收方并不作任何保证，因此 TCP 为实现可靠保序的传输增加了许多处理机制，形成了非常复杂的 TCP 处理状态机，使 TCP 卸载到硬件的难度大为增加。

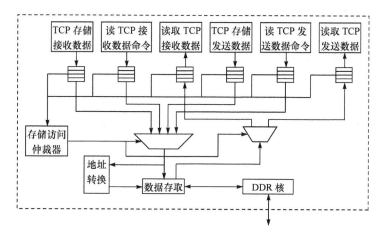

图 5.26　存储接口部件

　　TCP 所处传输层与 IP 所处网络层具有明显区别,因此数据的乱序接收与管理就显得非常重要。TCP 实现乱序管理的基本方法是设立几组指针,对接收到的每个报文进行动态比较。分析 Linux 内核可以发现,TCP 通过若干组循环代码来完成乱序数组指针的建立、搜索、匹配、归并与删除,CPU 执行代码的强大灵活性使得软件处理乱序相对容易。但是,如果把这些操作原封不动地搬到硬件中加以实现,必将造成硬件处理复杂性的急剧增加。

　　硬件实现 TCP 卸载时,对报文的乱序管理进行动态设计会造成硬件的复杂度急剧增加,从而阻碍 TCP 功能的硬件实现。针对这种情况,本节提出一种利于硬件执行的基于序列号进行数据直接放置,同时进行序列号映射比较的方法来保证TCP 传输数据的可靠保序。

　　对于每条连接,采用若干组寄存器记录乱序报文序列号,针对每一个进入的新报文,首先根据序列号将数据存储在连接的接收缓冲区里,将其起始序列号、结束序列号与各组寄存器进行比较,寻找合适的切入点,然后将切入点以后的寄存器组映射到一组工作寄存器组,进行通用的寄存器比较操作及序列号的归并,最后将结果反馈到切入点。依次循环进行这种操作,最大循环深度为乱序寄存器组的数目。这种技术方案不需要对存储区的数据进行复杂的移动,也不需要对报文的重叠数据进行多余的分割与合并操作,避免硬件实现复杂的存储管理。

　　对于第 j 条连接,固定的接收缓冲区为 $[B_a^j, B_b^j]$,起始字节序列号为 S_{start}^j,则对于连接中的任何一个字节,记序列号为 S_{byte}^j,可以得出其在缓冲中的偏移为

$$B_{byte}^j = B_a^j + (S_{byte}^j - S_{start}^j) \bmod (B_b^j - B_a^j + 1) \tag{5.9}$$

TCP 为每一个字节都编排了明确的序列号,因此协议本身已经做出保证,如果字节 g 和 h 处于可接受范围之内(两个字节之间的差距不超过 TCP 序列号的空间规

模,即 2^{32}),那么总有以下关系成立: $\forall g, h$,只要 $S_g^j = S_h^j$,就有 $C_g^j = C_h^j$,其中 C 为字节值。

由于 TCP 只能根据序列号来决定字节数据的位置,因此当字节 g 和 h 处于可接受范围之外时, g 和 h 的序列号有可能完全相同,造成 TCP 混淆。不过,这种情况出现的概率极低,受各种因素的限制,实现中还没有出现过。

对于第 j 条连接的下一接收序列号 S_{next}^j ,其对应的未被上层软件读取的首字节序列号记为 S_{unread}^j ,则区间 $[S_{\text{next}}^j, S_{\text{unread}}^j)$ 称为可接受序列号空间。

对于 TCP 报文 w ,首先要满足 TCP 报文的数据处于可接受序列号空间,即对于 w 中的任意字节 g :

$$V(g) = \begin{cases} 1, & S_g^j \in [S_{\text{next}}^j, S_{\text{unread}}^j) \\ 0, & S_g^j \notin [S_{\text{next}}^j, S_{\text{unread}}^j) \end{cases} \tag{5.10}$$

但是,具体实现时接收缓冲空间大小总是有限的,因此满足条件(5.10)只是一个必要条件。由式(5.9)可得 S_{next}^j 的缓冲偏移为

$$B_{\text{next}}^j = B_a^j + (S_{\text{next}}^j - S_{\text{start}}^j) \bmod (B_b^j - B_a^j + 1) \tag{5.11}$$

同理可得

$$B_{\text{unread}}^j = B_a^j + (S_{\text{unread}}^j - S_{\text{start}}^j) \bmod (B_b^j - B_a^j + 1) \tag{5.12}$$

综合式(5.11)和式(5.12)可知,缓冲中剩余可接收数据的空间为

$$\text{Buffer}_{\text{free}} = (S_{\text{unread}}^j - S_{\text{next}}^j) \bmod (B_b^j - B_a^j + 1) \tag{5.13}$$

由式(5.13)可得, $[S_{\text{next}}^j, S_{\text{next}}^j + \text{Buffer}_{\text{free}})$ 为可接受缓冲区间,此时可接受缓冲区间可扩展为 $[S_{\text{unread}}^j, S_{\text{unread}}^j + B_b^j - B_a^j + 1)$ 。

因此,式(5.10)可以改写为

$$V(g) = \begin{cases} 1, & S_g^j \in [S_{\text{unread}}^j, S_{\text{unread}}^j + B_b^j - B_a^j + 1) \\ 0, & S_g^j \notin [S_{\text{unread}}^j, S_{\text{unread}}^j + B_b^j - B_a^j + 1) \end{cases} \tag{5.14}$$

综上所述,在获取报文之后,只要报文数据所对应的序列号处于可接受缓冲区之内,硬件就可以将数据依据式(5.9)进行放置,不需要考虑数据重叠带来的影响。考虑到硬件实现的复杂度,当报文中的每一个字节都满足式(5.14)时,才进行正常接收,这样的报文这里称为可接受报文。

第 j 条连接的第 k 个乱序区间记为 $[S_{mk}^j, S_{nk}^j]$,且在第 w 个报文到来之前已经存在 r 个乱序区间,很明显,这 r 个乱序区间满足

$$[S_{mp}^j, S_{np}^j] \cap [S_{mq}^j, S_{nq}^j] = \varnothing, \quad p \neq q, 0 \leqslant p, q \leqslant r - 1 \tag{5.15}$$

同时满足

$$[S_{mp}^j, S_{np}^j] \cap [S_{\text{unread}}^j, S_{\text{next}}^j] = \varnothing, \quad 0 \leqslant p \leqslant r - 1 \tag{5.16}$$

对于接收到的报文 w ,所处序列号空间记为 $[S_{sw}^j, S_{ew}^j]$ 。首先判断该报文是否为可接受报文,若不是,则丢弃,否则进行乱序处理。

简单起见,在后续的分析中比较序列号时直接使用"≤"或者类似的符号,并不详细指明回绕这种特殊情况。实际上,如果把 32 位序列号看成一个有符号数,那么容易发现,当序列号发生回绕时,回绕后的值与回绕前的值之间的差距只要小于 2G,这个差值的最高位就为 0,即总是为正。这个条件在实际情况中总是能够满足。

若 $r>0$ 且 $S_{sw}^j \leqslant S_{np}^j$,其中 $0 \leqslant p \leqslant r-1$,则称 p 为切入点。

综合式(5.15)和式(5.16)不难发现,报文 w 将对切入点以后的乱序区间产生影响,对切入点以前的区间不会产生任何作用。

设 k 为切入点,则由定义可得出以下结论。

如果 $[S_{mk}^j, S_{nk}^j] \bigcap [S_{sw}^j, S_{ew}^j] = \varnothing$,那么将会产生一个新的乱序区间,并且报文 w 构成的乱序区间将是第一个乱序区间。

如果 $[S_{mk}^j, S_{nk}^j] \bigcap [S_{sw}^j, S_{ew}^j] \neq \varnothing$,那么乱序区间将会重新定位:

$$
[S_a^j, S_b^j] = \begin{cases} [S_{mk}^j, S_{nk}^j], & S_{mk}^j \leqslant S_{sw}^j \leqslant S_{ew}^j \leqslant S_{nk}^j \\ [S_{sw}^j, S_{ew}^j], & S_{sw}^j \leqslant S_{mk}^j \leqslant S_{nk}^j \leqslant S_{ew}^j \\ [S_{mk}^j, S_{ew}^j], & S_{mk}^j \leqslant S_{sw}^j \leqslant S_{nk}^j \leqslant S_{ew}^j \\ [S_{sw}^j, S_{nk}^j], & S_{sw}^j \leqslant S_{mk}^j \leqslant S_{ew}^j \leqslant S_{nk}^j \end{cases} \tag{5.17}
$$

新的乱序区间将继续与切入点之后的乱序区间比较,以重新确定新的切入点。

通过比较 S_{next} 与第一个乱序区间的关系来更新 S_{next}^j 值:

$$
S_{\text{next}}^j = \begin{cases} S_{\text{next}}^j, & S_{m1}^j > S_{\text{next}}^j \mid\mid S_{m2}^j \leqslant S_{\text{next}}^j \\ S_{m2}^j, & \text{其他} \end{cases} \tag{5.18}
$$

更新 S_{next}^j 值。

下面讨论基于硬件的报文乱序重组技术实现框架。如图 5.27 所示,可接受性检查为第一步,当报文成为可接受报文时,硬件会将报文分解成两部分,报文首部携带相应的内部控制信息进入乱序判断部分,报文数据则经过偏移计算直接放置到连接的数据缓冲空间里。框架主要模块具体描述如下。

(1) 可接受性检查器:计算报文的可接受性,只有当报文成为可接受报文时,才能进入后续处理。

(2) 乱序寄存器组:用来记录 TCP 连接的乱序区间。当接收到乱序报文时,将报文序列号对应的乱序区间记录在乱序区间寄存器组。

(3) 切入点搜索器:主要用于对报文的序列号区间与乱序区间寄存器组进行比较,获取乱序报文在报文接收缓冲中的切入点。

(4) 寄存器组映射器:将切入点及后续的乱序寄存器组映射到一组临时寄存器组中,使搜索匹配操作成为公共操作。这是为了让硬件操作更加简单,避免切入点之间的乱序区间产生影响,同时降低设计的复杂性。

（5）区间定位器：计算新的乱序区间边界。

（6）寄存器组反馈器：如果已经搜索比较完所有乱序区间，或者新的序列号区间产生了一个完全崭新的乱序区间，那么会将临时寄存器组中的值反馈到自切入点开始的乱序寄存器组中。

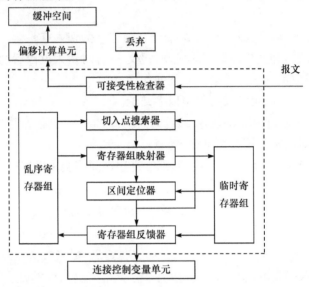

图 5.27　基于硬件的报文乱序重组技术实现框架

5.3.4　性能评价

1. 系统测试环境

本书作者团队在 TOE 网卡上实现了 TCP 硬件加速引擎。系统采用 Altera 的 EP2S90 实现，EP2S90 共有 72768 个自适应查找表（adaptive look-up table，ALUT），硬件加速引擎共使用 54994 个 ALUT，占据芯片总数的 76%。芯片共有存储单元约为 4520448bit，硬件加速引擎使用 2170488bit，大都用于关键数据的存储及各种部件之间的通信。

采用两台服务器进行 TOE 网卡的测试，验证 TCP 硬件加速引擎的性能。两台服务器通过具有高速缓存的 10Gbit 交换机互连，具体配置一致，如表 5.1 所示。

表 5.1　服务器的配置

CPU	双至强 3.2G,具有 2MB 的高速缓存
内存	4GB
硬盘	SATA 接口,250GB
网卡	TOE 网卡,Intel 网卡
操作系统	Linux 2.6.17 版本,修改网卡相关内核代码

采用软件 Iperf 进行吞吐量测试,每次测试时间均为 30s,测试次数为 5 次取平均。

2. 测试结果与分析

这里将接收中断阈值设为 63,发送中断阈值设为 31,描述符设为 128。

首先测试 TOE 网卡之间的吞吐量,其次测试 TOE 网卡与普通网卡之间的吞吐量。

如图 5.28 所示,随着 TCP 发送缓冲的增加,TOE 网卡与普通网卡之间的差距越来越大,TOE 网卡显著提升了 TCP 性能。

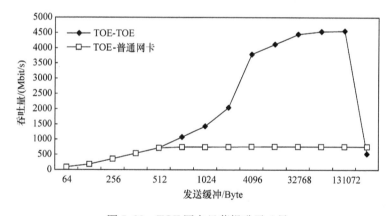

图 5.28　TOE 网卡显著提升吞吐量

当发送缓冲很小时,系统每次都不能填充一个完整的报文,TCP 发送速率将因此而受损。在缓冲很小时,两者性能几乎一致。当发送缓冲增大到一定程度时,系统每次能够将报文填充至最大长度,TOE 网卡的优越性逐渐体现。当发送缓冲增大到一定程度时,系统在分割发送内容上的开销增大,从而导致 TOE 网卡获取发送数据的速度减慢,吞吐量受损。

其次,测试 TOE 网卡在提供多条 TCP 连接时的吞吐量,如图 5.29 所示。当发送缓冲较小时,单条连接与多条连接之间的吞吐量存在较大差距。当发送缓冲增大到一定程度时,吞吐量将受限于系统的能力,此时差距消失。

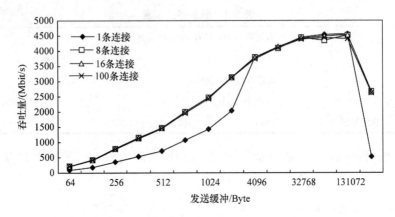

图 5.29　TCP 连接数目对 TOE 网卡吞吐量的影响

　　如图 5.30 所示,双向传输在两边均传输 4 条连接,相比单向传输 8 条连接,吞吐量一直居于优势,性能有较大提升。

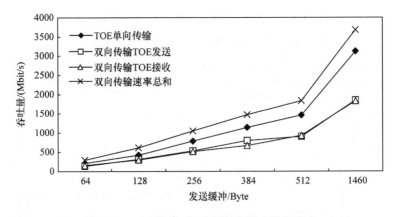

图 5.30　双向传输对 TOE 网卡吞吐量的影响

　　当接收中断阈值发生改变时(图 5.31),TOE 网卡吞吐将会受到很大影响。但是,一旦每次接收的中断阈值达到一定程度,性能就基本上保持不变,此时 TOE 网卡与系统处理之间达到较为匹配的水平。

　　描述符是系统与 TOE 网卡之间联系的关键信息,描述符的数量对性能有直接影响。如图 5.32 所示,当描述符数量很少时,吞吐量相当低,主要原因在于系统与 TOE 网卡之间不能通过足够的描述符进行高效通信,因此两边的处理过程中间都会出现等待状态。当描述符达到一定程度时,系统能够尽可能快速地与 TOE 网卡通信,使 TOE 网卡的操作处于饱和,所有部件处于流水状态,从而达到最大吞吐量。当描述符再次增加时,由于 TOE 网卡已经处于饱和,此时吞吐量变化较小。

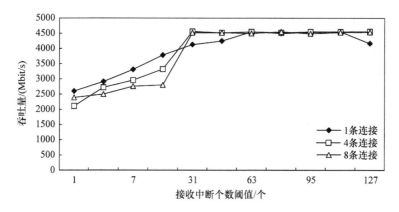

图 5.31 接收中断个数阈值对 TOE 网卡吞吐量的影响

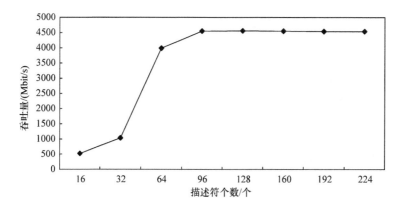

图 5.32 描述符个数对 TOE 网卡吞吐量的影响

由实验结果可以看出,TCP 硬件加速可以显著提升端系统处理 TCP 的能力,使吞吐量大大增加。同时可以看出,硬件设计中的许多参数与硬件的性能密切相关,通过调整将会对吞吐量产生巨大影响。这对以后从理论上分析系统性能瓶颈具有重要的指导意义,为系统的进一步优化提供依据。

参 考 文 献

卢锡城,张明杰,朱培栋. 2005. 自适应 PI 主动队列管理算法[J]. 软件学报,16(5):903-910.

王圣. 高速网络 TCP 加速关键技术研究[D]. 长沙:国防科学技术大学,2007.

杨吉英,顾诞英,张卫东. 2006. 主动队列管理中 PID 控制器的解析设计方法[J]. 软件学报,17(9):1989-1995.

Altman E,Avrachenkov K,Barakat C. 2000. TCP in presence of bursty losses[C]//Proceedings of SIGMETRICS,Santa,28(1):124-133.

Athuraliya S,Low S,Li V,et al. 2001. Rem:Active queue management[J]. IEEE Network Magazine,15(3):48-53.

Avrachenkov K,Ayesta U,Brown P,et al. 2004. Differentiation between short and long TCP flows:Predictability of the response time [C]//Proceedings of IEEE INFOCOM, Hong Kong,2004.

Baccelli F,Kim K. 2004. TCP throughput analysis under transmission error and congestion losses [C]//Proceedings of IEEE INFOCOM,Hong Kong,762-773.

Barford P,Crovella M. 2001. Critical path analysis of TCP transactions[J]. ACM SIGCOMM Computer Communication,31(2):80-102.

Bertsekas D,Gafni E,Gallager R G. 1984. Second derivation algorithms for minimum delay distributed routing in networks[J]. IEEE Transactions on Communications,32(8):911-919.

Boon S A. 2001. An evaluation of an attempt at offloading TCP/IP protocol processing onto an i960rn-based ini[EB/OL]. http://www. hpl. hp. com/techreports/2001/HPL-2001-8. pdf.

Borman D,Research C,Partridge C. 1988. RFC1071:Computing the Internet checksum[S]. 1988. http://www. faqs. org/rfcs/rfc1071. html.

Braden B,Clark D,Crowcroft J,et al. 1998. Recommendations on queue management and congestion avoidance in the Internet. IETF.

Buzzard G,Jacobson D,Mackey M,et al. 1996. An implementation of the hamlyn sender-managed interface architecture[C]//Proceedings of the 2nd Symposium on Operating Systems Design and Implementation,Washington,245-259.

Cardwell N,Savage S,Anderson T. 2000. Modeling TCP latency[C]//Proceedings of the Nineteenth IEEE Annual Joint Conference of the IEEE Computer and Communications Scocieties 2000,Israel,1742-1751.

Chase J S,Gallatin A J,Yocum K G. 2001. End-system optimizations for high-speed TCP[J]. IEEE Communications Magazine,39(4):68-74.

Chu H J. 1996. Zero-copy TCP in solaris[C]//Proceedings of the USENIX 1996 Annual Technical Conference,San Diego,253-264.

Clark D,Jacobson V,Romkey J,et al. 1989. An analysis of TCP processing overhead[J]. IEEE Communications Magazine,27(6):23-29.

Culler D,Karpy R,Patterson D,et al. 1993. LogP:Towards a realistic model of parallel computation[C]//Proceedings of the Fourth ACM SIGPLAN Symposium on Principles and Practice of Parallel Programming,San Diego,1-12.

Culley P,Garcia D,Hilland J. 2003. An RDMA protocol specification[EB/OL]. IETF Internet-Draft. draft-ietf-rddp-rdmap-00. txt. http://www. ietf. org/proceedings/03mar/I-D.

Dalton C,Watson G,Banks D,et al. 1993. Afterburner[J]. IEEE Network,7(4):36-43.

Daniel P,Marco C. 2001. Understanding the linux kernel[M]. Sebastopol:O'Reilly & Associations.

Druschel P,Peterson L. 1993. Fbufs:A high-bandwidth cross-domain transfer facility[C]//Proceedings of the Fourteenth ACM Symposium on Operating Systems Principles, Asheville,189-202.

Edwards A, Muir S. 1995. Experiences implementing a high performance TCP in user-space[C]// Proceedings of SIGCOM, Cambridge, 196-205.

Erdogan O, Patel P. 2003. Design and implementation of RDMA as a best-efforts service and providing reliability over it.

Feng W, Balaji P, Baron C, et al. 2005. Performance characterization of a10-gigabit Ethernet toe [C]//Proceedings of HOT Interconnects, Stanford, 58-63.

Feng W, Kandlur D D, Saha D, et al. 1999a. A self-configuring red gateway[C]//Proceedings of the INFOCOM'99, New York, 1320-1328.

Feng W, Kandlur D D, Saha D, et al. 1999b. Blue: A new class of active queue management algorithms. Technical Report, CSE-TR-387-99, UM.

Floyd S, Gummadi R, Shenker S. 2001. Adaptive red: An algorithm for increasing the robustness of red's active queue management. Technical Report. http://www. icir. org/floyd/papers/adaptiveRed. pdf

Floyd S, Jacobson V. 1993. Random early detection gateways for congestion avoidance[J]. IEEE/ ACM Transactions on Networking, 1(4):397-413.

Floyd S. 1994. TCP and explicit congestion notification[J]. ACM Computer Communication Review, 24(5):8-23.

Floyd S. 2003. RFC3649: High speed TCP for large congestion windows[S].

Fortune S, Wyllie J. 1978. Parallelism in random access machines[C]//Proceedings of the 10th Annual Symposium on Theory of Computing, Ithaca, 114-118.

Gallager R G. 1977. A minimum delay routing algorithm using distributed computation[J]. IEEE Transactions on Communications, 25(1):73-85.

Gao Y, He G, Hou J C. 2002. On exploiting traffic predictability in active queue management [C]//Proceedings of the INFOCOM 2002, New York, 1630-1639.

Geoff H. 2005. Gigabit TCP[J]. The Internet Protocol Journal, 9(2).

Goel A, Mitzenmacher M. 2002. Exact sampling of TCP window states[EB/OL]. http://citeseer. ist. psu. edu/502712. html.

Guo C, Zheng S. 2000. Analysis and evaluation of the TCP/IP protocol stack of linux[EB/OL]. http://www. ifip. or. at/con2000/icct2000/icct452. pdf.

He J, Chiang M, Rexford J. 2006. TCP/IP interaction based on congestion price: Stability and optimality[C]//Proceedings of IEEE ICC 2006, Istanbul, 1032-1039.

Henriksson T, Nordqvist U, Liu D. 2002a. Embedded protocol processor for fast and efficient packet reception. http://www. da. isy. liu. se/pubs/tomhe/ ICCD2002. pdf.

Henriksson T, Persson N, Liu D. 2002b. VLSI implementation of Internet checksum calculation for 10 gigbit Ethernet//Proceedings of Design and Diganostics of Electronis, Circuits and Systems, Brno, 114-121.

Hollot C V, Misra V, Towsley D, et al. 2001. On designing improved controllers for AQM routers supporting TCP flows[C]//Proceedings of the INFOCOM 2001, Anchorage, 1726-1734.

Hsieh J, Leng T, Mashayekhi V, et al. 2000. Architectural and performance evaluation of GigaNet and Myrinet interconnects on clusters of small-scale SMP servers[C]//Proceedings of the Super Computing 2000, Dallas, 18-26.

Jacobson V. 1988. Congestion avoidance and control[J]. ACM Computer Communication Review, 18(4):314-329.

Jeffrey S C, Andrew J G, Kenneth G Y. 2001. End-system optimizations for high-speed TCP[J]. IEEE Communications Magazine, 39(4):68-74.

Jerry Chu H K. 1996. Zero-copy TCP in solaris[C]//Proceedings of the USENIX 1996. Annual Technical Conference, San Diego, 253-264.

Jin C, Wei X, Low S H. 2004. Fast TCP: Motivation, architecture, algorithms, performance[C]// Proceedings of IEEE INFOCOM 2004, Hong Kong, 2490-2501.

Juan M. 2003. UDP, TCP, and IP fragmentation analysis and its importance in TOE devices[EB/OL]. http://mayaweb. upr. clu. edu/crc/crc2003/papers/JuanSola. pdf.

Kaiserswerth M. 1993. The parallel protocol engine[J]. IEEE/ACM Transactions on Networking, 1(6):650-663.

Katabi D, Handley M, Rohrs C. 2002. Congestion control for high bandwidth-delay product networks[J]. ACM SIGCOMM Computer Communication Review, 32(4):89-102.

Keeton K, Anderson T, Patterson D. 1995. LOGP quantified: The case for low-overhead local area networks[C]//Hot Interconnects III: A Symposium on High Performance Interconnects, San Francisco, 82-84.

Kelly F P, Voice T. 2005. Stability of end-to-end algorithms for joint routing and rate control[J]. ACM SIGCOMM Computer Communication Review, 35:5-12.

Kelly T. 2003. Scalable TCP: Improving performance in high-speed wide area networks[J]. ACM SIGCOMM Computer Communication Review, 33(2):83-91.

Kim J, Kim K, Jung S. 2001. SOVIA: A user-level sockets layer over virtual interface architecture [C]//Proceedings of Cluster Computing'01, Newport Beach, 399-408.

Kim H, Rixner S. 2006. TCP offload through connection handoff[C]//Proceedings of the EuroSys Conference, Leuven, 279-290.

Kleinpaste K, Steenkiste P, Zill B. 1995. Software support for outboard buffering and checksumming[J]. ACM SIGCOMM Computer Communication, 25(4):87-98.

Kunniyur S, Srikant R. 2001. Analysis and design of an adaptive queue(AVQ) algorithm for active queue management[C]//Proceedings of the ACM SIGCOMM 2001, San Diego, 123-134.

Kuzmanovic A. 2005. The power of explicit congestion notification[C]//Proceedings of the SIGCOMM 2005, Philadelphia, 61-72.

Le L, Aikat J, Jeffay K, et al. 2003. The effects of active queue management on Web performance [C]//Proceedings of the ACM SIGCOMM 2003, Karlsruhe, 265-276.

Mallory T, Kullberg A. 1990. RFC1141: Incremental updating of the Internet checksum[S].

Mapp G,Pope S. 1994. The design and implementation of a high-speed user-space transport protocol[C]//Proceedings of the USENIX Annual Technical Conference,San Diego,253-264.

Mitzenmacher M, Rajaramany R. 2001. Towards more complete models of TCP latency and throughput[J]. Journal of Supercomputing,20(2):137-160.

Mogul J C. 1993. IP network performance[M]//Lynch D C,Rose M T. Internet System Handbook. Rose:Addison-Wesley,575-675.

Mogul J. 2003. TCP offload is a dumb idea whose time has come[C]//Proceedings of HotOS'03, Lihue,25-30.

Mosberger D,Peterson L,Bridges P,et al. 1996. Analysis of techniques to improve protocol processing latency[C]//Proceedings of ACM SIGCOMM'96,Palo Alto,73-84.

Mukherjee S, Hill M. 1998. The impact of data transfer and buffering alternatives on network interface design[C]//Proceedings of 4th International Symposium on High-Performance Computer Architecture(HPCA-4),Las Vegas,207-218.

Nordqvist U,Liu D. 2002. A comparative study of protocol processors[EB/OL]. http://www. da. isy. liu. se/pubs/ulfnor/ulfnor-ccsse2002. pdf[2018-09-01].

Ott T J,Lakshman T V,Wong L H. 1999. SRED:Stabilized RED[C]//Proceedings of the INFOCOM'99,New York,1346-1355.

Padhye J,Firoiu V,Towsley D,et al. 1998. Modeling TCP throughput:A simple model and its empirical validation[C]//Proceedings of ACM SIGCOMM 1998,Vancouver,303-314.

Papadopoulos C,Parulkar G M. 1993. Experimental evaluation of SunOS IPC and TCP/IP protocol implementation[J]. IEEE/ACM Transactions on Networking,1(2):199-216.

Petrini F, Feng W, Hoisie A, et al. 2002. The quadrics network:High-performance clustering technology[J]. IEEE Micro,22(1):46-57.

Rangarajan M,Bohra A,Banerjee K,et al. 2002. TCP servers:Offloading TCP processing in Internet servers,design, implementation, and performance[R]. Technical report,Department of Computer Science Rutgers University. http://citeseer. ist. psu. edu/rangarajan02tcp. html [2018-09-01].

Rijsinghani A. 1994. RFC1624:Computation of the Internet checksum via incremental update[S].

Rodrigues S,Anderson T,Culler D. 1997. High-performance local area communication with fast sockets[C]//Proceedings of USENIX Annual Technical Conference,Anaheim,1-18.

Romanow A,Bailey S. 2003. An overview of RDMA over IP[EB/OL]. http://datatag. web. cern. ch/datatag/pfldnet2003/papers/romanow. pdf[2018-09-01].

Rubini A,Corbet J. 2001. Linux Device Driver[M]. Sebastopol:O'Reilly & Associations.

Shah H,Pu C,Madukkarumukumana R S. 1999. High performance sockets and RPC over virtual interface(VI) architecture[C]//Proceedings of CANPC workshop'99,Orlando,91-107.

Shivam P,Chase J S. 2003. On the elusive benefits of protocol offload[C]//Proceedings of SIGCOMM'03 Workshop on Network I/O Convergence:Experience,Lessons,Implications(NICELI),Karlsruhe,179-184.

Shivam P, Wyckoff P, Panda D. 2001. EMP: Zerocopy OS bypass NIC driven gigabit ethernet message passing[C]//Proceedings of SC 2001, Denver, 57-64.

Shubhendu S, Mark D. 1997. A survey of user-level network interfaces for system area networks[R]. Technical Report 1340, Computer Sciences Department. http://citeseer. ist. psu. edu/mukherjee97survey. html[2018-09-01].

Stephen P. 1995. TCP/IP on gigabit networks[D]. Stockholm: Swedish Institute of Computer Science.

Stevens W R. 1993. TCP/IP Illustrated, Volume 1: The Protocol[M]. Boston: Addison Wesley.

Stevens W R, Wright G R. 1995. TCP/IP Illustrated: The Implementation[M]. 2nd ed. Boston: Addison-Wesley.

Sun J, Zukerman M, Ko K, et al. 2004. Effect of large buffers on TCP queueing behavior[C]//Proceedings of IEEE INFOCOM 2004, Hong Kong, 751-761.

Thekkath C, Nguyen T, Moyt E, et al. 1993. Implementing network protocols at user level[J]. IEEE/ACM Transactions on Networking, 1(5): 554-565.

Valiant L G. 1990. A bridging model for parallel computation[J]. Communications of the Association for Computing Machinery, 33(8): 103-111.

Wright G R, Stevens W. 1995. TCP/IP Illustrated, Volume 2: The Implementation[M]. Boston: Addison Wesley.

Xia Y, Stoica I, Kalyanaraman S, et al. 2005. One more bit is enough[C]//Proceedings of the SIGCOMM 2005, Philadelphia, 37-48.

Xiong Y, Liu J, Shin K, et al. 2004. On the modeling and optimization of discontinuous network congestion control systems [C]//Proceedings of IEEE INFOCOM 2004, Hong Kong, 2812-2820.

Xu L, Harfoush K, Rhee I. 2004. Binary increase congestion control(BIC) for fast long-distance networks[C]//Proceedings of IEEE INFOCOMM 2004, Hong Kong, 2514-2524.

Yeh E, Chao H, Mannem V, et al. 2002. Introduction to TCP/IP offload engine[EB/OL]. http://www. 10gea. org/SP0502IntroToTOE_F. pdf[2018-09-01].

Yocum K, Anderson D, Chase J, et al. 1997. Balancing DMA latency and bandwidth in a high speed network adapter[D]. Durham: Department of Computer Science Duke University.

Zheng D. 2002. On the modeling of TCP latency and throughput[D]. Starkville: Mississippi State University.

第6章　互联网流量工程与优化方法

互联网中尽力而为的传送机制和最短路径路由算法,实质上存在导致拥塞的可能。随着互联网规模的日益扩大和用户端接入带宽的不断增加,骨干网发生拥塞的概率日益增大。网络拥塞不仅会降低网络性能,而且会使得服务提供商难以兑现对客户服务质量的承诺。因此,该问题引起了研究者们的广泛关注。

流量工程是一种具有重要价值的网络优化技术,它通过优化网络资源的利用率来避免网络拥塞。多协议标签交换提供的约束路由技术是流量工程的重要工具之一。约束路由机制能够显式地指定数据传输路径,使得路由选择算法能够根据服务质量约束和流量工程优化目标进行路径选择。在路由选择阶段结合流量工程优化目标,能够从根本上克服当前互联网所使用的最短路径路由带来的拥塞问题,有效提高网络资源利用率,具有重要的理论意义和应用价值。

6.1　网络流量工程研究目标

6.1.1　研究背景

1. 网络拥塞的危害及流量工程技术的重要意义

近年来,互联网产业得到了快速发展,网络规模日益扩大,用户人数不断增多,接入带宽不断增长,P2P、视频点播等新兴业务不断涌现。这些因素推进了互联网的发展。视频点播等新兴业务的不断涌现,对网络的延时、丢包率等服务质量性能提出了更高的要求。拥塞的发生,很容易使得网络的服务质量无法保证。但是,互联网中传统的尽力而为传送机制和最短路径路由算法本质上存在导致拥塞的可能。用户终端接入带宽的增长、用户规模的不断扩大、P2P等长持续时间大数据量的业务对骨干网造成的压力使得互联网发生拥塞的风险越来越大,引起了研究者们的广泛关注。上述拥塞问题的解决依靠网络服务提供商升级其基础设施,但硬件升级代价昂贵且周期较长。大多数情况下,网络硬件设施能够满足需要,只是资源利用不均衡易造成拥塞现象。典型原因有两种:①负载分配不均衡,有的链路负载水平很高,导致在局部形成瓶颈,有的链路却负载少,利用率较低;②在 MPLS核心网入口-出口对确定的情况下,不同入出口对之间存在不必要的竞争某些链路从而堵塞其他入出口对之间通路的现象。流量工程通过对现有网络资源利用的优化调节,达到网络资源的优化利用,降低网络拥塞概率,是一种非常有价值的网络优化技术。

RFC3702 指出,流量工程是关于性能评估和性能优化的网络工程技术,包括对互联网流量的测量、特征化、建模和控制技术。流量工程研究开展以来,一直分为两大方向,即无连接的流量工程和面向连接的流量工程,两者各有优、缺点。无连接的流量工程的实施,基于现有的无连接的、无服务质量保证的、尽力而为的 IP 网络和 IP 路由协议。其仍然基于逐跳路由模型,每个节点独立地决定下一跳的走向。因此,无连接的流量工程继承了来自 IP 等无连接技术的简单性和灵活性。但是,无连接的流量工程对路由的控制能力是有限的,容易引起路由的振荡。相关研究中,对路由的优化很多采用动态设置 OSPF 等协议中的链路权值来实现。面向连接的流量工程的实施,通常基于 ATM、MPLS 等面向连接的、支持服务质量的多业务网络技术。面向连接的方式,使得对网络路由的管理和控制更加容易和精确,使得流量工程的实施更加方便。

2. MPLS 及其约束路由技术

近年来 MPLS 的兴起,为流量工程提供了实施手段上的有效支持,促进了流量工程技术的发展。MPLS 技术是新一代互联网骨干网络的核心技术。它是由 Cisco 等网络设备厂商提出、由 IETF 批准的一个业界标准。

MPLS 的原理是为每个进入 MPLS 网络的数据包加上一个标签,并根据标签来决定数据包的路径及优先级,也根据标签进行转发。MPLS 兼容的路由器在把数据包转送到其路径之前,仅读取数据包标签,无需读取每个数据包的 IP 地址及包头。

MPLS 通过 LDP 和 RSVP-TE、OSPF-TE 等信令协议提供约束路由机制。按照 RFC3702[1] 的定义,约束路由是一类在选路时考虑流量属性、网络约束和策略约束的路由协议。约束路由不仅可应用于流,也可应用于流聚集,它是服务质量路由的一般化。MPLS 的约束路由机制能够显式地指定数据传输路径,使得路由选择算法能够根据服务质量约束和流量工程优化目标的要求进行路径选择,因而也进一步推进了面向流量工程的约束路由算法的研究。IETF 推出了大量基于 MPLS 实施互联网流量工程的 RFC 和 Draft。RFC2702[2] 描述了在 MPLS 网络中实施流量工程的总体要求;RFC3346[3] 描述了 MPLS 流量工程的适用性;

---

[1] RFC3702: Authentication, Authorization, and Accounting Requirements for the Session Initiation Protocol.

[2] RFC2702: Requirements for Traffic Engineering Over MPLS.

[3] RFC3346: Applicability Statement for Traffic Engineering with MPLS.

RFC3272[①] 总结了互联网流量工程的架构和基本原理。大量规范的制定推动了MPLS 对流量工程的支持。

3. 面向流量工程优化的约束路由

流量工程是为了优化网络资源的使用效率,提高网络处理性能而对流经网络的业务流量进行控制的过程。目前,互联网中广泛采用的路由协议普遍采用最短路径优先(shortest path first,SPF)算法来路由网络业务流量。这一算法简单、容易部署、速度较快,并且最短路径原则使其有利于节省网络资源,在互联网中一直被广泛应用。但是,这一算法常会导致流量在个别链路或某些区域的链路上发生拥塞,形成瓶颈,降低了整个网络的资源利用率。

面向流量工程优化的约束路由技术,本章后面简写为流量工程约束路由技术,是指在路由选择阶段结合流量工程优化目标,按照有利于提高网络资源利用率的原则优化路由安排,合理地引导业务流的走向。流量工程约束路由技术能够从根本上克服当前互联网所使用的最短路径路由带来的拥塞问题,有效提高网络资源利用率,具有重要的理论意义和应用价值。近年来在 MPLS 和光网络等技术兴起的背景下,这一研究领域受到学术界和产业界广泛关注,很多研究者在这方面做出了有价值的探索。IETF 也专门成立了路径计算组件(Path Computing Element)工作组,专门研究 MPLS/GMPLS 流量工程 LSP 的计算问题。RFC4655[②]、RFC4657[③]、RFC4674[④]、RFC4927[⑤] 等规范对路径计算组件的架构和若干协议进行了规定。Cisco、Juniper 等很多路由器厂商也实现了对 MPLS 流量工程约束路由能力的支持。相关规范的不断完善和路由器厂商的支持,为流量工程约束路由研究提供了良好的实践基础,使得流量工程约束路由技术不断成熟并走向应用。然而,流量工程约束路由技术还面临着不少问题,有待研究者们进一步深入研究。

6.1.2　流量工程约束路由模型和主要目标

近年来,互联网技术获得飞速发展。网络规模日益扩大,用户群体不断增加,网络带宽和承载流量不断提升,网络日益广泛而深入地和社会生活和经济运行的各个方面相结合,成为人们检索信息、娱乐、沟通的重要工具,在社会生活中起着越来越重要的作用。但是,当前互联网的体系结构存在着负载分布不合理而产生网

---

① RFC3272:Overview and Principles of Internet Traffic Engineering.

② RFC4655:A Path Computation Element-Based Architecture.

③ RFC4657:Path Computation Element Communication Protocol Generic Requirements.

④ RFC4674:Requirements for Path Computation Element Discovery.

⑤ RFC4927:Path Computation Element Communication Protocol Specific Requirements for Inter-Area MPLS and GMPLS Traffic Engineering.

络拥塞的可能性。网络流量的日益增大,使得发生网络拥塞的风险进一步加大。网络与社会生活联系更加紧密,一旦发生网络拥塞,其影响更加严重,如何控制拥塞引起了研究者们的广泛关注。

对于网络承载能力不足引起的拥塞,需要网络硬件上的升级扩充。对于负载分布不合理产生的拥塞,有一个有力的解决方案,就是流量工程技术。流量工程可以提高网络资源利用率,均衡网络负载的分配,降低拥塞产生的风险。MPLS 技术为流量工程提供了显式路由等控制手段,使得流量工程能够有效实施。MPLS 的显式路由机制,即显式地指定数据传输路径,使得路由选择算法能够根据服务质量约束和流量工程优化目标的要求进行路径选择,进一步推进了面向流量工程的约束路由算法的研究。

约束路由算法在选择路径时,一方面要选择满足服务质量约束的路径;另一方面应该根据流量工程的需要,对路径选择进行优化。对于如何选择符合服务质量约束的路径,国内外已经有很多学者进行了广泛而深入的研究(Kuipers et al.,2004;闵应骅,2003;朱慧玲等,2003)。对于面向流量工程目标的路由优化技术,文献(Younis et al.,2003)对约束路由算法的基本原则进行了阐述,并对 2003 年前的研究工作进行了回顾;文献(Balon et al.,2006;Balon et al.,2005;Lahoud et al.,2004)对几种流量工程算法进行了性能评测。

按照流量工程的需求进行路由优化,能够有效地均衡负载分布、提高网络资源的利用率、降低拥塞发生的风险。下面简述此方面的研究工作,包括面向流量工程优化的约束路由算法的含义和优化目标,分为在线单路径算法、预计算型单路径算法及多路径约束路由算法三个方面,并阐述流量工程路由面临的主要挑战。

1. 流量工程约束路由的网络模型

在路由算法的研究工作中,研究者们通常采用图论中的加权有向图来抽象描述通信网络。本节将沿用有关文献(崔勇等,2002;Ahuja et al.,1993)中的符号和表示方法,简要介绍图论中加权有向图模型的相关概念和定义。网络可用有向图 $G=(V,E)$ 表示,其中,$V(G)$ 为节点的集合($|V|=n$),$E(G)$ 为边的集合($|E|=m$),n 和 m 分别代表网络中节点和链路的数目。

定义 6.1(有向图)　有向图 G 是由一个非空有限集合 $V(G)$ 和其中某些元素的有序对集合 $E(G)$ 构成的二元组,记为 $G=(V(G),E(G))$,其中 $V(G)$ 称为图 G 的节点集,$V(G)$ 中的每一个元素 $v_i=(1,2,\cdots,n)$ 称为图的一个节点;$E(G)$ 称为图 G 的边集,元素 $e_{ij}\in E$ 是 V 中两个元素 v_i 和 v_j 的有序对,称为图 G 的一条从 v_i 到 v_j 的边,记为 $e_{ij}=(v_i,v_j)$ 或者 $e_{ij}=(i,j)$。

定义 6.2(有权图)　为有向图 G 的每条边 $e\in E$ 赋予实数序列($w_1,w_2,\cdots,w_k$),所得到的有向图称为赋权有向图(简称有权图)或者有向网络(简称网络)。

2. 流量工程约束路由算法的主要目标

流量工程约束路由算法首先要满足客户的服务质量约束需求,选择满足服务质量要求的路径;同时应该面向全网的资源利用率,有效地实现路径选择的流量工程全局优化。

1) 服务质量约束

服务质量需求通常用带宽、端到端延时、延时变化、包丢失率、抖动、代价等各种度量来表示。

文献(Wang et al.,1996)指出,这些服务质量度量可分为可加性度量、可乘性度量和最小性度量三类。

定义 6.3　令 $w(i,i+1)$ 表示链路 $(i,i+1)$ 的度量, $w(P)$ 为路径 $P=(v_1,v_2,\cdots,v_i,\cdots,v_s)$ 的度量。

若 $w(P)=\sum\limits_{i=1}^{s-1}w(i,i+1)$,则称此度量为可加性度量。

若 $w(P)=\prod\limits_{i=1}^{s-1}w(i,i+1)$,则称此度量为可乘性度量。

若 $w(P)=\min\limits_{i=1,2,\cdots,s-1}\{w(i,i+1)\}$,则此度量为凹性度量(或称最小性度量)。

可加性度量通常包括延迟、延迟抖动、花费和跳数等;可乘性度量包括可靠性、包丢失率等;最常用的度量——带宽,则是凹性度量。满足两个以上相互独立的加性或乘性度量的约束(或优化)的路由算法求解问题是 NP 完全问题。

2) 流量工程优化目标

在满足服务质量需求这一基础性问题的同时,流量工程路由算法在给定流量工程前提下根据目标对路径选择进行优化。产生拥塞的原因有两种,一是网络资源不足;二是网络资源的分配不合理。对于网络资源不足的拥塞,一般需要增加网络资源量,但是这比较昂贵。流量工程优化目标就是尽量挖掘现有网络设施的潜力,优化资源利用率,减轻拥塞状况。特别是对于资源分配不合理引起的拥塞,应该在路由选择阶段按照流量工程优化目标,调整路径选择,使得对资源的使用更加合理。

RFC2702 指出,定义流量工程优化目标可以从两个视角来进行,即面向流量和面向资源。面向流量的优化目标包括增强流量服务质量功能的各个方面。在单一服务质量等级,尽力而为的 Internet 流量模型中,面向流量的优化目标包括最小化包丢失率、最小化时延、最大化吞吐量及增强服务等级协定的有关性能参数指标;面向资源的优化目标包括优化资源利用的各个方面。高效的网络管理是达到面向资源优化目标的重要途径。虽然这两个视角着眼点不同,但是目标是一致的。在实际研究工作中,研究者们根据所要解决的实际问题不同,定义了不同的流量工程优化目标,较为常用的优化目标是最小化网络资源占用、负载均衡及最小干涉(Lahoud et al. ,2004)。

6.2　研究进展

从算法执行时机和执行阶段来分,可将路由算法分为在线算法和预计算算法。根据执行时机,可将选路算法分为在线算法、预计算算法和离线算法三类,也有学者将预计算算法归入在线算法。流量工程路由算法大多数是在线算法。在线算法要求能够实时地处理不断到达的请求,具有较低的复杂度。离线算法则可以用较多的计算时间达到更优的计算结果,一般用于网络规划和设计领域。预计算算法分为预计算阶段和在线阶段,在离线阶段进行一些复杂度较高的预处理工作,这样算法处于在线阶段时能够更快地处理路由请求。

从流量是否可分割到多条路径的角度,可将路由算法分为由单条路径承载流量请求的单路径路由算法和由多条子路径共同承载流量请求的多路径路由算法。多路径路由有利于最大化网络资源的利用率,它使得一个流量请求可以通过多条不同的路径进行传输。多路径路由对负载均衡分布很有帮助,能够降低拥塞概率,提高传输可靠性,并且能够满足某些超过单链路容量的超大带宽请求,缺点是过多路径可能增加信令消息和处理负载。

下面按照在线单路径算法、预计算单路径算法和多路径路由算法的顺序,介绍相关的研究工作。

6.2.1　在线单路径路由算法

根据算法的优化目标不同,可将在线算法按常见的三种主要优化目标进行分类论述。

1. 最小化网络资源占用算法

最小化网络资源占用是指为了完成指定的服务质量需求所选择的路径占用网络资源应尽可能的少。最简单的一个例子就是最短路径优先算法 SPF。算法的原则是选择所有路径中跳数最小,即路径最短的一条。最短路径算法有两个著名的实现版本:Dijkstra 算法和 Bellman-Ford 算法。OSPF 协议中使用了 Dijkstra 算法。在服务质量路由和流量工程路由中,最短路径算法有一个支持带宽需求的改进版本,即在拓扑图中预先删除不满足带宽约束的链路,然后在相应导出图中执行最短路径算法,很容易使得最短路径算法支持带宽约束,此算法称为约束最短路径优先(constrained shortest path first,CSPF)算法。最短路径算法较为简单,复杂度低。其缺点是易造成链路负载分布不合理,即某些链路上负载很轻,某些链路上却负载很重,形成拥塞。

2. 负载均衡算法

为了克服最短路径算法的缺陷,许多研究者们在选择路径时,考虑了负载均衡目标。

最简单的想法是基于最短路径算法进行扩充,即考虑最大带宽的路径,但是最短路径原则也需加以考虑。为此,Wang 等和 Guerin 等都采取了折中的方案。Wang 等提出了最短最宽路径(shortest widest part, SWP)算法(Wang et al.,1996),其思想是选择最大可用带宽的路径;若同时存在几条最宽路径,则优先考虑其中具有最小跳数的路径。Wang 等通过这种方式优先考虑负载均衡,在可能的情况下考虑最短路径。Apostolopoulos 等提出了最宽最短路径(widest shortest part,WSP)算法(Apostolopoulos et al.,1999),其思想是优先选择最短路径,若同时存在几条相等长度的最短路径,则选择具有最大可用带宽的一条路径。Ma 等提出的动态可选路径(dynamic alternate path,DAP)算法(Ma et al.,1998)则进行了更好的折中,该算法的思想是选择跳数小于等于最短跳数加 1 的最宽路径来试图在一定程度上兼顾两个目标。此外,Ma 等提出了一种最短距离路径(shortest-distance path,SDP)(Ma et al.,1999)算法,其中路径的距离定义为各链路带宽的倒数之和,通过这种方式实现资源占用和负载均衡间的折中。其后,Wang 等提出了 SDP 算法的一个改进版本以避免选择过长路径(Wang et al.,2002b)。

Fortz 等提出了一种根据链路剩余带宽情况设置 OSPF 链路权重的启发式算法(Fortz et al.,2000),他们给出的链路权值函数为 $w(l)=\dfrac{l}{r(l)}$,其中 $r(l)$ 是链路 l 的剩余带宽。该算法尽量选择剩余带宽较多的链路,从而实现负载均衡相对简单、有效。在 Fortz 等给出算法的基础上,Hendling 等提出剩余网络和链路容量路由(residual network and link capacity,RNLC)算法(Hendling et al.,2003),在路径代价函数中引入网络当前的剩余带宽和实时控制参数来控制算法行为。他们提出的链路权重公式为 $w(l)=\dfrac{N_c}{r(l)}+C$,其中 $N_c(=\sum\limits_{\forall l\in E}r(l))$ 为网络当前的剩余带宽,C 为控制常量。在网络低负载的情况下,设置较小的 C 值,算法倾向于负载均衡和保留网络带宽;在网络高负载的情况下,设置较大的 C 值,算法倾向选择最短路径。

链路剩余带宽情况只能表明链路承载未来请求的能力,并不能表明链路的负载轻重。链路带宽利用率是反映链路负载分布情况的合适度量指标。Wang 等(Wang et al.,1999)给出了一种最大化链路带宽利用率的算法。该算法在考虑链路带宽利用率的同时,还要考虑最短路径原则,使得路径长度不能太长。Banerjee

等提出的最小临界 K-最短路径(least critical K shortest path,LCKS)算法(Baner-jee et al.,2001)选择 K-最短路径集合中链路带宽利用率之和最小的路径,既考虑了负载均衡,又使得路径长度不超过 K-最短路径的长度。

3. 最小干涉算法

上述算法都没有利用入出口对信息。在 MPLS 网络中入口-出口对节点是网络的边缘节点,是已知的。在假设已知入口-出口对信息的基础上,可以进一步优化路径的安排和流量的分布。

Kar 等和 Kodialam 等首次利用 MPLS 网络可知的入口-出口对信息,针对带宽保证流的动态路由问题提出了一种基于最大流概念的最小干涉路由算法(minimum interference routing algorithm,MIRA)(Kodialam et al.,2000;Kar et al.,2000),并给出了干涉的概念。在给定入口-出口对 (s,d) 的前提下,干涉是指由在其他入口-出口对间路由路径而给 (s,d) 带来的最大流值 θ_{sd} 的减少量。最小干涉路径是指路由该条路径给其他入口-出口对的最大流值带来的影响最小的路径。

Kodialam 等使用线性规划来形式化表述此问题。他们提出了三种目标函数:最大化最小最大流值的 MAX-MIN-MAX 和 LEX-MAX,以及最大化最大流值加权和的 WSUM-MAX(the maximization of weighted SUM of the MAXflows)。以 WSUM-MAX 为例,目标函数为 $\max \sum_{(s,d)\in P\backslash(a,b)} \alpha_{sd}\theta_{sd}$,链路 l 的权重为 $w(l) = \sum_{(s,d)\in P\backslash(a,b)} \alpha_{sd} \frac{\partial\hat{\theta}_{sd}}{\partial r(l)}$。其中,入口-出口对 (a,b) 为当前请求相应的入口节点和出口节点,P 为所有入口-出口对的集合,θ_{sd} 为入口-出口对 (s,d) 之间的最大流值,$r(l)$ 为边 l 的剩余带宽,α_{sd} 为入口-出口对 (s,d) 的重要性系数。

边 l 是给定入口-出口对 (s,d) 的关键链路,仅当边 l 属于该入口-出口对的任意最小割。令 C_{sd} 表示节点对 (s,d) 的关键链路集合。根据最大流最小割定理,$\frac{\partial\hat{\theta}_{sd}}{\partial r(l)} = \begin{cases} 1, & l\in C_{sd} \\ 0, & 其他 \end{cases}$,因此可以推出 $w(l) = \sum_{(s,d):l\in C_{sd}} \alpha_{sd}$。这样计算链路权重的问题就归结为确定所有入口-出口对的关键链路(弧)集合。计算出链路权重后,首先删除网络中剩余带宽小于请求量 B 的链路,然后在导出图中使用 $w(l)$ 作为链路权重执行最短路径算法。

MIRA 在该领域中具有开创意义,取得了较好的优化效果。其后许多研究者在其基础上做了很多工作。例如,文献(郑志梅等,2007)对部分最小干涉方面的研究工作按照关键链路的重新定义类、利用业务流流量特征信息类、支持准入控制类和支持多个服务质量参数约束类加以归纳总结。

这里首先汇总归纳研究者们指出的 MIRA 存在的不足之处,然后介绍他们针对这些不足所做的改进工作。

(1) MIRA 对最短路径优化目标支持得不够充分,MIRA 的链路代价函数使得算法倾向于选择由较少跳数的关键链路,或者关键度较低的关键链路组成的路径。但是,链路代价函数中没有考虑非关键链路的跳数(视为 0),因此有可能选择不必要的过长的路径。

(2) MIRA 没有显式考虑负载均衡优化目标,仅从入口-出口对之间的干涉关系出发安排路径,有可能导致流量负载分配不均匀。

(3) 计算复杂度高,难以满足实时路由运算的要求。在每个请求来临时,MIRA 都需要执行 p 次最大流计算,p 为入口-出口对数目。在网络规模较大、入口-出口对数目较多的情况下,其计算复杂度是难以满足实时运算要求的。

(4) MIRA 在链路性质划分上需要进一步深入探讨。MIRA 将所有链路划分为关键链路集合和非关键链路集合。在选择路径时,非关键链路的权值为 0,这样存在以下两个问题。

① 在关键链路集合和非关键链路集合中,各链路的重要程度仍然有较大不同。

② 非关键链路也对入口-出口对之间的最大流变化产生一定影响;在某些情形下,非关键链路集合中的链路实际上比关键链路集合中的链路更为关键。

(5) 为了简化问题,MIRA 仅支持带宽约束,不支持延时等其他约束或者多 QoS 约束的路由请求。

(6) MIRA 不支持接入控制,无法通过拒绝部分请求来实现整体的吞吐量等性能参数的提高。

(7) MIRA 的一个前提假设是不需要未来到达流量的信息。这固然使得算法应用范围更广,但是也使得在对未来的流量做出一些可靠预测时,不能根据预测信息对路由选择的决策进行优化。

针对这些问题,诸多研究者分别在不同的改进方面进行了深入研究,下面分别予以介绍。

(1) 控制路径长度。

MIRA 有时会选择过长的路径。Banerjee 等提出了限制路径长度的 Bounded-MIRA(Banerjee et al.,2001)。算法首先使用 K-最短路径算法计算 K 条候选路径,MIRA 被限制从候选路径集合中挑选一条干涉最小的路径,这样其路径长度不会大于第 K 条最短路径的长度。

(2) 最大化网络剩余带宽。

最大化网络剩余带宽能够有效节约网络带宽资源。Hendling 等提出的 RN-LC 算法(Hendling et al.,2003)在链路代价函数中引入了网络剩余带宽。Bauer 给出了 Kar 等提出的 WSUM-MAX 优化目标的一种近似算法,使得路由当前请求之后剩余带宽资源最大(Bauer,2002)。

（3）结合负载均衡原则。

MIRA 着眼于最小化请求间的干涉,有时选择的路径不能够很好地分散负载。为此需要考虑链路的负载情况。

类似 Fortz 等的方法(Fortz et al.,2000),常见的方法是在链路代价函数中引入链路剩余带宽。Wang 等提出的 NewMIRA(Wang et al.,2002a)就是一个典型例子,NewMIRA 在链路代价函数中引入链路的剩余带宽来表示链路路由未来 LSP 请求的能力,从而实现负载均衡分布。轻量级最小冲突路由(light minimum interference routing,LMIR)算法(Bagula et al.,2004)、最小冲突优化(the least interference optimization algorithm,LIOA)(Figueiredo et al.,2006)等也采用类似办法,在算法中引入链路剩余带宽。

另外一种方法是引入链路带宽利用率。Li 等提出的带附加流量工程目标的带宽受限服务质量路由方案(bandwidth constrained QoS routing scheme with additional traffic engineering objectives,BCTE)算法(Li et al.,2003)在确定最小割链路集合后删除其中带宽利用率达到饱和阈值的链路,从而避免将请求路由到饱和链路上。Tan 等提出的指数最小冲突路由算法(exponential-minimum interference routing algorithm,E-MIRA)(Tan et al.,2002)则在链路代价函数中将最大流值降低量和链路带宽利用率用指数函数关系加以描述,通过非线性的指数函数取得较好的折中效果。

（4）深入挖掘链路性质。

Suri 等指出在面对 concentrator 等拓扑结构时,MIRA 选择的路径不能令人满意(Suri et al.,2003;Suri et al.,2001)。

有一些链路也比较重要,但是并不位于最小割上,因此 MIRA 并不认为其是关键链路。一个自然的想法就是扩充关键链路的范围。在 MIRA 给出的关键链路概念中,链路对具体的入口-出口对来说是关键的,仅在此链路上路由一个单位的流将降低入口-出口对的最大流值。对于入口-出口对的非关键链路,如果容量减少一个单位,那么此入口-出口对的最大流值将不会减小。然而,如果给定入口-出口对的非关键链路的容量减少多于一个单位,此入口-出口对的最大流值仍有可能减小。Kar 等提出了一个比关键链路更加一般的概念,Δ-关键链路。通过 Δ-关键链路的概念可以将一些潜在的关键链路,或者说次关键链路包括进来。Δ-关键链路是指,若链路的容量减小 Δ,入口-出口对的最大流值减小,则称该链路为一个入口-出口对的 Δ-关键链路。Kar 等给出了一种 Δ-关键链路问题的近似解法,并且提出了一种解 LEX-MAX 形式化问题的改进方法 L-MIRA,给出了 LEX-MAX 的一种新的问题形式化描述,改进了其性能表现(Kar et al.,2000)。

上面提到问题的产生原因在于那些不在最小割上的关键链路,也对路径选择具有重要影响。解决此问题的一个思路就是使用 Δ-关键链路来扩充关键链路集合的范围,但是 Δ 的大小难以确定。Xu 等认为:过小的 Δ 值会使得有些潜在链路无法被判定为 Δ 关键;过大的 Δ 值可能会导致 Δ 关键链路的集合包含进很多不太关键的链路,导致效率降低。他们认为对不同的拓扑结构可以采用不同的 Δ 值。为此,他们对 Δ-关键链路的概念进行了改进,对于绝大多数拓扑区域的链路使用预先定义的 Δ,对于特定拓扑区域的链路,如汇聚节点的输出链路,在计算 Δ-关键链路时使用和其他链路不同的 Δ。通过这种方法,使得特定拓扑区域的一些潜在关键链路能够被包含在 Δ-关键链路集合中,但是其他一些非关键的链路不会被包括进去(Xu et al.,2002),从而提高关键链路识别的准确性,但是这种办法较难推广到一般情况。

另外一种思路是将链路的种类划分进一步细化。MIRA 仅将链路划分为关键链路和非关键链路。刘红等将非关键链路进一步区分为准关键链路和无关链路。若链路不在最小割集中,且其上承载的指定入口-出口对间的流量大于零,则称其为准关键链路;否则称其为无关链路(刘红等,2005)。Tapolcai 等进一步提出了多关键度级别的概念(Tapolcai et al.,2005),他们将链路划分为多个关键度级别,并提出了基于关键度级别的最小干涉算法 MIRO。MIRO 在执行一次最大流计算之后并不终止,而是将第一次计算所得的关键链路标识为级别 1;然后将这些第 1 级别的关键链路容量修改为无穷大;接着在导出图中继续执行最大流计算,所得的关键链路标识为级别 2,依此类推,直到不存在路径或者超出预设的循环次数,余下的未分级链路均标为缺省级别;接着使用启发式函数将关键度级别映射到链路权重;最后使用加权最短路径算法来计算路径。

还有一种较新颖的思路是 Rétvári 等提出的,他们认为预计算执行一次将影响其后一段时间内后继请求的路由,因此检测链路在未来变成关键链路的可能性是很有价值的。据此,他们在 INFOCOM 2005 会议上提出了链路关键度阈值的概念(Rétvári et al.,2005)。

(1) 采用简化的链路关键度定义。

最大流计算的复杂度较高,在入口-出口对数目较多的情况下计算最大流所需时间将更为可观。为了降低在线算法的复杂度,一些研究者尝试给出与最大流无关的链路关键度定义。

Iliadis 等提出了 Simple-MIRA(Iliadis et al.,2002),该算法首先采用带瓶颈链路消除的 K-最宽最短路径(K-widest shortest path routing,K-WSP)或者 K-最短最宽路径(K-shortest widest path routing,K-SWP)计算 K 条路径,然后计算链路权值,其中每条链路的权值分为两部分,一部分是所属路径在 K 条路径集合中的重要程度,另一部分是链路在所属路径中是否为瓶颈链路,最终权值和这两部分成正比。Iliadis 等给出了 SMIRA 的两种具体实现,最小干涉瓶颈链路避免(minimum-interference bottleneck-link-avoidance,MI-BLA)和最小干涉路径避免

(minimum-interference path avoidance,MIPA)算法,两种实现方案采用了不同的链路重要性比例函数和路径重要性函数。Sun 等在 Iliadis 等工作的基础上研究了无线光网络(wireless optical network,WON)中每个节点的光收发器数量有限的情况下,如何建立带宽保证路径并使得尽可能少堵塞未来请求的问题(Sun et al.,2004)。他们扩展了 Iliadis 等的工作,给出了关键链路和关键接口的概念,同时给出了基于关键链路和关键接口定义的算法。郑志梅等也提出了类似的无需最大流计算的最小干涉算法——最小冲突路径(least interference path,LIP)算法(郑志梅等,2007),首先采用 K-SDP 计算 K 条最短路径,然后根据链路是否属于这些路径来计算链路关键程度,LIP 算法在链路权值函数中同时考虑了链路的初始剩余带宽和网络的最大剩余带宽。

SMIRA 的关键链路识别主要是根据链路是否为路径的瓶颈链路来进行的。一些研究者从另外一个思路来考虑,他们认为链路上有多少可能的路径经过可以作为表征链路是否关键的度量。Sa-Ngiamsak 等提出了 WSS 的算法(Sa-Ngiamsak et al.,2004),该算法借鉴了 MIRA 的干涉概念,但是不再通过复杂的最大流计算来确定关键链路,而是通过链路上可能的请求路径数来定义链路和路径的权重。设给定源-目标节点对 (s,d) 之间有 x 条路由,其中的 y 条路径经过链路 l,则链路 l 的关键度 $\phi_l(s,d)$ 定义为 y/x。若链路权值较高,即通过该链路的路径请求相对较多,则说明在该链路上路由请求对其他入口-出口对的干涉较大,该链路即为关键链路。算法尽量避免通过这样的链路路由路径。该算法和 MIRA 相比,复杂度有很大降低。Gopalan 等提出的 LCBR 算法也采用了类似的办法,不过他们还考虑了路径的期待负载和剩余带宽(Gopalan et al.,2004),其链路代价函数是和上述三方面内容成比例的。Bagula 等则尝试采用非线性的指数函数来反映链路上可能链路数目和链路剩余带宽的关系。他们给出的最小干涉优化算法(the least interference optimization algorithm,LIOA)(Bagula et al.,2004)试图寻找一条路径,使得路径所有链路承载的流的数量达到最小,所使用的链路代价函数 $w(l)=y^a/r(l)^{1-a}$。其中,y 是链路 l 上承载的流的数目,$r(l)$ 是链路 l 的剩余带宽,$0 \leqslant a \leqslant 1$ 是折中参数。

(2) 同时支持带宽和延迟约束的算法。

MIRA 仅支持带宽约束,然而支持多种服务质量约束是十分必要和有价值的。因此,有研究者研究如何在支持延时等多种服务质量约束的情况下实现最小干涉的优化目标。Gopalan 等提出的链路关键度路由算法 LCBR 即是一种同时支持带宽和延迟保证的最小干涉算法。对于计算得到的每条 K-最短路径,LCBR 算法按照代价函数计算代价,然后检查是否满足资源需求,若满足需求,则用给定的延迟划分算法将延迟划分到链路上去,然后更新代价和剩余带宽,最后选择满足需求的具有最小代价的路径。

Yang 等借鉴了干涉和关键链路的思想,提出了一种同时满足带宽和延迟约束的在线路由算法——MDWCRA(maximum DWC routing algorithms)(Yang et al. ,2001)。该算法定义了延迟权重容量(delay-weighted capacity,DWC)函数,选择最大化各入口-出口对的 DWC 值的路径。该算法的思路为:寻找源-目标节点对 (s,d) 之间的 K-最小延迟路径集合 $LP_{sd} = \{LP_{sd}^1, LP_{sd}^2, \cdots, LP_{sd}^i, \cdots, LP_{sd}^{k_{sd}}\}$。令 B_{sd}^i 表示路径 LP_{sd}^i 的剩余带宽,D_{sd}^i 表示 LP_{sd}^i 的端到端延迟,k_{sd} 表示集合中路径的总数。每个入口-出口对的 DWC 定义为 LP_{sd} 路径集合中路径带宽的加权和,权重和这些路径的端到端延迟成反比例,即 $DWC_{sd} = \sum_{LP_{sd}^i \in LP_{sd}} \dfrac{B_{sd}^i}{D_{sd}^i}$。若在 LP_{sd} 中的任何最小延迟路径的瓶颈链路上路由请求,(s,d) 的 DWC 值减小,则这样的链路称为 (s,d) 的关键链路。确定关键链路之后,为这些关键链路赋权值,然后使用扩展 Dijkstra 算法或者扩展 Bellman-Ford 算法来寻找最小权值路径。Yang 等后来又发现 MDWCRA 存在一个问题:每次找到最小延迟路径之后被删除的路径上的其他链路也可能是十分关键的,但是并未被算法保护。因此,他们给出了一个改进算法——M-MDWCRA(Yang et al. ,2003),该算法不把最小延迟路径的所有链路都删掉,而是只删掉瓶颈链路。这样可以在后续循环中考虑更多链路,使算法性能有所提高。

(3) 支持接纳控制。

MIRA 不支持接纳控制。因此,一些研究者对如何使得最小干涉算法能够支持接纳控制进行了研究。Tan 等在 E-MIRA 中给出了一种接纳控制模式。若各链路的链路代价指数函数值之和小于设定的阈值,即入口-出口对之间最小跳数路径的长度,则该路径将会被接纳,否则该路径将被拒绝。Suri 等提出的一种基于特征的路由(profile based routing,PBR)算法也给出了一种接纳控制模式,该算法使用流量矩阵数据为每类业务流计算最大流量,并给出一定的浮动限额。若流量请求超过此标准,则将会被拒绝。

(4) 通过流量矩阵信息预测未来流量。

有些情况下,通过流量历史统计数据或者服务等级协定,能够对未来的流量做出一些较为可靠的预测,但是 MIRA 并不支持这一点。为此,许多研究者提出能够利用流量矩阵信息优化路由的算法。多类物品流(multi-commodity flow)算法的 PBR 就是其中的一个典型例子。在线算法中,比较典型的就是虚拟流量偏移(virtual flow deviation,VFD)算法(Capone et al. ,2003)。Capone 等观察发现,如果各个入口点的流量统计特性显著不同,例如,某个入口节点注入的流量明显多于其他入口-出口节点,那么 WSP 和 MIRA 等算法无法达到很好的性能。VFD 算法考虑了入口-出口对的信息和流量剖析信息。该算法首先根据流量剖析信息,创建虚拟的连接请求-虚拟请求集合。这些虚拟请求代表未来可能的连接请求,因而可能与当前的请求存在干涉。该算法将这些虚拟请求和当前请求合并在一起,使用流量偏移(flow deviation,又称 Frank-Wolfe)方法(Fratta et al. ,1973)进行迭代求解。Capone 等随后给出了两个数学模型：整数线性规划模型和最小割模型，提供了一个在线算法性能的理论界限，并比较了 MIRA、VFD 等算法的性能（Capone et al.，2005；Capone et al.，2004）。

Kalapriya 等分析了随时间间隔不断变化的链路利用率，以及 PBR 算法中如何确定进行流量剖析的时间间隔（Kalapriya et al.，2003）。他们认为采用自然天（24 小时）作为时间间隔未必合适，于是提出了一个动态确定进行流量剖析的时间间隔的公式。根据他们的模拟，采用动态的时间间隔进行流量剖析的路由算法能够进一步减低请求间的拥塞，增加网络可接纳的连接请求的总数量。

Ricciato 等研究了关于带宽的流量剖析信息随时间而不同的路由算法（Ricciato et al.，2005）。在 VPN 等环境下，对于一条固定路径，客户可能会在 SLA 中声明其在不同时间段具有不同的带宽需求。Ricciato 等研究了在这种情况下，如何通过路径选择的搭配组合或重新优化而降低路由所需的总带宽。他们给出了一个在线路由算法，以及一个作为在线算法性能界限的离线形式化模型。

表 6.1 对本节描述的部分在线最小干涉算法作了简要总结。

表 6.1　在线最小干涉类流量工程路由算法

执行时刻	算法	服务质量需求	流量工程优化目标	计算复杂度	特点
在线	MIRA	带宽约束	最小干涉	$O((p-1)n^2\sqrt{m})$	基于最大流计算确定关键链路和链路权重
在线	Daniel Bauer	带宽约束	最大化网络剩余带宽＋最小干涉	$O((p-1)n^2\sqrt{m})$	WSUM 的另一种近似，考虑最大化网络的剩余带宽
在线	Bounded-MIRA	带宽约束	最短路径＋最小干涉	$O((p-1)n^2\sqrt{m})$	结合 K-最短路径，限制 MIRA 选择过长的路径
在线	BCTE	带宽约束	负载均衡＋最小干涉	$O((p-1)n^2\sqrt{m})$	考虑了链路带宽利用率是否饱和
在线	WSC	带宽约束	负载均衡＋最小干涉	$O((p-1)n^2\sqrt{m})$	考虑了自干涉效应及负载均衡
在线	E-MIRA	带宽约束	最短路径＋负载均衡＋最小干涉	$O((p-1)n^2\sqrt{m})$	指数链路代价函数，考虑了带宽利用率和关键度，支持接入控制

续表

执行时刻	算法	服务质量需求	流量工程优化目标	计算复杂度	特点
在线	L-MIRA	带宽约束	最小干涉	$O((p-1)n^2\sqrt{m})$	解 LEX-MAX 形式化问题,引用了 Δ-关键链路
在线	Xu 等	带宽约束	最小干涉	$O((p-1)n^2\sqrt{m})$	改进了 Δ-关键链路的概念
在线	MIRO	带宽约束	最小干涉	$O((p-1)n^2\sqrt{m})$	多次执行最大流计算,区分了不同级别的关键链路
在线	SMIRA SMIRA_I	带宽约束	最短路径＋最小干涉	$O(n^2)$	基于 K-WSP 定义关键链路,并考虑了瓶颈链路
在线	LIOA	带宽约束	负载均衡＋最小干涉	$O(n^2)$	使用非线性代价函数,使得路径所承载的流的数和量最小
在线	LMIR	带宽约束	负载均衡＋最小干涉	$O(n^2)$	关键链路定义用链路带宽、剩余带宽和该入口-出口对间最小容量路径流的流量表示
在线	MDWCRA M-MDWCRA	带宽延时约束	最小干涉	MDWCRA: $O((p+x^2)n^2)$ M-MDWCRA: $O((pn+x^2)n^2)$	关键链路定义用带宽、延迟表示

注:n 为节点数,m 为边数,p 为入口-出口对数。

4. 智能算法

模糊控制、局部搜索、遗传算法、蚁群算法、学习自动机等智能算法在服务质量路由算法设计中也得到了广泛应用。下面简要介绍使用智能算法来进行流量工程路由的部分研究工作。

1) 模糊控制

网络状态处于不断的实时变化之中,具有一定的不确定性。因此,引入模糊控制理论和方法就成为一种可能的解决方案。基于模糊控制的路由算法在网络状态变化比较频繁的情况下,仍然能够比较稳定地工作。缺点是该算法输入输出和控制函数的设计需要精细考虑,优化效果一般。

Aboelela 等在多篇文献中(Aboelela et al.,2000;Aboelela et al.,1998)系统阐述了使用模糊逻辑解决多约束目标的服务质量路由问题的方法。他们将多约束服务质量路由问题形式化为一个模糊多目标优化模型,算法将网络的负载均衡和时延作为优化目标函数,采用分级的方法寻找最优解。但是,这些算法未能综合考虑负载均衡和最小干涉两个目标。Khan 等提出了一种基于模糊逻辑约束的路由算法(fuzzy constraint-based routing algorithm,FRA)(Khan et al.,2004),它是一个由 Dijkstra 算法扩展而来的在线算法,具有和 Dijkstra 算法相同的低复杂度。该算法在确定代价时使用模糊逻辑函数来综合考虑以下三方面的优化目标:平衡端到端路径利用率,平衡链路利用率,减少路径跳数。该算法具有计算复杂度低、兼顾负载均衡和最小干涉、不需要额外网络状态信息的优点。

2) 局部搜索

局部搜索算法是基于贪婪思想,利用邻域函数进行搜索,求解组合优化问题的一种通用的、有效的方法。其基本思想是:从一个初始解出发,利用邻域函数持续地在当前解的邻域中搜索比它好的解,若能够找到这样的解,则将其设为新的当前解,并重复上述过程,否则结束搜索过程,并以当前的解作为最终解。局部搜索的缺点是性能依赖于邻域函数和初始解,算法容易收敛于局部最优解。

刘红等提出了一种网络拥塞最小的启发式双螺旋群搜索算法(group double spiral algorithm,GDSA)(刘红等,2004a)。该拥塞最小问题是 NP 难问题,因此该作者提出了一种混沌群搜索优化算法进行求解。算法采用群局部搜索,利用混沌变量产生一组分布好的初始解,并在邻域搜索进程中应用扩展贪心思想,提高了算法的全局搜索能力。随后,该作者又把范围进一步扩展到多约束目标服务质量路由的情况,提出以网络拥塞最小化和时延最小化为优化目标的基于局部搜索的混沌群搜索算法(chaotic group local search algorithm,CGLSA)(刘红等,2004b)。该算法能够在减少流量分布不平衡造成的网络拥塞的同时,限制过长的路径。

3) 遗传算法

遗传算法是一种模拟生物界自然选择和遗传机制,具有并行搜索、自适应群体寻优等优点的新型全局最优化搜索算法,广泛用于解决各种具有 NP 完全复杂度的问题。

Xiang 等提出了一种基于遗传算法的服务质量路由算法(Xiang et al.,1999)。他们选择带宽、延时、丢包率及延迟抖动作为选路时的尺度,利用遗传算法找到满足这些服务质量参数的路径。然而,该算法未考虑流量工程优化目标,不能有效地利用和合理分配网络资源。

Riedl 等提出了一种面向带宽和延迟约束,结合局部搜索策略和遗传算法两种技术的服务质量路由算法(Riedl,2002)。他们设计了基于最小最大链路利用率准则的适应度函数,能够达到负载均衡的目的。在评价解的阶段使用简单的局部搜索启发式进一步提高了算法性能。

刘红等提出了一种基于遗传算法实现带宽保证流的负载均衡问题的优化算法(刘红等,2003)。该算法以最小化最大带宽利用率为优化目标,能够改善网络流量分布不平衡的状况;在编码方式上没有采取通常的二进制编码,而是设计了一种自然数的编码方式,以克服网络规模大时对算法效率的影响。该算法设计了基于划分空间的初始群体产生方法和自适应的交叉变异算子,提高了搜索效率。

4) 蚁群算法

相对于传统路由算法,蚁群算法采用了分布式而不是集中式的控制模式,适应拓扑变化的速度较快,路由算法负载较低。

Sim 等就蚁群算法在路由和负载均衡中的应用研究进行了综述(Sim et al.,2003),并将蚁群算法和传统 RIP/OSPF 算法做了比较,对用于路由选择和负载均衡的蚂蚁控制(ant-based control)算法、蚂蚁网络(AntNet)及和遗传算法结合的蚁群算法做了介绍。陶军等设计了基于蚂蚁信息素的服务质量路由(QoS routing with ant's pheromone,QRAP)算法(陶军等,2003),并设计了该算法基于移动代理的应用框架。

5) 学习自动机

学习自动机以一种自动学习的方式工作,它的输出由一个行为集及每一个行为的发生概率决定,在运行过程中,系统根据反馈所得的信息进行学习,调整行为的发生概率,自动适应周围的环境。采用这种方法,能够绕开问题的复杂性,自适应地达到较优的路径选择。

Saltouros 等(Saltouros et al.,1999)和 Vasilakos 等(Vasilakos et al.,2003)给出了一种面向基于专用的网间接口(private network-to-network interface,PN-NI)的 ATM 网络的服务质量路由优化算法。他们使用了一种增强型学习算法——随机评估学习算法(stochastic estimator learning algorithm,SELA)。算法事首先使用 K-最短路径为每个入口-出口对产生 K 条可行路径,当请求到达时,算法从 K 条路径中选择一条满足要求的路径,然后依据链路利用率的反馈信息对选择进行评估改进,从而达到优化链路利用率的目的。

Misra 等则关注用学习自动机理论研究边不断增删、边上的度量值变化得非常快的随机网络中的流量工程路由问题(Misra et al.,2004)。他们认为基于学习自动机的路由算法能够在带宽利用效率、请求拥塞程度等方面取得更好的效果。Oommen 等提出了一种学习自动机算法,根据最小干涉原则对预先建立的 K 条路径进行学习(Oommen et al.,2006;2007)。Alyatama 等将学习自动机理论应用于光网络的路由和波长分配问题(Alyatama et al.,2004),降低了建立时间,并能够减小不同源-目的对之间的端到端拥塞概率。

表 6.2 对本节所述的智能算法进行了总结。

表 6.2　智能算法对比分析

类别	算法	QoS 约束	优化目标	特点
模糊控制	FRA	带宽约束	最短路径 负载均衡 最小干涉	计算复杂度低,采用模糊准则兼顾负载平衡和最小拥塞
局部搜索	GDSA CGLSA	带宽约束	最短路径 最小干涉	CGLSA 在邻域搜索进程中应用了扩展贪心思想,支持负载平衡。CGLSA 进一步支持了延迟最小
遗传算法	Riedl 等提出的算法	带宽-延时约束	负载均衡	结合局部搜索策略和遗传算法,设计了基于最小最大链路利用率准则的适应度函数,在评价解的阶段使用简单局部搜索启发式
遗传算法	刘红等提出的算法法	带宽约束	负载均衡	设计了一种自然数的编码方式,以克服网络规模大时对算法效率的影响。算法也设计了基于划分空间的初始群体产生方法和自适应的交叉变异算子,从而提高搜索效率
蚁群算法	QRAP	带宽-延时约束	最短路径	支持多约束服务质量路由,设计了基于移动代理的应用框架
学习自动机	SELA	带宽-延时约束	最短路径 负载均衡	使用随机评估学习算法,依据链路利用率的反馈信息对选择进行评估改进,从而优化链路利用率

6.2.2　预计算单路径路由算法

最大流计算的高复杂度,导致最小干涉算法的计算复杂度普遍较高。在网络规模较大的情况下,该算法难以满足路由器的实时性要求。预计算算法通过在预计算阶段预处理复杂阶段,能够有效地降低在线阶段的复杂度。本小节将按照预计算阶段是否需要最大流计算,分两类介绍预计算算法。

一类在预计算阶段仍然使用最大流计算来识别关键链路,Acharya 等提出了MobiFlow 算法(Acharya et al. ,2004)。该算法根据链路上承担最大流流量设置边的最高允许容量,然后使用 K-SWP 算法在限定的链路容量条件下寻找 K 条最短最宽路径;在线阶段只需从这 K 条路径中选择一条。MobiFlow 算法没有考虑实时的剩余带宽信息,不能有效地对流量进行负载均衡。Hendling 等提出的 IM-RA 算法(Hendling et al. ,2004)和唐治果等提出的链路关键性路由算法(link criticality routing algorithm,LCRA)(唐治果等,2007)则在在线阶段能够综合预计算的信息和实时的链路剩余带宽信息一起确定链路代价,从而得到更好的负载均衡效果。Rétvári 等提出了链路关键度阈值的概念和相应的最小关键度路径优先(least critical path first,LCPF)算法(Rétvári et al.,2005),该算法能够预测链路未来的关键程度变化,从而提高预计算的准确性。

另一类在预计算阶段使用无需最大流计算的关键链路识别办法,进一步降低了复杂度。Gopalan 等把链路上可能经过的路径数量和带宽综合起来考虑,提出了一种基于带宽和延迟保证的最小干涉算法——链路关键度路由(link criticality based routing,LCBR)算法(Gopalan et al.,2004)。该算法的路径关键程度用路径期待负载 $\Phi(l) = \sum\limits_{(s,d)} \phi_l(s,d) B(s,d)$ 来衡量。其中,$\phi_l(s,d)$ 是关键度函数,和WSS 的关键度函数相同;$B(s,d)$ 是源和目的节点对 (s,d) 之间期待的请求带宽,$B(s,d)$ 值来自服务等级协定或者统计数据。链路的动态代价用 $\mathrm{cost}(l) = \Phi(l)/r(l)$ 来表示,算法将尽量避免使用代价大的链路。在预计算阶段,对整个网络执行一次 LCBR 算法。为每个源-目的对预计算 K 条候选路径,并基于计算得到的候选路径为每条链路计算期待负载 $\Phi(l)$。在在线计算阶段,当每个请求到达时执行该算法。算法按照前述公式根据实时剩余带宽信息为每条链路计算代价。

Kumar 等提出了一种两阶段的带宽保证路由算法(Kumar et al.,2003)。预计算阶段,在网络拓扑变化时执行该算法,计算源-目的对之间的所有路径,识别其链路集合,并加权以反映与其他源-目的对的共享。权重函数为 $w(l) = \sum\limits_{sd|l\in S_{sd}} \alpha_{sd}$,其中 S_{sd} 表示 s 和 d 之间链路的集合,在线阶段在新请求到达时执行该算法。首先,根据每条链路的可用剩余带宽更新链路权重,权重函数迭代更新为 $w(l) = \dfrac{w(l) - I_{l\in S_{sd}}}{c_r(l)}$,其中 I 的值是 0 或 1。若链路 l 在链路集合 S_{sd} 中,则值为 1;否则,值为 0。然后,执行 Dijkstra 算法。

Szeto 等提出了一种支持流量工程的动态在线路由算法(dynamic online routing algorithm,DORA)(Szeto et al.,2002)。DORA 预计算阶段的主要操作是为每个入口-出口对的每个链路计算路径趋势值(path potential value,PPV)。PPV 反映特定链路成为一些入口-出口对的路径中出现的可能性。较大的 PPV 链路值意味着链路在更多路径中出现的可能性更大,在可能情况下应该避免通过该链路路由。数组元素 PPV_{sd} 的具体计算方法是遍历每个源-目的对 (s,d)。若链路 l 在 (s,d) 的不相交路径集合中出现,则 $\mathrm{PPV}_{sd}(l)$ 减 1;若每次链路 l 出现在任何其他源和目的节点的不相交路径集合中,则 $\mathrm{PPV}_{sd}(l)$ 加 1。在线阶段中,每个链路的 PPV 和当前链路剩余带宽的倒数一起构成链路权重。链路权重的内容还受用户参数带宽比例(bandwidth proportion,BWP)控制,值在 0 和 1 之间。例如,设 BWP 为 0.7,这意味着链路权重的 70% 由链路剩余带宽控制,30% 由 PPV 控制。确定链路权重后根据此权重使用 Dijkstra 算法来计算最小代价路径。

表 6.3 对本节所述预计算流量工程路由算法进行了总结。

表 6.3　预计算流量工程路由算法

执行时刻	算法	QoS 约束	优化目标	计算复杂度	特点
预计算	MobiFlow	带宽约束	最短路径+最小干涉	预计算:$O(n^2\sqrt{m})+mlogn$ 在线:$O(km)$	基于最大流值设置链路容量,在导出图上使用 K-SWP。在线阶段基于导出图进行路由
预计算	IMRA	带宽约束	最短路径+负载均衡+最小干涉	预计算:$O(pn^2m^{3/2})$ 在线:$O(n^2)$	综合考虑了最大流干涉、链路剩余带宽和初始带宽,以及动态控制参数
预计算	LCPF	带宽约束	最小干涉	预计算:$O(n^2\sqrt{m})+O(pm)$ 在线:$O(n^2)$	提出了链路关键度阈值的概念,进一步深入了链路性质刻画,但复杂度也有所提高
预计算	WSS	带宽约束	最小干涉	预计算:列出入口-出口对间所有路径的复杂度 在线阶段:$O(n^2)$	通过链路上可能的请求路径数来定义关键链路
预计算	LCBR	带宽-延时约束	负载均衡+最小干涉	预计算:$O(n^2)$ 在线:取决于具体采用的延迟划分算法的复杂度	支持带宽和延迟两种约束;路径关键程度包括链路上路径数目和相应的带宽
预计算	Kumar 等提出的算法	带宽约束	负载均衡+最小干涉	预计算:列出入口-出口对间所有路径的复杂度 在线:$O(n^2)$	考虑了链路共享干涉和负载均衡
预计算	DORA	带宽约束	负载均衡+最小干涉	预计算:$O(n^4m)$ 在线:$O(n^2)$	考虑了链路共享干涉和负载均衡
预计算	LCRA	带宽约束	负载均衡+最小干涉	预计算:$O(pn^2m\sqrt{m})$ 在线:$O(n^2)$	考虑了链路实时的带宽剩余信息

注:MobiFlow—一种基于最大流的有效路由算法的名称;IMRA-最小冲突路由算法(interference minimizing routing algorithm);LCBR-基于链路关键度路由(link criticality based routing)。

6.2.3　多路径路由算法

多路径路由通过在同一源和目的节点对间提供多条路径来充分利用底层物理网络资源。多路径路由能够聚集不同路径上的带宽,允许网络支持高于单条路径的数据传输速率。

1. 多路径路由的优缺点

多路径路由在以下方面具有优势。

1) 负载均衡

传统的单路径路由算法,仅通过单一路径来路由流量请求,如经典的 SPF 算法,该算法可能导致网络出现局部拥塞现象和路由振荡问题。为了解决这一问题,研究者们提出了很多改进算法,在路由选择过程中考虑负载均衡原则,但是仍然存在着各种问题。多路径路由算法采用多条路径来承载流量请求,具有负载均衡的固有优势,能够自然地将流量分散到多条路径上去,避免局部过于拥塞。

2) 服务质量

某些情况下,网络中可能存在超出单条路径承载能力的大带宽请求,单条路径无法承载时就只能拒绝接纳该请求,但是整个网络中此时还存在多条空闲的路径。此时,多路径能够聚合多条路径的承载能力,在这样的大带宽请求出现时,能够满足更高的服务质量要求。

3) 可靠性

研究多路径的其中一个目的是出于可靠性方面的考虑。同时建立多条彼此不相交的路径,能够在其中一条路径出现故障时,迅速将流量切换到其他正常工作的路径上去,使得对用户体验的影响最小。

多路径路由较单路径路由具有上述优势的同时,不可避免地存在以下缺点,建立多条路径所需的信令消息和节点的处理负载都大大增加。因此,并行路径的条数需要谨慎选择,不宜太多。

2. 多路径路由主要步骤

MPLS 流量工程的多路径路由的主要过程分为以下步骤:

(1) 使用路由算法计算多条可满足需求的候选路径集合。进行多路径路由必须首先确定源和目的节点之间的候选路径集合。该候选集合是源节点到目的节点之间所有路径集合的一个子集。在确定这个子集时,在代价函数中要考虑各种静态约束,如带宽、跳数、延迟、误码率等。代价函数的定义问题是一个典型的多目标规划问题。

(2) 在候选路径集合中选择若干条路径用于路由请求。

（3）计算路径之间承载流量的比率。这两步通常是动态进行的,要根据动态测量到的各个路径的拥塞,包丢失率,延迟,抖动等数据,动态地从候选集合中选择若干路径来承载服务质量请求,并确定流量在这些路径之间划分的比例。

（4）建立路径并按确定的切分比率路由请求。在 MPLS 网络中,此步骤通常使用 RSVP-TE 协议来建立 LSP。

3. 多路径路由算法候补路径集合的生成策略

根据所选择的路径是否相关,多路径路由可以分为三种:节点不相交多路径、链路不相交多路径和相交多路径。节点不相交多路径是指各条路径中除源节点和目的节点之外没有其他任何公共节点。链路不相交多路径是指各条路径间没有任何公共的链路,但有可能有公共的节点。相交多路径是指各条路径间存在公共的节点和链路。

对于节点不相交路径,其各子路径之间的不相关性是最好的,各子路径之间的相互影响降到最小;由于链路不共享,不会出现因某链路可用带宽不足而同时影响多条路径的情况;由于节点不共享,不会出现一个公共节点发生故障导致多条路径无法工作的状况,因而可靠性也最高;但是寻找满足这样要求的路径集合也是最困难的;节点不相交路径在对可靠性要求较高的情况下应用较多。

链路不相交路径的相关性次之;链路不共享表明不会因为某条链路的可用带宽不足而影响多条路径;但若有公共节点,则公共节点的故障会影响多条路径;链路不相交路径的搜索难度要低一些。

相交多路径由于存在公共的节点和链路,路径之间的相关性最大,这样会导致许多问题,应用得较少;但是考虑到搜索这样的路径集合是最容易的,也有研究者采用瓶颈链路不相交的路径集合。

4. 多路径路由算法研究现状

单个端到端会话使用多条路径进行传输的思想,最早在 20 世纪 70 年代就已提出(Maxemchuk,1975)。多路径传输可用于负载均衡、高聚集带宽故障恢复等(Gustafsson et al.,1997)。

基于 ATM 的虚电路交换网络和包交换 IP 网络,学者们开展了很多关于多路径路由的研究。MPLS 技术产生之后,MPLS 提供的显式约束路由技术具有根据服务质量约束和流量工程目标更精确地控制路由的能力,这为在 MPLS 上实施流量工程提供了更简捷的方案。

多路径路由的目的不仅是要寻找出满足服务质量需求的多条路径,而且在这个过程中,还要根据流量工程的需求,实现流量工程优化目标,最优化网络资源利用率。在实践中,较常使用的目标是最小化链路的最大带宽利用率。

最为简单的多路径路由算法是等代价多路径(equal cost multi-path,ECMP)算法,即简单地寻找多条源节点和目的节点之间的最短路径,并把这些路径赋予相等的代价,在这些路径之间平均分配流量。ECMP 算法简单容易实现,其将流量分散到多条最短路径上,因而实现了一定程度的负载均衡功能。ECMP 算法提出时是基于 IP 报文交换网络并扩展 OSPF 协议而实现,但是也可以被扩展到基于虚电路交换的 ATM 网络或者基于约束路由的 MPLS 网络。ECMP 算法的候选路径集合仅采用最短路径,这限制了它的性能;而且它在多条路径之间等代价地切分流量也并非最优选择。文献(Banner et al.,2005)证实,在该文献描述的场景下,如果 ECMP 模式的流量分配机制是最优的,那么网络拥塞可降低 60%。而且,如果可以允许除了最短路径之外的路径,最优的划分将会降低网络拥塞 90%。

优化多路径(optimized multi-path,OMP)算法是对 ECMP 算法的扩展,它也是一种应用于报文交换网络的算法。OMP 算法采用启发式实现不均衡地切分流量,动态地计算候选路径集合,以及分配候选集合之间的流量。它在当前路径集合持续拥塞的情况下扩展路径集合,路径按照长度次序被接纳进候选路径集合,流量负载的分布按照均衡负载的原则进行。这种算法的缺点是每个节点都需要独立地做出决定,为此节点都需要得知并存储全网的流量负载信息。

文献(Wang et al.,1999)针对非划分情况下的流量工程路由问题,以最小化最大链路带宽利用率为优化目标给出了启发式算法,并对多路径流量划分问题进行了形式化描述。Wang 等指出流量划分线性规划问题可以转化为调整链路权重的最短路径问题(Wang et al.,2001)。文献(Girish et al.,2000)给出了最大跳数限制下非划分问题的形式化。Seok 等针对跳数和路径数受限的最小化最大链路带宽利用率的动态多路由问题提出了一种启发式算法(Seok et al.,2001),其流量划分是基于流级别的哈希实现的。Lee 等给出了下列两个问题的整数线性规划模型(Lee et al.,2004):最小化最大链路利用率流量划分(traffic bifurcation,TB)问题和限定最大跳数的最小化最大链路利用率流量划分(hop-count constrained traffic bifurcation,HTB)问题,并用线性规划工具进行求解。实验结果显示,最小化最大链路利用率的 TB 问题,限定切分粒度 g,能够得到接近最优的解。限定最大跳数的最小化最大链路利用率 HTB 问题,则能大大加快线性规划求解的速度,求得的解和 TB 求得的解相比较为接近,但前者速度快很多,并且网络资源的消耗增长不大。Tang 等(Tang et al.,2005)和 Shi 等(Shi et al.,2006)在所提出的面向最小化最大链路带宽利用率的启发式多路径负载均衡(load distribution over multi-path,LDM)算法中,确定分配到各个子路径的流量时则采用了与子路径上的可用带宽成比例的原则。

最宽不相交路径(widest disjoint paths,WDP)(Nelakuditi et al.,2004)算法在确定候选路径时考虑到了路径的拥塞情况。WDP 的思想来源于最宽最短路径算法,实际上是最宽最短路径算法在多路径情形下的一个延伸和改进。WDP 算法给出了路径宽度和路径距离的定义。作者定义路径宽度,目的是在路径选择过程中检测到瓶颈的存在并尽可能地避开瓶颈。路径距离的定义与通常的定义有点差别,这里不是一个与跳数相关的度量,而是和路径上链路的利用率相关的一个度量。WDP 算法的原则是选择路径宽度最大而距离最小的路径。若一条路径被加入候选路径集合能够使得集合的宽度增加,则把该路径加入候选路径集合。若从候选集合中排除路径并不降低路径的宽度,则删除该路径。值得注意的是,WDP 算法认为,寻找完全链路不相交的路径耗费大且不必要,各候选路径共享一般链路并无风险,存在风险的是各路径对瓶颈链路的共享,因此 WDP 算法将此约束放宽到仅要求候选路径集合中的路径瓶颈链路不相交。对于多条路径之间的流量分配,作者使用了在(Nelakuditi et al.,2002)中提出的策略,对各路径的拥塞概率进行观测,并定期重新计算流量分配比例,对拥塞概率高的路径降低流量分配比例,对拥塞概率低的路径增加流量分配比例,从而使得各子路径的拥塞概率能够比较接近。

Song 等提出了 LDM 算法(Song et al.,2003)。LDM 算法根据当前各候选路径的拥塞水平和路径长度,每次以一个随机概率选择一条 LSP(概率分布函数是拥塞水平和路径长度的函数),而不是在候选路径集中的多个路径上同时分布流量。LDM 算法扩展候选路径集合的策略类似于(Villamizar,1999),即在候选 LSP 集合拥塞水平增高时扩展候选路径集合。为了改进性能,LDM 维持链路利用率低于一个限定值,当具体链路拥塞变得严重时,LDM 算法限制链路仅被跳数相对较少的路径所使用,这样做的理由是在链路利用率较高的区域,绕更远的路将会导致更大的网络资源浪费。LDM 的候选路径集合是经常动态变化的,Lee 等观察到它容易产生振荡现象,因此提出为 LDM 算法增加两个阈值,若候选路径的最小链路利用率低于此阈值,则重启算法(Lee et al.,2005)。

LDM 算法每次根据拥塞水平和路径长度随机选择一条 LSP,而不是在候选路径集中的多个路径上同时分布流量。朱尚明等提出了一种不同的方法(朱尚明等,2007),在候选路径集合构造方面和 LDM 算法大体相同,在路径选择阶段根据拥塞水平和路径长度确定各子路径的流量分配比例,按比例在多路径上分发流量。

Lee 等提出了新的流量分配模式(Lee et al.,2006)。他们在确定流量分配比例时,考虑了路径的分配比例和实际分配的有效流量比例,若分配给某个候选路径的量比先前规划的多,则表明该路径被分配了过多的流。因此,尽量避免在这条LSP 上分配流量,以避免拥塞。作者给出了三种混合 WDP、LDM 和新流量分配算法的多路径路由算法,比较了这三种混合算法和一些已有算法的最大链路利用率。结果表明,WDP 算法的候选路径构造和作者给出的流量分配算法相结合[命名为 WDP 上的负载平衡(load balancing over WDP,BWDP)],在负载均衡性能上表现更好。

　　Cho 等着眼于最小化用来承载流量请求的路径数目(Cho et al.,2003),这是因为若采用的路径过多,则为建立多路径所需的信令协议的负载和节点的处理负载都将增加,因此不宜采用过多的路径。对于带宽较大的请求,有必要采用多条路径来承载请求;对于一些带宽较小的请求,甚至远低于单条路径的可用带宽的请求,就没有必要采用过多路径来路由请求。为了尽量减小使用的路径数目,Cho 等提出了两种算法——等带宽(equal bandwidth,EB)算法和最大路径带宽优先(maximum path bandwidth first,MPBF)算法。等带宽算法首先寻找一条最大带宽的路径,若不能满足请求的带宽,则将请求的带宽二等分为两个子带宽请求,然后继续寻找能满足子带宽请求需求的路径;若失败再继续尝试三等分;如此循环,直至找到满足要求的路径。MPBF 算法的思想是,首先寻找一条最大带宽的路径,然后看剩下的带宽差额能否找到一条路径满足需求,若不能则继续寻找第二大带宽的路径;如此循环。对于寻找到的多条路径之间的负载均衡,Cho 等的方法是求解方程,使得各路径路由当前请求之后的剩余带宽基本相当。实验表明,Cho 等给出的方法能够有效减少所使用的路径数目,但其负载均衡的效果由此受到一定制约。

　　多个源和目的节点对之间的最优多路径路由问题常常可以形式化为多商品流(multi-commodity flow)问题(Gallager,1977),但是多商品流问题求解的复杂度是相当高的。Pompili 等把虚流多路径最优划分问题形式化为多商品流问题(MC-NF 问题),并利用在线 Dantzig-Wolf 分解方法进行求解(Pompili et al.,2007)。主问题由协调者 agent 负责使用 Dantzig-Wolf 方法分解成多个子问题,每个子问题由一个决策者 agent 求解。此方法被证实是可以迭代收敛到最优解的,它将复杂的优化问题分解为可解的子问题。

　　对于光突发交换网络中的通用多协议标签交换(general multi-protocol label switching,GMPLS)多路径流量工程路由问题,很多学者进行了研究。文献(Li et al.,2003)提出了一种办法,通过定期将流量流在主路径和候选路径之间进行迁移,来实现负载均衡。文献(Thodime et al.,2003)也提出了类似的方案,静态地计算多条链路不相交路径,并在流量请求到达时,基于链路拥塞信息动态地在这些路径中选择一条路径。Lu 等提出了一种新的基于流的多路径流量路由算法,称为自适应比例流路由算法(adaptive proportional flow routing algorithm,APFRA)(Lu et al.,2006)。基于自适应计算出来的流量比例,在每个时间窗口的末尾,基于测量得出的质量及跳长度,分配流比例,用于下一个时间窗口;而且,每个路径的"burst"组装时间阈值也可以不同,从而进一步改进丢包性能。

6.2.4 流量工程约束路由算法研究面临的主要挑战

虽然很多学者在这方面做了不少工作,取得了一定的进展,但流量工程路由算法的研究仍然面临着一些挑战,主要包括以下方面。

1) 复杂度过高难以投入实际应用

设计约束路由算法时,必须考虑两方面因素:①必须满足相应的服务质量参数;②需要根据一定的流量工程优化目标对路由选择进行优化。前面已经提到,满足两个以上相互独立的加性或乘性度量的服务质量约束路由问题是 NP 完全问题,流量工程优化问题也有不少是 NP 完全的。两方面的因素叠加,使得很多算法要么复杂度较高,难以满足实际应用需求;要么优化效果有限。为了降低复杂度,很多学者在实际研究中对条件进行了简化,只研究某一特定条件下的优化问题,使得算法的应用领域变窄。

2) 理论研究缺乏有效工具

由于网络拓扑和业务复杂多样,协议的形式化描述比较困难。目前多数路由研究主要是针对某个问题设计启发式算法,而不是基于某种模型从理论上推导算法特性和性能。在这种情况下,为了分析算法性能,往往需要进行大量模拟仿真工作。

3) 性能评估困难

流量工程研究是从全网的角度出发,针对整个网络的资源使用进行优化。测试和验证往往需要大规模网络环境。鉴于在电信运营商网络上进行大规模网络测试的条件很难具备,往往是和运营商具有密切合作关系的少数研究机构才具有这样的优越条件,因此大多数研究者仍使用 NS2、OPNET 等网络模拟器对算法进行验证。一方面,模拟结果的说服力不如真实环境下的测试结果;另一方面,模拟实验缺乏通用的拓扑结构集合和测试业务流数据集合,使得不同研究者所得的测试结果难以相互比较。

4) 网络状态信息的陈旧

路由算法为了取得尽可能好的优化效果,往往希望网络状态信息是尽可能实时和精确。但是网络状态始终处于不断变化中。收集网络状态信息的频率如果过高,会给网络带来过高的协议消息负载。如果收集频率过低,状态信息比较陈旧,又会影响算法的优化性能。

5) 分级的约束路由算法研究不足

约束路由算法本质上是集中式的,这固然方便了从整体角度出发,对网络的优化,但是在大规模网络应用中会存在可扩展性问题,因而研究分级的约束路由算法就显得很有必要。状态信息在不同层级间的汇聚和约束路由的域间协作方面仍有不少工作需要完成。

应用业务类型正处在不断涌现和飞速发展之中。当前 P2P、视频点播等新兴业务流量已经在互联网流量中占据相当比例的份额,并且仍然处于快速增长中。如何研究这些和传统 Web 流量特征不同的新业务流量的特性,改进路由算法,也是当前面临的主要挑战之一。

6.3　混合多优化目标的算法 HORA

如前所述,面向流量工程优化的路由算法有两个基本目标:①满足请求中指明的服务质量约束;②在满足服务质量约束的基础上面向流量工程优化目标,优化路由安排,实现资源的高效利用。流量工程常用的优化目标包括最短路径、负载均衡和最小干涉等。在设计约束路由算法时,必须对这些目标进行综合考虑。

根据执行时机,可将路由算法划分为三类:在线算法、预计算算法和离线算法,也有学者将预计算算法归入在线算法。对于流量工程路由算法而言,大多数算法是在线算法。在线算法要求能够实时地处理不断到达的请求,因此要求算法具有较低的复杂度。离线算法可以利用较多的计算时间达到更优的计算结果,一般用于网络规划和设计领域。预计算算法分为预计算阶段和在线阶段,在离线阶段进行一些复杂度较高的预处理工作,使得算法处于在线阶段时能够更快地处理路由请求。

前述章节已对流量工程约束路由算法,特别是对以 Kar、Kodialam 和 Laksman 等提出的 MIRA 为代表的最小干涉类算法进行了详细讨论。虽然,MIRA 也存在的一些不足之处。

(1) MIRA 没有显式地考虑负载均衡。

(2) MIRA 把链路划分为关键链路和非关键链路。但是,在不属于最小割的非关键链路集合中,各链路的重要程度仍然可能存在较大不同,因此算法对链路性质的刻画还需进一步深化。

(3) MIRA 并不考虑节点对之间链路上期望需要的带宽是多少,因此 MIRA 有可能不必要地选择一条消耗网络资源较大的长路径。

(4) MIRA 计算复杂度较高,它对每个入口-出口对都执行一次最大流计算,每次计算的复杂度都比最短路径计算高出几个量级。

本节主要将针对前三个不足之处,提出改进算法。首先提出结合负载均衡原则的 IMIRA 改进算法;然后针对 MIRA 的关键链路划分较绝对化和不准确问题,提出一种新的链路干涉关键度函数和相应的路由算法;最后给出综合考虑最小干涉、负载均衡和最小化网络资源耗费(最短路径)原则的易于调节的混合算法,并对本节提出算法进行性能比较和分析。

6.3.1　问题提出

如前所述,流量工程优化目标有最小化网络资源占用(最短路径)、负载均衡及最小干涉(减少请求间的相互阻塞)三种。为了最优化网络资源的利用率,应该尽量兼顾这三种优化目标,有时需要一些折中。

　　许多研究者对此进行了探讨。Ma 等提出了最短距离路径算法(Ma et al.,1998),试图在保留网络资源和负载均衡之间取得折中,距离的定义既考虑到了路径长度,也考虑到了链路带宽。Hendling 等提出了剩余网络和链路容量(residual network and link capacity,RNLC)算法(Hendling et al.,2003)。该算法通过控制常数 C 来控制其动态行为接近于最短路径还是接近于负载均衡。Wang 等试图约束 MIRA 选择的路径长度,避免其选择过长路径(Wang et al.,1999)。MIRA 很好地贯彻了最小干涉的原则,但是在兼顾最小化网络资源占用和负载均衡方面还有不足。为此,Tan 等给出了一个非线性函数来试图在负载均衡和最小干涉之间取得平衡(Tan et al.,2002)。Lahoud 和 Banglore 各自提出了两种混合式算法(Lahoud et al.,2004;Banglore,2002)。前者根据网络负载和网络容量来调节三个优化目标之间的关系;后者为寻找最佳折中给出了一个线性规划的形式化描述,并证明其是 NP 难的,进而给出了一种启发式算法。不过以上两位学者的工作仍然基于 MIRA 的关键链路定义。

　　本节基于新的链路关键程度函数,试图给出一种兼顾三个优化目标,能够动态调整的混合方法,记为混合优化路由算法(hybrid optimization routing algorithm,HORA)。

6.3.2　算法描述

　　给定 LSP 路径请求 (s,d,b),使用如下所示链路加权函数为每条链路计算权值:

$$w(l) = T_1 + T_2 \frac{R(l) - r(l)}{R(l)} + \frac{\sum\limits_{(a,b) \in P \backslash (s,d)} \alpha_{ab} f_{ab}(l)}{b + \alpha_{sd} f_{sd}(l)} \tag{6.1}$$

式中,T_1 和 T_2 为可调节的参数,使得操作者能够调节 3 个目标间的折中关系。

　　第一项 T_1 表示最小化跳数的目标。当网络负载较高时,可以通过设置较大的 T_1 值来使算法倾向于选择最短路径。

　　第二项 $T_2(R(l)-r(l))/R(l)$ 表示负载均衡的目标,$r(l)$ 为链路 l 的可用带宽,$R(l)$ 为链路的容量。如果链路利用率较高,那么算法会倾向于避免在这样的链路上路由 LSP 请求。操作者也可通过调节 T_2 来调节算法是否倾向于此目标。

　　第三项 $(\sum\limits_{(a,b) \in P \backslash (s,d)} \alpha_{ab} f_{ab}(l))/(b + \alpha_{sd} f_{sd}(l))$ 表示最小化干涉的目标,b 为所需的带宽,α_{sd} 为 (s,d) 的重要性系数,$f_{sd}(l)$ 为 (s,d) 达到最大流时,链路 l 上的流量。

　　$\sum\limits_{(a,b) \in P \backslash (s,d)} \alpha_{ab} f_{ab}(l)$ 表示其他入口-出口对在此链路上的流量 $f_{ab}(l)$ 的加权和。如果 $b + \alpha_{sd} f_{sd}(l)$ 较大,$\sum\limits_{(a,b) \in P \backslash (s,d)} \alpha_{ab} f_{ab}(l)$ 较小,那么认为在链路 l 上路由当前请求

对其他入口-出口对造成的影响较小,算法将倾向于选择这样的链路;反之将避免
选择这样的链路。

6.3.3　模拟实验及分析

本节实验采用 ISPNet 拓扑结构(Hendling et al.,2003),如图 6.1 所示。图
中共设置 5 个入口-出口对,共产生 8000 个请求,将此拓扑记为 ISPNet-5SD。此
场景中设置算法动态调节参数 $T_1=1,T_2=100$,强调了负载均衡的作用。

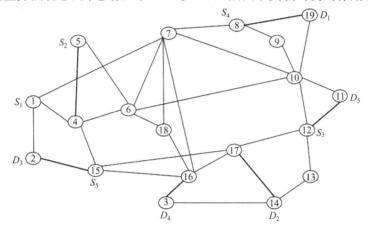

图 6.1　具有 5 个入口-出口对的 ISPNet-5SD 拓扑

图 6.2 给出了各算法成功接受请求的数目。实验结果显示,SPF 和 WSP 算
法接受的请求数最少;NewMIRA 接受的请求数多于 SPF 和 WSP 算法,但少于
HORA;HORA 成功路由了更多数量的请求。图 6.3 的结果与图 6.2 类似,
HORA 接纳了最多的带宽量请求。

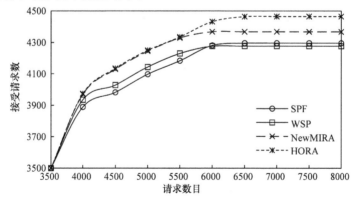

图 6.2　ISPNet-5SD 拓扑下成功接受的请求数

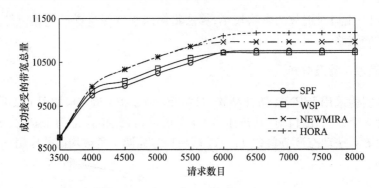

图 6.3　ISPNet-5SD 拓扑下接受的带宽总量

在不同的网络环境中,可能需要动态调节路由算法的行为,以取得更好的性能。在链路权值函数中,本章设计了两个可调节参数 T_1 和 T_2,T_1 的大小决定算法的行为是否倾向最短路径,T_2 的大小决定算法的行为是否倾向负载均衡。通过调节参数,能够获得实际性能更好的算法。

在 $\{1000,100,10,1,0.1,0.01\}$ 中调节 T_1 和 T_2 的值,实验结果如表 6.4 和表 6.5 所示。

表 6.4　ISPNet-5SD 拓扑下接受的带宽总量

T_1 ＼ T_2	100	10	1	0.1	0.01
100	11159	11138	11130	11130	11162
10	11163	11123	11078	11163	11163
1	11158	11085	10840	10854	10760
0.1	11158	11156	10917	10795	10931
0.01	11158	11159	10916	10778	10767

表 6.5　ISPNet-5SD 拓扑下接受的请求总数

T_1 ＼ T_2	100	10	1	0.1	0.01
100	4454	4445	4443	4443	4455
10	4452	4439	4419	4455	4455
1	4455	4423	4329	4332	4291
0.1	4452	4453	4354	4310	4361
0.01	4455	4454	4355	4303	4299

实验结果表明,在 ISPNet-5SD 拓扑下,需将 T_1 和 T_2 其中一个参数设置成较大的值,才能获得较好的性能;需要结合负载均衡或者最短路径等优化目标。

参 考 文 献

崔勇,吴建平,徐恪. 2002. 互联网络服务质量路由算法研究综述[J]. 软件学报,13(11): 2065-2075.

刘红,白栋,丁炜. 2003. 应用于 MPLS 网络负载均衡的启发式自适应遗传算法研究[J]. 通信学报,24(10):39-45.

刘红,白栋,丁炜. 2004a. 多目标的 Internet 路由优化控制算法[J]. 电子学报,32(2):306-308.

刘红,白栋,丁炜. 2004b. 一种 MPLS 网络拥塞最小化的全局路由优化算法[J]. 电子与信息学报,26(4):531-535.

刘红,白栋,丁炜. 2005. 基于最小干扰路由的流量工程动态路由算法研究[J]. 电子与信息学报,27(1):127-130.

闵应骅. 2003. 计算机网络路由研究综述[J]. 计算机学报,26(6):641-649.

孟兆炜. 面向流量工程优化的约束路由算法研究[D]. 长沙:国防科学技术大学,2007.

唐治果,李乐民,虞红芳. 2007. 针对 MPLS 网络流量工程的链路关键性路由算法[J]. 电子与信息学报,29(5):1187-1190.

陶军,顾冠群. 2003. 基于移动代理的蚂蚁算法在 QoS 路由选择中的应用研究[J]. 计算机研究与发展,40(2):180-186.

郑志梅,崔勇. 2007. MPLS 流量工程最小冲突路径算法[J]. 计算机学报,30(6):934-944.

朱慧玲,杭大明,马正新. 2003. QoS 路由选择:问题与解决方法综述[J]. 电子学报,31(1):109-116.

朱尚明,高大启. 2007. 一种改进的多路径负载分配均衡算法[J]. 华东理工大学学报(自然科学版),33(1):89-92.

Aboelela E,Douligeris C. 1998. Fuzzy multi-objective routing model in B-ISDN[J]. Computer Communications,Special Issue on the Stochastic Analysis and Optimisation of Communication Systems,21(17):1572-1585.

Aboelela E,Douligeris C. 2000. Fuzzy reasoning approach for QoS routing in B-ISDN[J]. Journal of Intelligent and Fuzzy Systems,Application in Engineering and Technology,9(1/2):11-28.

Acharya S,Gupta B,Risbood P. Precomputing high quality paths for bandwidth guaranteed traffic [C]//Proceedings of IEEE GLOBECOM 2004,Dallas.

Ahuja K,Magnanti L,Orlin B. 1993. Networks Flows:Theory,Algorithms,and Applications [M]. Englewood Cliffs:Prentice-Hall,Inc.

Alyatama A. 2004. Dynamic routing and wavelength assignment using learning automata technique[C]//Proceedings of IEEE GLOBECOM'04,Dallas,1912-1918.

Apostolopoulos G,Williams D,Kamat S. 1999. RFC2676:QoS routing mechanisms and OSPF extensions[S].

Bagula A B,Botha M,Krzesinski A E. 2004. Online traffic engineering:The least interference optimization algorithm[C]//Proceedings of IEEE International Conference on Communications (ICC 2004),Paris,1232-1236.

Balon S,Skivée F,Leduc G. 2005. Comparing traffic engineering objective functions[C]//Proceedings of the 1st International Conference on Emerging Networking Experiments and Technologies(CoNEXT 2005),Toulouse,224-225.

Balon S,Skivee F,Leduc G. 2006. How well do traffic engineering objective functions meet te requirements[C]//Proceedings of IFIP Networking 2006,Coimbra,75-86.

Banerjee G,Sidhu D. 2001. Path computation for traffic engineering in MPLS networks[C]//Proceedings of IEEE ICN 2001,Colmar,302-308.

Banglore K. 2002. A minimum interference hybrid algorithm for MPLS networks[D]. Tallahassee:Florida State University.

Banner R,Orda A. 2005. Multipath routing algorithms for congestion minimization[C]//Proceedings of Networking 2005,Waterloo,536-548.

Bauer D. 2002. Minimum-interference routing based on flow maximisation[J]. IEE Electronics Letters,38(8):364-365.

Capone A,Fratta L,Martignon F. 2003. Dynamic routing of bandwidth guaranteed connections in MPLS networks[J]. International Journal on Wireless and Optical Communications,1(1): 75-86.

Capone A, Fratta L, Martignon F. 2005. On the performance of dynamic online QoS routing schemes[C]//Proceedings of Quality of Service in Multi-service IP Networks:Third International Workshop(QoS-IP 2005),Catania,456-469.

Capone A,Martignon F. 2004. Analysis of dynamic QoS routing algorithms for MPLS networks [C]//Proceedings of IEEE International Conference on Communications, ICC 2004, Paris, 1192-1196.

Cho H,Lee J,Kim B. 2003. Multi-path constraint-based routing algorithms for MPLS traffic engineering[C]//Proceedings of IEEE International Conference on Communications(ICC'03), Anchorage,1963-1968.

Figueiredo G,Fonseca N,Monteiro J. 2006. A minimum interference routing algorithm with reduced computational complexity[J]. Computer Networks,50(11):1710-1732.

Fortz B,Thorup M. 2000. Internet traffic engineering by optimizing OSPF weights[C]//Proceedings of IEEE INFOCOM,519-528.

Fratta L,Gerla M,Kleinrock K. 1973. The flow deviation method:An approach to store-and-forward communication network design[J]. Networks,3(2):97-133.

Gallager R. 1977. A minimum delay routing algorithm using distributed computation[J]. IEEE/ACM Transactions on Networking,25(1):73-85.

Girish M,Zhou B,Hu J. 2000. Formulation of the traffic engineering problems in MPLS based IP networks[C]//Proceedings of Fifth IEEE Symposium on Computers and Communications, Juan Les Pins,214-219.

Gopalan K,Chiueh T,Lin Y. 2004. Load balancing routing with bandwidth-delay guarantees[J]. IEEE Communications Magazine,42(6):108-113.

Gustafsson E,Karlsson G. 1997. A literature survey on traffic dispersion[J]. IEEE Network Magazine,11(2):28-36.

Hendling K,Franzl G,Statovci-Halimi B. 2004. IMRA-a fast and non-greedy interference minimizing on-line routing algorithm for bandwidth guaranteed flows[C]//Proceedings of the 7th IEEE International Conference on High Speed Networks and Multimedia Communications (HSNMC 2004),Toulouse,336-348.

Hendling K,Statovci-Halimi B,Franzl G. 2003. A new bandwidth guaranteed routing approach for online calculation of LSPS for MPLS traffic engineering[C]//Proceedings of the 6th IFIP/ IEEE International Conference on Management of Multimedia Networks and Services(MMNS 2003),Belfast,220-232.

Iliadis I,Bauer D. 2002. A new class of online minimum-interference routing algorithms[C]//Proceedings of the Second International IFIP-TC6 Networking Conference,Pisa,959-971.

Kalapriya K,Raghucharan B,Lele A. 2003. Dynamic traffic profiling for efficient link bandwidth utilization in QoS routing[C]//Proceedings of the 9th Asia-Pacific Conference on Communications(APCC 2003),Penang,486-493.

Kar K,Kodialam M,Lakshman T V. 2000. Minimum interference routing of bandwidth guaranteed tunnels with MPLS traffic engineering applications[J]. IEEE Journal on Selected Areas in Communications,18(12):2566-2579.

Khan J,Alnuweiri H. 2004. A fuzzy constraint-based routing algorithm for traffic engineering [C]//Proceedings of IEEE Global Telecommunication Conference,Dallas,1366-1372.

Kodialam M,Lakshman T V. 2000. Minimum interference routing with applications to MPLS traffic engineering[C]//Proceedings of IEEE INFOCOM'00,Tel Aviv,884-893.

Kuipers F,Korkmaz T,Krunz M. 2004. Performance evaluation of constraint-based path selection algorithms[J]. IEEE Network Magazine,18(5):16-23.

Kumar D,Kuri J,Kumar A. 2003. Routing guaranteed bandwidth virtual paths with simultaneous maximization of additional flows[C]//Proceedings of IEEE International Conference on Communications(ICC 2003),Anchorage,1759-1764.

Lahoud S,Texier G,Toutain L. 2004. Classification and evaluation of constraint-based routing algorithms for MPLS traffic engineering[C]//6ème rencontres francophones sur les aspects algorithmiques des télécommunications(AlgoTel 2004),Batz-Sur-mer,231-232.

Lee K,Toguyeni A,Noce A. 2005. Comparison of multipath algorithms for load balancing in a mpls network [C]//Proceedings of International Conference on Information Networking (ICOIN 2005),Jeju Island,463-470.

Lee K,Toguyeni A,Rahmani A. 2006. Hybrid multipath routing algorithms for load balancing in MPLS based IP network[C]//Proceedings of the 20th International Conference on Advanced Information Networking and Applications(AINA 2006),Vienna,165-172.

Lee Y,Seok Y,Choi Y. 2004. Traffic engineering with constrained multipath routing in MPLS networks[J]. IEICE Transactions on Communications,E87-B(5):1346-1356.

Li J,Mohan G,Chua K. 2003. Load balancing using adaptive alternative routing in optical burst switched networks[C]//Proceedings of SPIE Optical Networking and Communication Conference(OptiComm),San Francisco,2518-2528.

Li Z,Zhang Z,Wang L. 2003. A novel QoS routing scheme for MPLS traffic engineering[C]// Proceedings of International Conference on Communication Technology(ICCT 2003),Beijing,

474-477.

Ma Q,Steenkiste P. 1998. On path selection for traffic with bandwidth guarantees[C]//Proceedings of the Fifth International Conference on Network Protocols(ICNP'97),Atlanta,191-202.

Ma Q,Steenkiste P. 1999. Supporting dynamic inter-class resource sharing: A multi-class QoS routing algorithm[C]//Proceedings of IEEE INFOCOM'99,New York,649-660.

Maxemchuk N. 1975. Diversity routing[C]//Proceedings of IEEE International Conference Communications(ICC 1975),San Francisco,10-41.

Misra S,Oommen B. 2004. Adaptive algorithms for routing and traffic engineering in stochastic networks[C]//Proceedings of the Nineteenth National Conference on Artificial Intelligence, Sixteenth Conference on Innovative Applications of Artificial Intelligence(AAAI 2004),San Jese,993-994.

Nelakuditi S,Zhang Z,Tsang R. 2002. Adaptive proportional routing:A localized QoS routing approach[J]. IEEE/ACM Transactions on Networking,10(6):790-804.

Nelakuditi S,Zhang Z. 2004. On selection of candidate paths for proportional routing[J]. Computer Networks,44(1):79-102.

Oommen B,Misra S,Granmo O. 2006. A stochastic random-races algorithm for routing in MPLS traffic engineering[C]//Proceedings of IEEE INFOCOM 2006,Barcelona,111-120.

Oommen B,Misra S,Granmo O. 2007. Routing bandwidth-guaranteed paths in MPLS traffic engineering:A multiple race track learning approach[J]. IEEE Transactions on Computers,56(7): 959-976.

Pompili D,Scoglio C,Shoniregun C. 2007. Virtual-flow multipath algorithms for MPLS[J]. International Journal of Internet Technology and Secured Transactions,1(1/2):1-19.

Rétvári G,Bíró J,Cinkler T. 2005. A precomputation scheme for minimum interference routing: The least-critical-path-first algorithm[C]//Proceedings of the 24th IEEE International Conference on Computer Communications(INFOCOM 2005),Miami,260-268.

Ricciato F,Monaco U. 2005. Routing demands with time-varying bandwidth profiles on a MPLS network[J]. Computer Networks,47(1):47-61.

Riedl A. 2002. Hybrid genetic algorithm for routing optimization in IP networks utilizing bandwidth and delay metrics[C]//Proceedings of IEEE Workshop on IP Operations and Management(IPOM'02),Dallas,166-170.

Saltouros M,Atlassis A,Vasilakos A. 1999. A scalable QoS-based routing scheme for ATM networks using reinforcement learning algorithms[C]//Proceedings of European Symposium on Intelligent Techniques(ESIT'99),Crete.

Sa-Ngiamsak W,Varakulsiripunth R. 2004. A bandwidth-based constraint routing algorithm for multi-protocol label switching networks[C]//Proceedings of the 6th International Conference on Advanced Communication Technology(IEEE ICACT 2004),Pyeongchang,933-938.

Seok Y,Lee Y,Choi Y. 2001. Dynamic constrained multi-path routing for MPLS networks[C]// Proceedings of IEEE ICCCN 2001,Scottsdale,348-353.

Shi T,Mohan G. 2006. An efficient traffic engineering approach based on flow distribution and splitting in MPLS networks[J]. Computer Communications,29(9):1284-1291.

Sim K,Sun W. 2003. Ant colony optimization for routing and load-balancing:Survey and new directions[J]. IEEE Transactions on Systems,Man,and Cybrnetics,Part A:Systems and Humans,33(5):560-572.

Song J,Kim S,Lee M. 2003. Dynamic load distribution in MPLS networks[C]//Proceedings of International Conference on Information Networking 2003(ICOIN 2003),Jeju Island,989-999.

Sun F,Shayman M. 2004. Minimum interference algorithm for integrated topology control and routing in wireless optical backbone networks[C]//Proceedings of IEEE International Conference on Communications(ICC 2004),Paris,4232-4238.

Suri S,Waldvogel M,Bauer D. 2003. Profile-based routing and traffic engineering[J]. Computer Communications,24(4):351-365.

Suri S,Waldvogel M,Warkhede P. 2001. Profile-based routing:A new framework for MPLS traffic engineering[C]//Proceedings of Quality of Future Internet Services,Lecture Notes in Computer Science,Coimbra,2516:138-158.

Szeto W,Boutaba R,Iraqi Y. 2002. Dynamic online routing algorithm for MPLS traffic engineering[C]//Proceedings of Networking 2002,Pisa,936-946.

Tan S,Lee S,Vaillaint B. 2002. Non-greedy minimum interference routing algorithm for bandwidth-guaranteed flows[J]. Computer Communications,25(17):1640-1652.

Tang J,Siew C,Feng G. 2005. Parallel LSPS for constraint-based routing and load balancing in MPLS networks[J]. IEEE Proceedings on Communications,152(1):6-12.

Tapolcai J,Fodor P,Rétvári G. 2005. Class-based minimum interference routing for traffic engineering in optical networks[C]//Proceedings of the 1st EuroNGI Conference on Next Generation Internet Networks Traffic Engineering,Rome,31-38.

Thodime G,Vokkarane V,Jue J. 2003. Dynamic congestion-based load balanced routing in optical burst switched networks[C]//Proceedings of IEEE GLOBECOM 2003,San Francisco,2628-2632.

Vasilakos A,Saltouros M,Atlassis A. 2003. Optimizing QoS routing in hierarchical ATM networks using computational intelligence techniques[J]. IEEE Transactions on Systems,Man,and Cybernetics,Part C,33(3):297-312.

Villamizar C. 1999. MPLS optimized multipath(MPLS-OMP)[S].

Wang B,Su X,Chen C. 2002a. A new bandwidth guaranteed routing algorithm for MPLS traffic engineering[C]//Proceedings of IEEE International Conference on Communications 2002 (ICC'02),New York,1001-1005.

Wang J,Nahrstedt K. 2002b. Hop-by-hop routing algorithms for premium-class traffic in DiffServ networks[C]//Proceedings of IEEE INFOCOM'02,New York,705-714.

Wang Y,Wang Z. 1999. Explicit routing for internet traffic engineering[C]//Proceedings of IEEE International Conference on Computer Communications and Networks(ICCCN'99),Boston,582-588.

Wang Z,Jon C. 1996. Quality-of-service routing for supporting multimedia applications[J]. IEEE Journal on Selected Areas in Communications,14(7):1228-1234.

Wang Z,Wang Y,Zhang L. 2001. Internet traffic engineering without full mesh overlaying[C]// Proceedings of IEEE INFOCOM 2001,Anchorage,565-571.

Xiang F,Junzhou L,Jieyi W. 1999. QoS routing based on genetic algorithm[J]. Computer Communications,22(15/16):1392-1399.

Xu Y,Zhang G. 2002. Models and algorithms of QoS-based routing with MPLS traffic engineering[C]//Proceedings of the 5th IEEE International Conference on High-Speed Networks and Multimedia Communications(HSNMC'02),Jeju Island,128-132.

Yang Y,Muppala J,Samuel T. 2001. Quality of service routing algorithms for bandwidth-delay constrained applications[C]//Proceedings of the 9th IEEE International Conference on Network Protocols(ICNP 2001),Riverside,62-70.

Yang Y,Zhang L,Muppala J. 2003. Bandwidth-delay constrained routing algorithms[J]. Computer Networks,42(4):503-520.

Younis O,Fahmy S. 2003. Constraint-based routing in the Internet:Basic principles and recent research[J]. IEEE Communications Surveys and Tutorials,5(1):2-13.